新世纪高职高专课程与实训系列教材

数控加工与编程

高汉华　李艳霞　主　编

王吴光　陈　凤　唐　娟　副主编

清华大学出版社

北　京

内 容 简 介

本书是根据数控技术领域职业岗位群的需求,以"工学结合"为切入点,以"工作任务"为导向,模拟职业岗位要求开发的理论与实践一体化的项目式教材。本书以数控加工中的典型加工面为载体,重点突出操作技能及相关的专业知识,理论知识以实用、够用为度编写而成。在教材内容方面,安排了数控车削编程、数控铣削编程、数控加工中心和自动编程等 4 个模块,模块中设置了 8 个章节;各章节的难度呈递进关系,每个章节后配有拓展训练任务,供学生课后训练使用。

本书适合作为高等职业学校、高等专科学校、成人教育及本科院校举办的二级职业技术学院数控技术专业及其他相关专业的教学用书,还可作为数控机床操作与编程人员的参考书。

图书在版编目(CIP)数据

数控加工与编程/高汉华,李艳霞主编;王吴光,陈凤,唐娟副主编. —北京:清华大学出版社,2011.4(2019.8重印)

(新世纪高职高专课程与实训系列教材)

ISBN 978-7-302-25229-0

Ⅰ. ①数… Ⅱ. ①高… ②李… ③王… ④陈… ⑤唐… Ⅲ. ①数控机床—程序设计—高等职业教育—教材 Ⅳ. ①TG659

中国版本图书馆 CIP 数据核字(2011)第 049118 号

责任编辑:章忆文　毛莉君
封面设计:山鹰工作室
责任校对:王　晖
责任印制:刘祎淼

出版发行:清华大学出版社
　　　　　网　　　址:http://www.tup.com.cn, http://www.wqbook.com
　　　　　地　　　址:北京清华大学学研大厦 A 座　　　　邮　　编:100084
　　　　　社 总 机:010-62770175　　　　　　　　　　　邮　　购:010-62786544
　　　　　投稿与读者服务:010-62776969, c-service@tup.tsinghua.edu.cn
　　　　　质量反馈:010-62772015, zhiliang@tup.tsinghua.edu.cn
　　　　　课件下载:http://www.tup.com.cn, 010-62791865
印 刷 者:北京九州迅驰传媒文化有限公司
经　　销:全国新华书店
开　　本:185mm×260mm　　　印　张:17.5　　　字　数:418 千字
版　　次:2011 年 4 月第 1 版　　　　　　　　印　次:2019 年 8 月第 5 次印刷
定　　价:49.00 元

产品编号:035534-03

前　　言

本书是根据数控技术领域职业岗位群的需求，参考人力资源和社会保障部培训就业司颁发的《数控加工专业教学计划与教学大纲》，并结合《数控程序员国家职业标准》、《数控车工国家职业标准》、《数控铣工国家职业标准》和《加工中心操作工职业标准》，在广泛调研的基础上，组织企业生产一线人员和学校专任教师等共同编写而成的。

本书是以"工学结合"为切入点，以"工作任务"为导向，模拟职业岗位要求开发的理论与实践一体化的项目式教材。本书改变了传统的数控编程教材以指令为主线的章节分配形式，以数控加工中的典型零件为载体加工各种面，重点突出与操作技能相关的必备专业知识，理论知识以实用、够用为度。在教材内容方面，安排了数控车削编程、数控铣削编程、数控加工中心和自动编程等 4 个模块，4 个模块中包含数控车削编程加工基础、轴类零件的数控编程与加工、螺纹零件的数控编程与加工、平面与外轮廓加工编程、槽腔铣削加工与编程、孔加工、腔槽零件的加工中心加工和自动编程基础等 8 个章节，每个章节中设置了若干任务，每个任务以 FANUC 系统为例提供了参考程序，具有较强的针对性和适应性，每个任务的内容相对独立，每个章节中各任务的难度总体上呈递进关系，每个章节后配有拓展训练任务，供学生课后训练使用。每个任务按工作场景导入→编程加工知识学习→回到工作场景→拓展实训→习题等环节展开。每个任务体现了数控加工岗位的职业工作过程。

本书适合作为高等职业学校、高等专科学校、成人教育及本科院校举办的二级职业技术学院数控技术专业及其他相关专业的教学用书，还可作为数控机床操作与编程人员的参考书。

本书由无锡商业职业技术学院高汉华、南京交通职业技术学院李艳霞任主编；无锡商业职业技术学院王昊光、陈凤，泰州职业技术学院唐娟任副主编，上海电机学院黄忠任主审，全书框架由何光明拟定。在本书的编写过程中，得到无锡商业职业技术学院、无锡协易机床城等单位的大力支持和帮助，在此谨对他们的大力支持表示衷心感谢。另外，感谢吴涛涛、王珊珊、赵梨花、陈海燕、尹静、姚昌顺、李海等同志提供的帮助。

由于编者水平有限，书中缺陷乃至错误在所难免，恳请广大读者给予批评指正。

编　者

目　　录

第1章　数控车削编程加工基础............1

1.1　工作场景导入............1

1.2　数控编程基础知识............2

　　1.2.1　数控程序的编制方法及步骤............2

　　1.2.2　数控加工程序的格式
　　　　　及指令字的功能............3

　　1.2.3　数控车床坐标系............7

　　1.2.4　数控编程中的数学处理............10

　　1.2.5　基本编程指令............13

1.3　数控加工工艺知识............14

　　1.3.1　数控加工工艺文件............14

　　1.3.2　工艺分析的内容与步骤............16

1.4　回到工作场景............19

　　【工作过程一】数控加工工艺分析............19

　　【工作过程二】程序编制............21

1.5　拓展实训............22

　　实训1　型芯零件编程加工............22

　　实训2　曲面型芯零件编程加工............23

　　工作实践常见问题解析............27

1.6　习题............27

**第2章　轴套类零件的数控编程
　　　　与加工**............30

2.1　工作场景导入............30

2.2　数控编程相关知识............31

　　2.2.1　零点偏置............31

　　2.2.2　刀尖半径补偿............32

　　2.2.3　单一固定循环切削指令............35

　　2.2.4　复合固定循环............38

2.3　数控加工实践知识............43

　　2.3.1　数控车床的介绍............43

　　2.3.2　启动和关闭机床............43

　　2.3.3　熟悉机床的MDI面板
　　　　　和控制面板............44

　　2.3.4　操作方式选择............46

　　2.3.5　对刀操作............47

　　2.3.6　程序的编辑............48

2.4　回到工作场景............48

　　【工作过程一】数控加工工艺分析...48

　　【工作过程二】程序编制............50

2.5　拓展实训............51

　　实训1　芯轴零件编程加工............51

　　实训2　套类零件编程加工............53

　　工作实践常见问题解析............59

2.6　习题............60

第3章　螺纹零件的数控编程与加工............63

3.1　工作场景导入............63

3.2　数控编程基础知识............64

　　3.2.1　单一螺纹切削指令............64

　　3.2.2　螺纹切削固定循环指令............66

　　3.2.3　螺纹切削复合循环指令............67

　　3.2.4　端面深孔钻削循环指令............68

　　3.2.5　径向切槽循环指令............70

　　3.2.6　子程序的应用............71

3.3　数控加工实践知识............72

　　3.3.1　工件零点设置的几种方法............72

　　3.3.2　自动加工及其方式选择............73

　　3.3.3　切槽加工工艺............74

　　3.3.4　切槽质量分析............74

　　3.3.5　切槽加工注意事项............75

　　3.3.6　三角形螺纹加工工艺............75

　　3.3.7　螺纹测量............77

3.4　回到工作场景............79

　　【工作过程一】数控加工工艺分析...79

　　【工作过程二】程序编制............80

3.5　拓展实训............82

　　实训1　螺纹轴零件编程加工............82

　　实训2　梯形螺纹零件编程加工............83

　　工作实践常见问题解析............87

3.6　习题 88

第4章　平面与外轮廓加工编程 92

4.1　工作场景导入 92
4.2　铣削编程基础知识 93
　4.2.1　数控铣床的主要功能 93
　4.2.2　FANUC 0i 系统数控铣
　　　　常用功能字 94
　4.2.3　数控铣床坐标系 96
　4.2.4　基本编程指令 97
4.3　数控加工工艺知识 101
　4.3.1　数控铣床的加工范围 101
　4.3.2　数控铣削的工艺性分析 102
　4.3.3　数控铣床的工艺装备 105
4.4　回到工作场景 113
　【工作过程一】数控加工
　工艺分析 113
　【工作过程二】程序编制 115
4.5　拓展实训 115
　实训 1　模板零件编程加工 115
　实训 2　凸模零件编程加工 117
　工作实践常见问题解析 125
4.6　习题 125

第5章　槽腔铣削加工与编程 127

5.1　工作场景导入 127
5.2　铣削编程基本指令 128
　5.2.1　子程序调用指令 128
　5.2.2　比例缩放指令 131
　5.2.3　局部坐标系指令 134
5.3　数控加工实践知识 135
　5.3.1　机床操作面板认识 135
　5.3.2　启动和关闭机床 138
　5.3.3　编辑程序及程序输入 139
　5.3.4　数控铣床安全操作规程 141
　5.3.5　数控铣床日常维护及保养 ...141
5.4　回到工作场景 143
　【工作过程一】数控加工
　工艺分析 143

【工作过程二】程序编制 146
5.5　拓展实训 148
　实训 1　型腔零件编程加工 148
　实训 2　槽腔零件编程加工 149
　工作实践常见问题解析 159
5.6　习题 160

第6章　孔板零件铣削加工与编程 162

6.1　工作场景导入 162
6.2　数控编程基础知识 163
　6.2.1　常用固定循环指令 163
　6.2.2　孔加工固定循环使用的
　　　　注意事项 167
6.3　数控加工工艺知识 168
　6.3.1　手动对刀及其数据计算
　　　　和参数填写 168
　6.3.2　自动加工 170
　6.3.3　数控机床程序传输与通信 ...171
6.4　回到工作场景 173
　【工作过程一】数控加工
　工艺分析 173
　【工作过程二】程序编制 175
6.5　拓展实训 176
　实训 1　孔类零件编程加工 176
　实训 2　FANUC 系统 A 类宏
　　　　程序应用 177
　工作实践常见问题解析 186
6.6　习题 186

第7章　加工中心加工与编程 188

7.1　工作场景导入 188
7.2　加工中心程序编制的基础 189
　7.2.1　极坐标指令 189
　7.2.2　加工中心编程要点 190
　7.2.3　立式加工中心手动对刀方法
　　　　及参数的设定 191
7.3　数控加工工艺知识 199
　7.3.1　加工中心的主要功能、特点
　　　　及自动换刀装置 199

7.3.2　加工中心的工艺准备............203

7.3.3　工件的装夹............................203

7.3.4　刀具选择................................208

7.3.5　加工中心的调整....................209

7.4　回到工作场景.................................213

【工作过程一】数控加工

工艺分析....................................213

【工作过程二】程序编制............215

7.5　拓展实训...217

实训 1　凸台零件编程加工.............217

实训 2　FANUC 系统 B 类宏

程序应用............................218

工作实践常见问题解析.....................224

7.6　习题...225

第 8 章　自动编程基础...................................227

8.1　工作场景导入.................................227

8.2　MasterCAM X2 软件介绍.................228

8.2.1　MasterCAM X2 软件的

特点....................................228

8.2.2　MasterCAM X2 窗口介绍.......228

8.2.3　系统配置设置....................230

8.2.4　文件管理............................230

8.2.5　MasterCAM X2 编程过程......231

8.3　MasterCAM 软件绘图基础...............231

8.3.1　直线的绘制与编辑方法....231

8.3.2　圆弧的绘制与编辑方法....235

8.3.3　绘制文字............................236

8.3.4　几何转换............................237

8.4　平面和外形加工编程.....................239

8.4.1　平面铣削............................239

8.4.2　外形铣削............................242

8.5　回到工作场景.................................247

【工作过程一】图形分析............247

【工作过程二】图形绘制和编辑.....248

【工作过程三】平面加工编程....251

【工作过程四】外轮廓加工编程.....252

8.6　拓展实训...255

实训 1　槽板平面和外形编程加工..255

实训 2　盖板型腔和孔编程加工......256

工作实践常见问题解析.....................266

8.7　习题...267

参考文献...269

第1章 数控车削编程加工基础

本章要点

● 数控车削编程基础知识及基本指令应用。

● 数控加工工艺文件的编制方法。

● 简单轴类零件的编程方法。

技能目标

● 能够熟练地制定简单轴类零件数控加工工艺并能正确编制加工程序。

● 能够准确建立工件坐标系。

● 能够熟练应用 G00、G01、G02/G03、G96/G97、G98/G99、F、S、M 等编程指令。

1.1 工作场景导入

【工作场景】

某车间现准备加工若干件模柄零件，工程图如图 1.1 所示，请按图纸要求制定该零件数控车削工艺，并编制该零件精加工程序。

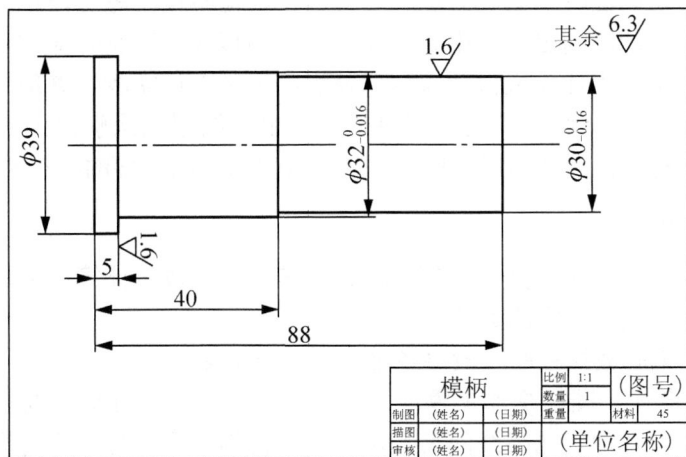

图 1.1 模柄工程图

【引导问题】

(1) 如何根据零件图样要求、选择零件毛坯，确定工艺方案及加工路线？

(2) 如何选用机床设备、刀具，确定切削用量？

(3) 如何确定工件坐标系、对刀点和换刀点？

(4) 编程时需要用到哪些基本指令、代码？如何使用？

1.2 数控编程基础知识

1.2.1 数控程序的编制方法及步骤

数控机床是一种自动化机床,在数控机床上加工零件时,首先要编制零件的加工程序。所谓数控编程,就是把零件的图形尺寸、工艺过程、工艺参数、机床的运动以及刀具位移等内容,按照加工顺序用数控机床规定的指令代码及程序格式编制成加工程序单的全过程。

1. 数控程序的编制方法

数控编程的方法主要有手动编程和自动编程两种。

(1) 手动编程。手动编程主要由人工来完成数控编程中各个阶段的工作,对于几何形状不太复杂的零件,所需的加工程序不长,计算比较简单,故用手工编程比较合适。

手工编程的特点:耗费时间较长,容易出现错误,无法胜任复杂形状零件的编程。据国外资料统计,当采用手工编程时,一段程序的编写时间与其在机床上运行加工的实际时间之比平均约为 30:1,而无法使用数控机床加工的原因中有 20%~30%是由于加工程序编制困难,编程时间较长。

(2) 自动编程。在编程过程中,除了分析零件图样和制定工艺方案由人工进行外,其余工作均由计算机辅助完成。

采用计算机自动编程时,数学处理、编写程序、检验程序等工作是由计算机自动完成的。由于计算机可自动绘制出刀具中心运动轨迹,编程人员可及时检查程序是否正确,需要时可随时修改。又由于计算机自动编程代替程序编制人员完成了繁琐的数值计算,可提高编程效率几十倍乃至上百倍,因此解决了许多手工编程无法解决的复杂零件的编程难题。因此,自动编程的特点是编程效率高,可解决复杂形状零件的编程难题。

2. 数控编程的步骤

数控编程的主要内容包括分析零件图样、工艺处理、数值计算、编写加工程序单、制作控制介质与程序输入、程序校验及首件试切。

由上述可知,编制数控程序一般要经过下面几个步骤。

(1) 分析零件图样。图样是加工零件的依据,它反映了零件加工要求的所有信息,正确地理解图样是制定合理工艺路线的第一步。在分析零件图样时,要看懂零件的结构,根据工件的形状尺寸、尺寸精度、形位公差、表面粗糙度及热处理等要求,必要时还应根据零件相关的装配图,弄清零件的作用及关键部位的要求,以此来作为制定工艺方案的依据。

(2) 工艺处理。在熟悉图样的基础上,就可以制定零件的工艺过程。制定工艺的主要工作是确定加工方法、加工顺序、选择定位面、确定夹紧方式、正确地选择刀具及合适的切削用量、正确使用切削液等。制定的加工工艺,在保证零件精度的前提下,应使进给路线要短,进给次数要少,换刀次数也要尽可能少,加工安全可靠。

(3) 数值计算。数控机床加工是根据工件的几何图形分段进行的,因此在编程前,要对组成零件形状的几何元素进行分析、分段，并对几何元素之间的交点、切点、节点、圆心等特殊点的坐标值进行计算，以便编程时使用。

(4) 编写加工程序单。按照已经确定的加工顺序、进给路线、选用的刀具、切削用量及辅助动作，结合数控机床所规定的指令代码及程序格式，逐段编写加工程序单，即用数控语言来描述加工过程。另外，还应附上必要的加工示意图、机床调整卡、刀具布置图、工序卡等。

(5) 制作控制介质与程序输入。制作控制介质就是将程序单上的内容用标准代码记录到控制介质上，而控制介质就是记录零件加工程序信息的载体，常用穿孔纸带、磁盘和 U 盘。程序输入可采用在数控系统上手工输入、用纸带输入、磁盘和 U 盘输入、联网输入等方式。

(6) 程序校验。数控机床按照程序自动进行切削加工，控制介质上的加工程序必须经过校验，确认正确后才可进入加工。一般可通过穿孔机的复核功能检验穿孔纸带是否正确，也可把被检查的介质作为数控绘图机的控制介质，控制绘图机自动描绘出零件的轮廓形状或刀具运动轨迹，与零件图样对照检查；在具有 CRT 屏幕显示功能的数控机床上，可在屏幕上进行模拟加工，以检查编程轨迹的正确性；对于复杂的空间零件，则须使用加工铝件或木件等措施进行修正。对校验中发现的错误，必须及时改正，并再一次进行校验，直至全部顺利通过。

(7) 首件试切。前面所述的校验着重于运动轨迹的检查，对零件的精度要求及工艺参数的选择等不能作出判断。而零件除了外廓形状要求外，还有表面粗糙度的要求，也有尺寸精度和形位公差的要求，还有切削用量的选择等，并且数控机床加工一般是批量生产，所以为保证加工零件的质量和安全生产，必须按照实际的生产条件(实际毛坯、选择的刀具、夹具、安装方式、切削用量、切削液等)，进行首件试切零件，首件试切零件符合要求后才可进行正式的批量加工。

1.2.2　数控加工程序的格式及指令字的功能

1. 程序的结构

一个完整的数控加工程序，由程序名、程序内容和程序结束指令三部分组成。程序内容是整个程序的核心，它由若干程序段组成；一个程序段由若干个指令字组成，每个指令字是控制系统的一个具体指令，表示数控机床要完成的动作，由文字(地址符)和数字(有些数字还带符号)组成，字母、数字、符号通称为字符。

程序如下：

```
O0010
N0010    G97  G21  G40  G80;
N0020    M03  S500  T0101  M08;
          …
N0060    M98  P3001  L3;
N0070    G80;
          …
N0090    M09;
```

```
N0100    G00  X100  Z100;
N0110    M05;
N0120    M30;
```

这是一个完整的零件加工程序，由 12 个程序段组成，每个程序段以字母"N"开头，可用";"作结束符。整个程序开始于程序名"00010"，以便区别于其他程序，程序名由字母"O"及数字 0010 组成。不同的数控系统程序名地址码不同，有些用字母"O"，有些用"%"。整个程序结束用指令 M02 或 M30。

2．程序的格式

零件的加工程序由程序段组成。程序段格式是指一个程序段中字、字符、数据的书写规则，不同的数控系统往往有不同的程序段格式，格式不符合规定，则数控系统不能接受。通常有字地址程序段格式、带分隔符的程序段格式和固定顺序程序段格式，其中最常用的为字地址程序段格式。

字地址程序段格式由顺序号字、功能字和程序段结束符组成。每个字都以地址符开始，其后紧跟符号和数字，字的排列顺序没有严格要求，不需要的字及与上一程序段相同意义的字可以不写，如程序段"N0020 G91 G28 X0 Y0 Z0"中，N 为顺序号地址码，用于指令程序顺序号，G 为指令动作方式的准备功能字，X、Y、Z 为坐标轴地址，其后的数字表示该坐标移动的距离。该格式程序简短、直观，便于修改和校验，因此，目前被广泛使用。

字地址程序段格式的编排顺序如下。

$$N\_\_G\_\_X\_\_Y\_\_Z\_\_F\_\_S\_\_T\_\_M\_\_LF$$

⚠ **注意**：上述程序段中包括的各种指令并非在加工程序的每个程序段中都必须具备，而是要根据各程序段的具体功能来编入相应的指令。

3．常用地址符及其含义

在程序段中表示地址的英文字母可分为尺寸字地址和非尺寸字地址两类。

尺寸字地址的英文字母有 X、Y、Z、U、V、W、P、Q、I、J、K、A、B、C、D、E、R、H 共 18 个字母，非尺寸字地址有 N、G、F、S、T、M、L、O 等 8 个字母。各字母的含义如表 1.1 所示。

表 1.1　地址符的含义

地　址	功　能	意　义	地　址	功　能	意　义
A		绕 X 轴旋转	F	进给速度	进给速度指令
B	坐标字	绕 Y 轴旋转	G	准备功能	指令动作方式
C		绕 Z 轴旋转	H	补偿号	刀具长度补偿指令
D	补偿号	刀具半径补偿指令	I	坐标字	圆弧中心 X 轴向坐标
E		第二进给功能字			

续表

地　址	功　能	意　义	地　址	功　能	意　义
J	坐标字	圆弧中心 Y 轴向坐标	T	刀具功能	刀具编号的指令
K		圆弧中心 Z 轴向坐标			
L	重复次数	固定循环及子程序的重复次数	U	坐标字	与 X 轴平行的附加轴或增量坐标值或暂停时间
M	辅助功能	机床开关指令			
N	顺序号	程序段顺序号	V		与 Y 轴平行的附加轴或增量坐标值
O	程序号	程序号、子程序的指定			
P		暂停或程序中某功能的开始使用的顺序号	W		与 Z 轴平行的附加轴或增量坐标值
Q		固定循环终止段号或固定循环中的定距	X	坐标字	X 轴的绝对坐标或暂停时间
R		圆弧半径的指定	Y		Y 轴的绝对坐标
S	主轴功能	主轴转速的指令	Z		Z 轴的绝对坐标

4．字的功能

组成程序段的每一个字都有其特定的功能含义，以下是以 FANUC-0i 数控系统的规范为主来介绍的。

(1) 顺序号字 N。顺序号字又称为程序段号或程序段序号。顺序号位于程序段之首，由顺序号字 N 和后续 2～4 位数字组成，一般可以省略。

(2) 准备功能字 G。准备功能字的地址符是 G，又称为 G 功能或 G 代码，是用于建立机床或控制系统工作方式的一种指令，如表 1.2 所示。

G 代码分为模态和非模态两大类，模态 G 代码已经指定，直到同组 G 代码出现为止一直有效。若在同一个程序中有几个同组模态 G 代码出现，则在书写位置上仅排在最后一个 G 代码有效，非模态 G 代码仅在所在的程序段中有效，故又称为一次性 G 代码。

表 1.2　FANUC-0i 系统数控车常用准备功能字

G 代码	组　别	功　能	说　明
*G00	01	快速点定位	模态指令
G01		直线插补	
G02		顺圆插补	
G03		逆圆插补	
G04	00	暂停	非模态指令

续表

G 代码	组 别	功 能	说 明
G17		选择 XY 平面	
*G18	16	选择 XZ 平面	模态指令
G19		选择 YZ 平面	
G20	06	英制输入	模态指令
*G21		公制输入	
G32	01	螺纹切削	模态指令
*G40		刀尖半径补偿取消	模态指令
G41	07	刀尖半径左补偿	模态指令
G42		刀尖半径右补偿	模态指令
G50	00	坐标系设定	非模态指令
*G54		选择工件坐标系 1	
G55		选择工件坐标系 2	
G56		选择工件坐标系 3	
G57	14	选择工件坐标系 4	模态指令
G58		选择工件坐标系 5	
G59		选择工件坐标系 6	
G70		精加切槽工循环	
G71		粗车外圆循环	
G72		粗车端面循环	
G73	00	多重车削循环	非模态指令
G74		端面切槽循环	
G75		外圆切槽循环	
G76		复合螺纹车削循环	
G90		内外径车削循环	
G92	01	螺纹车削循环	模态指令
G94		端面车削循环	
G96	02	主轴恒线速 m/min	模态指令
*G97		主轴恒转速 r/min	
G98	05	每分钟进给 mm/min	模态指令
*G99		每转进给 mm/r	

注：表中带有*号的 G 代码为初始 G 代码。

(3) 尺寸字。尺寸字用于确定机床上刀具运动终点的坐标位置。

第一组 X、Y、Z、U、V、W、P、Q、R 用于确定终点的直线坐标尺寸。

第二组 A、B、C、D、E 用于确定终点的角度坐标尺寸。

第三组 I、J、K 用于确定圆弧轮廓的圆心坐标尺寸。

在一些数控系统中，还可以用 P 指令暂停时间、用 R 指令确定圆弧半径等。

(4) 进给功能字 F。进给功能字的地址符是 F，又称为 F 功能或 F 指令，用于指定切削的进给速度。对于车床，F 可分为每分钟进给和主轴每转进给两种，对于其他数控机床，一般只用每分钟进给。

(5) 主轴转速功能字 S。主轴转速功能字的地址符是 S，又称为 S 功能或 S 指令，用于指定主轴转速，单位为 r/min。

(6) 刀具功能字 T。刀具功能字的地址符是 T，又称为 T 功能或 T 指令，用于指定加工时所用刀具的编号。对于数控车床，由刀具的编号字 T 和后续 2～4 位数字组成，如 T0101 前两位数字表示刀具号，后两位数字表示刀尖半径补偿号。

(7) 辅助功能字 M。辅助功能字的地址符是 M，后续数字一般为两位正整数，又称为 M 功能或 M 指令，用于指定数控机床辅助装置的开关动作，如表 1.3 所示。

表 1.3　常用辅助功能字

M 代码	功　　能	说　　明
M00	程序停止	单程序段有效 非模态指令
M01	计划停止	
M02	程序结束	
M03	主轴顺时针转动	模态指令
M04	主轴逆时针转动	
M05	主轴停止	
M08	开冷却液	模态指令
M09	关冷却液	
M30	程序结束，返回程序头	非模态指令
M98	调用子程序	模态指令
M99	子程序返回	

1.2.3　数控车床坐标系

数控机床上，为确定机床运动的方向和距离，必须要有一个坐标系才能实现，我们把这种机床固有的坐标系称为机床坐标系；该坐标系的建立必须依据一定的原则。

目前，数控机床坐标轴的指定方法已标准化，我国执行的数控标准 JB/T 3051—1999 《数控机床坐标和运动方向的命名》与国际标准 ISO 和 EIA 等效，即数控机床的坐标系采用右手笛卡儿直角坐标系，它规定直角坐标系中 X、Y、Z 三个直线坐标轴，围绕 X、Y、Z 各轴的旋转运动轴为 A、B、C 轴，用右手螺旋法则判定 X、Y、Z 三个直线坐标轴与 A、B、C 轴的关系及其正方向。

1. 机床坐标系的确定原则

(1) 假定刀具相对于静止的工件而运动的原则。这个原则规定，不论数控铣床是刀具运动还是工件运动，均以刀具的运动为准，工件看成静止不动，这样可按零件图轮廓直接确定数控铣床刀具的加工运动轨迹。

(2) 采用右手笛卡儿直角坐标系原则。如图1.2所示，张开食指、中指与拇指，且三者相互垂直，中指指向+Z轴，拇指指向+X轴，食指指向+Y轴。

坐标轴的正方向规定为增大工件与刀具之间距离的方向。旋转坐标轴 A、B、C 的正方向根据右手螺旋法则确定。

(3) 机床坐标轴的确定方法。Z 坐标轴的运动由传递切削动力的主轴所规定；X 坐标轴一般是水平方向，它垂直于 Z 轴且平行于工件的装夹平面；最后根据右手笛卡儿直角坐标系原则确定 Y 轴的方向。如图1.2所示，这是右手笛卡儿直角坐标系。

2．数控车床坐标系

数控机床坐标轴的方向取决于机床的类型和各组成部分的布局。数控车床坐标系，如图 1.3 所示，Z 轴平行于主轴轴心线，以刀架沿着离开工件的方向为 Z 轴正方向，X 轴垂直于主轴轴心线，以刀架沿着离开工件的方向为 X 轴正方向。

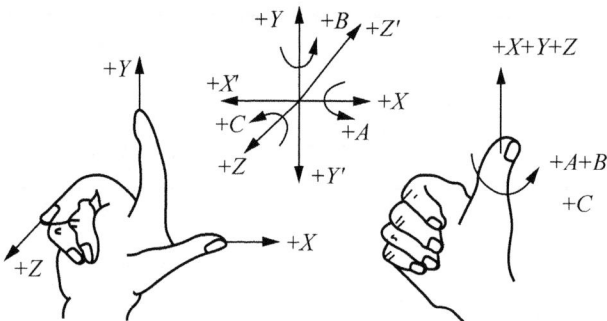

图 1.2　右手笛卡儿直角坐标系

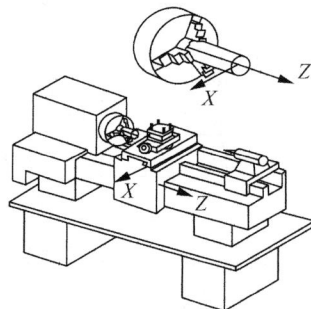

图 1.3　数控车床坐标系

3．机床原点和机床参考点

(1) 机床原点即数控机床坐标系的原点，又称机床零点，是数控机床上设置的一个固定点，它在机床装配、调试时就已设置好，一般情况下不允许用户进行更改。数控机床原点又是数控机床进行加工运动的基准参考点，一般设置在刀具远离工件的极限位置，即各坐标轴正方向的极限点处。

(2) 机床参考点。该点在机床制造厂出厂时已调好，并将数据输入到数控系统中。对于大多数数控机床，开机时必须首先进行刀架返回机床参考点操作，以确认机床参考点。返回参考点的目的就是为了建立数控机床坐标系，并确定机床坐标系的原点。只有机床返回参考点以后，机床坐标系才建立起来，刀具移动才有了依据，否则不仅加工无基准，而且还会发生碰撞等事故。机床参考点位置在机床原点处，故回机床参考点操作可以称为回机床零点操作，简称"回零"。

机床坐标轴的机械行程是由最大和最小限位开关来限定的。机床坐标轴的有效行程范围是由软件限位来确定的，其值由制造商定义。机床原点、机床参考点构成数控机床机械行程及有效行程，如图1.4所示。

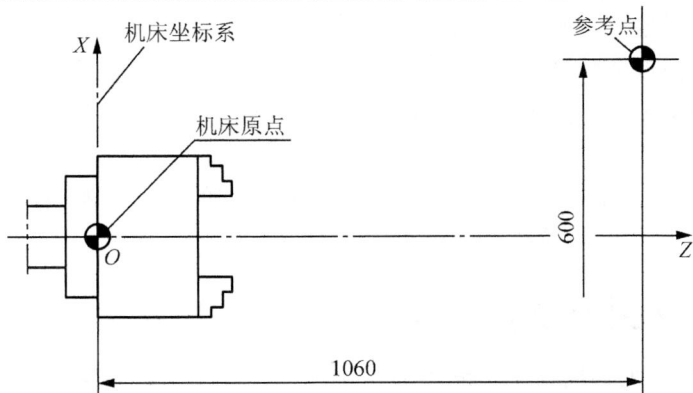

图 1.4　机床原点和机床参考点

4．编程坐标系、编程原点

编程坐标系又称为工件坐标系，是编程人员用来定义工件形状和刀具相对工件运动的坐标系。编程人员确定工件坐标系时不必考虑工件毛坯在机床上的实际装夹位置。一般通过对刀获得工件坐标系。工件坐标系一旦建立便一直有效，直到被新的工件坐标系所取代。

编程原点是根据加工零件图样及加工工艺要求选定的工件坐标系原点，又称为工件原点。

编程原点的选择应尽量满足编程简单、尺寸换算少、引起的加工误差小等条件。一般情况下，编程原点应选在零件的设计基准或工艺基准上。对数控车床而言，工件坐标系原点一般选在工件轴线与工件的前端面、后端面、卡爪前端面的交点上，各轴的方向应该与所使用的数控机床相应的坐标轴方向一致，如图 1.5 所示，O_3 为车削零件的编程原点。

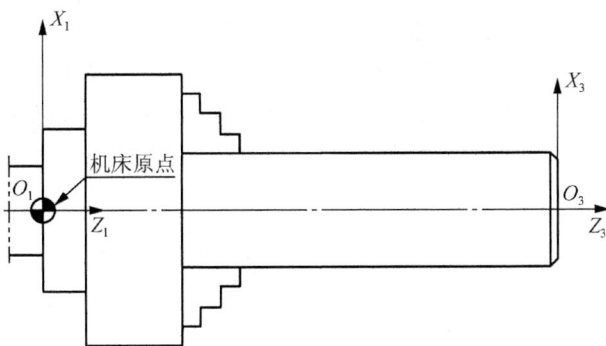

图 1.5　工件坐标系和机床坐标系

5．对刀点和换刀点

1）对刀

对刀是操作数控车床的重要内容，对刀的好坏将直接影响到车削零件的尺寸精度。

(1) 刀位点是指在加工程序编制中，用以表示刀具特征的点，也是对刀和加工的基准点。

(2) 对刀是指执行加工程序前，调整刀具的刀位点，使其尽量重合于某一理想基准点的过程。

2）确定对刀点

(1) 尽量与零件的设计基准或工艺基准一致。

(2) 便于用常规量具在车床上进行找正。

(3) 该点的对刀误差应较小，或可能引起的加工误差为最小。

(4) 尽量使加工程序中的引入或返回路线短，并便于换刀。

3) 确定换刀点

在加工过程中，自动换刀装置的换刀位置。换刀点的位置应保证刀具转位时不碰撞被加工零件或夹具，一般可设置在对刀点。

1.2.4　数控编程中的数学处理

数学处理的目的主要用于手工编程的轮廓加工，其计算内容主要包括零件轮廓中几何元素的基点、插补线段的节点、刀具位置及一些辅助计算等。

基点就是构成零件轮廓各相邻几何元素之间的交点。

各几何元素间的联结点称为基点，如两直线间的交点，直线与圆弧或圆弧与圆弧间的交点或切点，圆弧与二次曲线的交点或切点等。

节点是在满足允许加工误差要求条件下，用若干插补线段(如直线段或圆弧段等)去逼近实际轮廓曲线时，相邻两插补线段的交点。

一般基点和节点为切削点，即刀具切削部位必须切到的位置。

刀具位置点是表示刀具所处不同位置的坐标点，即刀位点。

辅助计算包括增量计算、辅助程序段的数值计算。

1. 基点计算

一般根据零件图样所给已知条件用代数、三角、几何或解析几何的有关知识，可直接计算出基点数值，对于复杂的运算还得借助于计算机。

例如，从图 1.6 中给出的尺寸可以很容易地找出 $A(0, 0)$，$B(0, 12)$，$D(110, 26)$，$E(110, 0)$。但基点 C 是过 B 点的直线与圆心为 O_1、半径为 30mm 的圆弧的切点，这个尺寸，图中并未给出，因此需计算 C 点的坐标值，求 C 点的坐标值有多种方法。

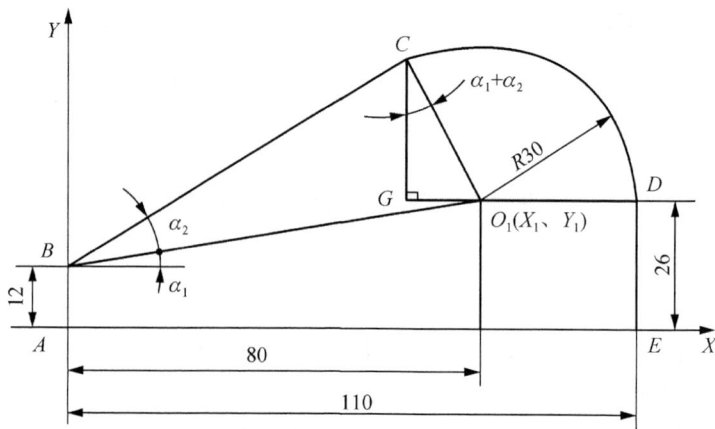

图 1.6　零件轮廓基点坐标计算

1) 利用联立方程组求解基点

过 C 点作 X 轴的垂线与过 O_1 点作 Y 轴的垂线相交于 G 点。由图 1.6 中各坐标位置关系可知：

$$\Delta X = X_1 - X_B = 80 - 0 = 80$$

$$\Delta Y = Y_1 - Y_B = 26 - 12 = 14$$

$$则 \alpha_1 = \arctan\left(\frac{\Delta Y}{\Delta X}\right) = 9.93°$$

$$\alpha_2 = \arcsin\left(\frac{R}{\sqrt{\Delta X^2 + \Delta Y^2}}\right) = 21.68°$$

$$K = \tan(\alpha_1 + \alpha_2) = 0.62$$

圆心为 O_1 的圆方程与直线 BC 的方程联立求解：

$$\begin{cases} (X - 80)^2 + (Y - 26)^2 = 30^2 \\ Y = 0.62X + 12 \end{cases}$$

即可求得 C 点坐标是 (64.28, 51.55)。

2) 利用三角函数关系求解基点

当已知 α_1 和 α_2 后，可利用三角函数关系得：

$$\begin{cases} 80 - X_C = \sin(\alpha_1 + \alpha_2)R \\ Y_C - 26 = \cos(\alpha_1 + \alpha_2)R \end{cases}$$

$$X_C = 64.28$$

$$Y_C = 51.55$$

由此可见，直接利用图形间的几何，三角关系求解基点坐标，计算过程相对于联立方程求解会简单一些。但用这种方法求解时，必须考虑组成轮廓的直线、圆的方向性，只有这样，在多数情况下解才是唯一的。

2. 节点计算

节点计算即用若干直线段或圆弧来逼近给定的曲线，逼近线段的交点或切点即是节点。如图 1.7 所示，图(a)为用直线段逼近非圆曲线的情况，图(b)为用圆弧段逼近非圆曲线的情况。编写程序时，应按节点划分程序段。逼近线段的近似区间越大，则节点数目越少，相应的，程序段数目也会减少，但逼近线段的误差占应小于或等于编程允许误差 $\delta_允$，即 $\delta \leqslant \delta_允$。考虑到工艺系统及计算误差的影响，$\delta_允$ 一般取零件公差的 $1/5 \sim 1/10$。对立体型面零件又应根据程序编制要求，将曲面分割成不同的加工截面，各加工截面上轮廓曲线要用直线段或圆弧段去逼近轮廓曲线，故必须进行相应的节点计算。

节点计算的方法很多，一般可根据轮廓曲线的特性、数控系统的插补功能及加工要求的精度而定。若轮廓的曲率变化不大，可采用等步长法计算；若轮廓的曲率变化大，可采用等误差法计算；若加工精度要求比较高，可采用逼近程度较高的圆弧插补法计算。节点的数目主要取决于轮廓曲线的特定方程、插补线段的形状及加工要求。

用直线逼近轮廓曲线，常用的节点计算有等间距法、等弦长法、等误差法等方法。

用圆弧段去逼近轮廓曲线，常用的节点计算有曲率圆法、三点圆法、相切圆法和双圆弧法。在只有直线插补功能的数控系统中，加工圆弧需要靠直线插补来实现，而直线插补圆弧则是用直线作弦或切线去逼近圆弧，如图 1.8 所示。用直线逼近轮廓曲线的节点计算主要有以下两种。

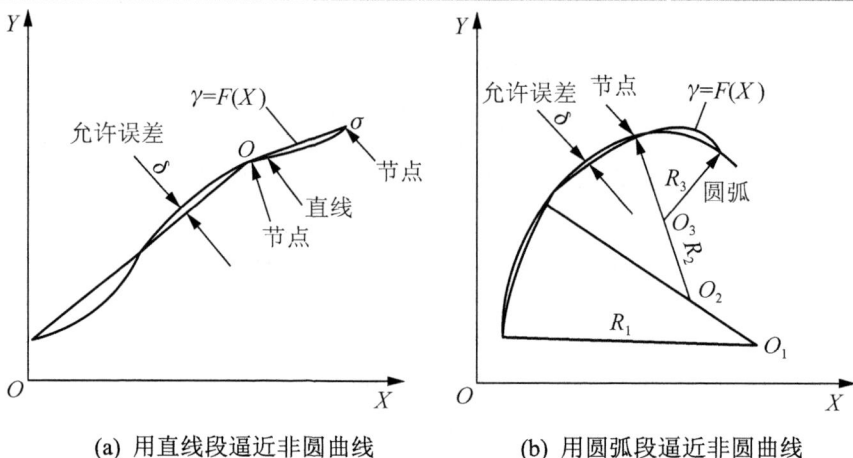

(a) 用直线段逼近非圆曲线　　　　(b) 用圆弧段逼近非圆曲线

图 1.7　非圆曲线的逼近方法

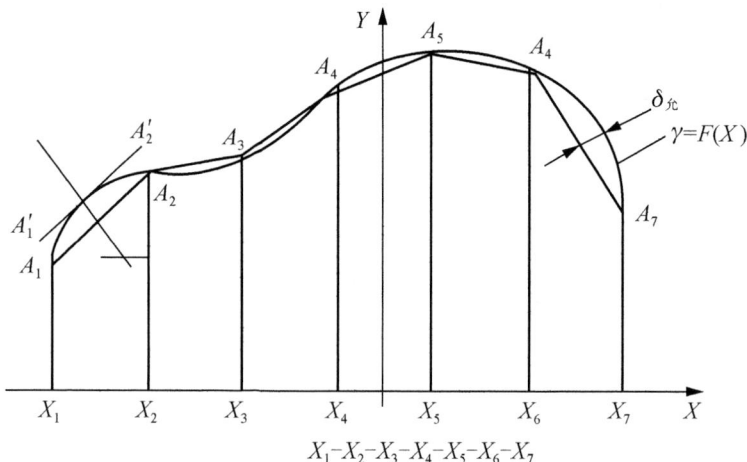

$$X_1\text{-}X_2\text{-}X_3\text{-}X_4\text{-}X_5\text{-}X_6\text{-}X_7$$

图 1.8　等间距法直线逼近的节点计算

1) 等间距法直线逼近的节点计算

等间距法直线逼近是使每一个程序段中的每一个坐标的增量相等，在直角坐标系中令 X 坐标的增量相等，然后根据曲线方程 $Y=F(X)$ 求出另一个坐标值。如图 1.8 所示的非圆曲线，是将等间距的 $X_1\sim X_7$ 代入 $Y=F(X)$，求出 $Y_1\sim Y_7$，从而得出 $A_1\sim A_7$ 的坐标，$A_1\sim A_7$ 点即为节点坐标，求出各节点坐标后，还要验算逼近误差是否小于允许的误差值 $\delta_允$。逼近误差是指逼近直线与所对应的曲线之间的法向距离。一般情况下，只需验算曲线的曲率半径比较小的逼近直线或曲线有拐角处的逼近直线的逼近误差。如果这些地方的逼近误差小于允许误差值 $\delta_允$，则其他地方的逼近误差也一定小于允许误差值。

2) 等弦长法直线逼近的节点计算

在等间距法直线逼近中是使某一个坐标的增量相等，而每等间距内的逼近直线段的长度并不一定相等。等弦长法直线逼近是使每个程序段的直线段相等，如图 1.9 所示。等弦长法直线逼近的关键是求逼近直线段的长度，即如何确定弦的长度。由于用等弦长法直线逼近时，轮廓曲线各处的曲率不等，为满足直线段的逼近误差小于允许的逼近误差 $\delta_允$，应首先确定曲率半径最小处的曲线段的弦长，然后其他曲线段都以此弦长分隔曲线，达到求各节点的目的。

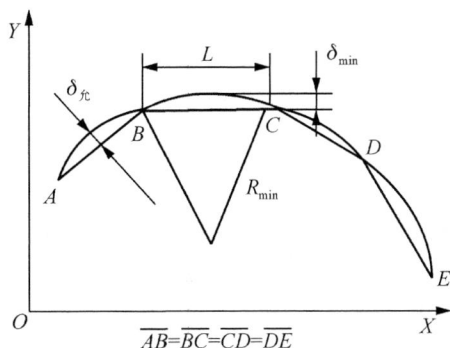

图 1.9　等弦长法直线逼近的节点计算

1.2.5　基本编程指令

1．快速点定位指令 G00

(1) 指令格式：

```
G00 X(U)_ Z(W)_;
```

其中：X、Z——刀具移动目标点的绝对坐标值；

U、W——刀具移动目标点的相对坐标值。

(2) 说明：

① G00 用于快速移动刀具位置，不对工件进行加工。可以在几个轴上同时执行快速移动，由此产生一线性轨迹，如图 1.10 所示。

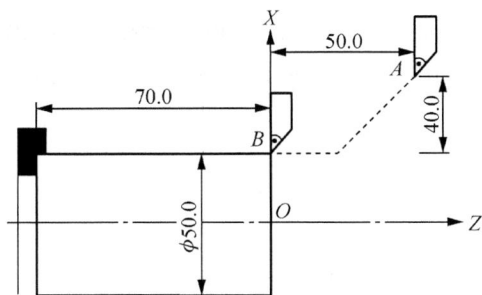

图 1.10　G00 快速点定位

② 机床数据中规定每个坐标轴快速移动速度的最大值，一个坐标轴运行时就以此速度快速移动。如果快速移动同时在两个轴上执行，则移动速度为两个轴可能的最大速度。

③ 用 G00 快速点定位时，在地址 F 下设置的进给率无效。

④ G00 模态有效，直到被 G 功能组中其他的指令(G01、G02、G03、…)取代为止。

例如，实现如图 1.10 所示的从 A 点到 B 点的快速移动，其程序段如下。

绝对编程：

```
N0010 G00 X50.0 Z0.0;
```

相对编程：

```
N0010 G00 U-80.0 W-50.0;
```

2．直线插补指令 G01

(1) 指令格式：

```
G01 X(U)_ Z(W)_ F_;
```

其中：X、Z——刀具移动目标点的绝对坐标值；

  U、W——刀具移动目标点的相对坐标值；

  F——进给速度，单位为 mm/r。

(2) 说明：

① 刀具以直线从起始点移动到目标位置，按地址 F 下设置的进给速度运行。所有的坐标轴可以同时运行，如图 1.11 所示。

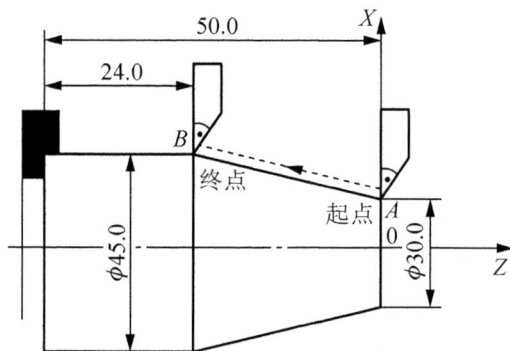

图 1.11　G01 直线插补指令

② G01 模态有效，直到被 G 功能组中其他的指令(G00、G02、G03、…)取代为止。例如，实现如图 1.11 所示的从 A 点到 B 点的直线插补运动，其程序段如下。

绝对编程：

```
N0030 G01 X45.0 Z-26.0  F0.3;
```

相对编程：

```
N0030 G01 U15.0 W-26.0  F0.3;
```

1.3　数控加工工艺知识

1.3.1　数控加工工艺文件

数控加工工艺文件主要包括数控加工工艺规程卡、工序卡和刀具使用卡。

1．数控加工工艺规程卡

数控加工工艺规程卡是数控加工工艺文件的重要组成部分。它规定了工序内容、加工顺序、使用设备、刀具、辅具的型号和规格等，如表 1.4 所示。

表 1.4　数控加工工艺规程卡

零件名称		零件材料		毛坯种类	毛坯硬度		毛坯重	编制
××		××		××	××		××	××
工序号	工序名称	设备名称		夹具	刀具		辅具	冷却液
					编号	规格		
1								
2								
编制	××	审核	××	批准	××	年　月　日	共　页	第　页

2．工序卡

工序卡是编制数控加工程序的重要依据之一，应按已确定的工步顺序编写。工序卡的内容包括工步号、工步内容、刀具名称和切削用量等，如表 1.5 所示。

表 1.5　工序卡

单位名称		××	产品名称	零件名称	零件图号
			××	××	××
工序号		程序编号	夹具名称	使用设备	车间
××		××	××	××	××

工序简图：

工步号	工步内容	刀具号	刀具规格 /mm	主轴转速 n/(r/min)	进给速度 f/(mm/r)	背吃刀量 a_p/mm	备注
1							
2							
编制	××	审核	××	批准	××	年　月　日	共　页　第　页

3．刀具使用卡

刀具使用卡是说明完成一个零件加工所需的全部刀具，主要包括刀具名称、型号、规格、尺寸、补偿号等内容，如表 1.6 所示。

表 1.6　刀具使用卡

产品名称		××	零件名称		××		零件图号	××
序号	刀具号	刀具规格名称	数量	加工表面		刀尖半径 R/mm	刀尖方位 T	备注
1								
2								
编制		××	审核	××	批准		××	共　页　第　页

1.3.2 工艺分析的内容与步骤

1. 工件的装夹与找正

正确、合理地选择工件的定位与夹紧方式，是保证零件加工精度的必要条件。

1) 定位基准的选择

要力求使设计基准、工艺基准与编程计算基准统一，减少基准不重合误差和数控编程中的计算工作量，并尽量减少装夹次数；在多工序或多次安装中，要选择相同的定位基准，保证零件的位置精度；要保证定位准确、可靠、夹紧机构简单，且操作简便。

2) 常用的装夹方法

(1) 在三爪自定心卡盘上装夹。这种方法装夹工件方便、省时、自动定心好，但夹紧力较小，适用于装夹外形规则的中、小型工件。三爪自定心卡盘可安装成正爪或反爪两种形式，反爪用来装夹直径较大的工件，如图 1.12 所示。

(2) 在两顶尖之间装夹。用这种方法安装工件不需找正，每次装夹的精度高，适用于长度尺寸较大或加工工序较多的轴类工件装夹，如图 1.13 所示。

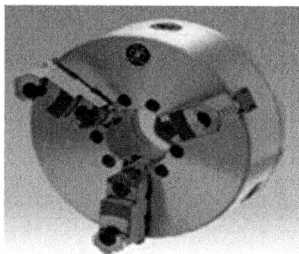

图 1.12 三爪定心卡盘(反爪)

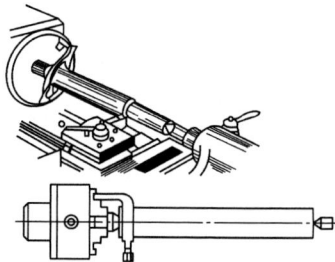

图 1.13 用前后顶尖装夹工件

2. 工艺路线的确定

1) 工序的划分

(1) 以一次安装工件所进行的加工为一道工序。将位置精度要求较高的表面加工，安排在一次安装下完成，以免多次安装所产生的安装误差影响位置精度。

(2) 以粗、精加工划分工序。粗精加工分开可以提高加工效率，对于容易发生加工变形的零件，更应将粗、精加工内容分开。

(3) 以同一把刀具加工的内容划分工序。根据零件的结构特点，将加工内容分成若干部分，每一部分用一把典型刀具加工，这样可以减少换刀数和空行程时间。

(4) 以加工部位划分工序。根据零件的结构特点，将加工的部位分成几个部分，每一部分的加工内容作为一个工序。

2) 工序顺序的安排

(1) 基面先行。先加工定位基准面，减少后面工序的装夹误差。如轴类零件，先加工中心孔，再以中心孔为精基准加工外圆表面和端面。

(2) 先粗后精。先对各表面进行粗加工，然后再进行半精加工和精加工，逐步提高加工精度。

(3) 先近后远。离对刀点近的部位先加工，离对刀点远的部位后加工，以便缩短刀具移动距离，减少空行程时间。同时有利于保持工件的刚性，改善切削条件，对于直径相差不大的阶梯轴，当第一刀的背吃刀量未超限时，应以 $\phi 30mm$、$\phi 32mm$、$\phi 39mm$ 的顺序由近及远地进行车削。

(4) 内外交叉。先进行内、外表面的粗加工，后进行内、外表面的精加工。不能加工完内表面后，再加工外表面。

3) 进给路线的确定

进给路线是刀具在加工过程中相对于工件的运动轨迹，也称走刀路线。它既包括切削加工的路线，又包括刀具切入、切出的空行程；不但包括了工步的内容，也反映出工步的顺序，是编写程序的依据之一。因此，以图形的方式表示进给路线，可为编程带来很大方便。

(1) 粗加工进给路线的确定。

① 矩形循环进给路线。利用数控系统的矩形循环功能，确定矩形循环进给路线，这种进给路线刀具切削时间最短，刀具损耗最小，为常用的粗加工进给路线。

② 三角形循环进给路线。利用数控系统的三角形循环功能，确定三角形循环进给路线，这种进给路线刀具总行程最长，一般只适用于单件小批量生产。

③ 阶梯切削进给路线。当零件毛坯的切削余量较大时，可采用阶梯切削进给路线，在同样背吃刀量的条件下，加工后剩余量过多，不宜采用，如图 1.14 所示。

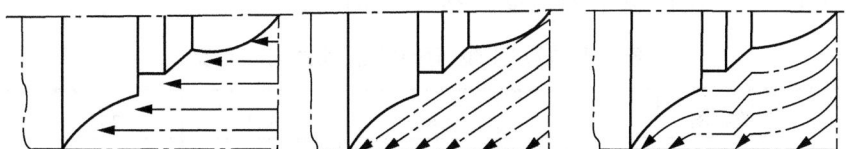

(a) 矩形循环进给路线　　(b) 三角形循环进给路线　　(c) 阶梯切削进给路线

图 1.14　粗加工进给路线

(2) 精加工进给路线的确定。

各部位精度要求一致的进给路线，在多刀进行精加工时，最后一刀要连续加工，并且要合理确定进、退刀位置。尽量不要在光滑连接的轮廓上安排切入和切出或换刀及停顿，以免因切削力变化造成弹性变形，产生表面划伤、形状突变或滞留刀痕的缺陷。

3．选用车刀

数控车床使用的刀具有焊接式和机夹式之分，目前机夹式刀具在数控车床上得到了广泛的应用，如图 1.15 所示。选择机夹式刀具的关键是选择刀片，在选择刀片上要考虑以下几点。

机夹可转位车刀形状和角度如图 1.16 所示。

(1) 工件材料的类别。常用材料有：黑色金属、有色金属、复合材料、非金属材料等。

(2) 工件材料的性能。包括硬度、强度、韧性和内部组织状态等。

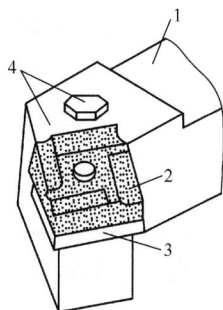

图 1.15　机夹可转位车刀

1—刀杆　2—刀垫

3—刀片　4—夹紧螺钉

(3) 切削工艺类别包括粗加工、精加工、内孔、外圆加工等。

(4) 零件的几何形状、加工余量和加工精度。

(5) 要求刀片承受的切削用量。

(6) 零件的生产批量和生产条件。

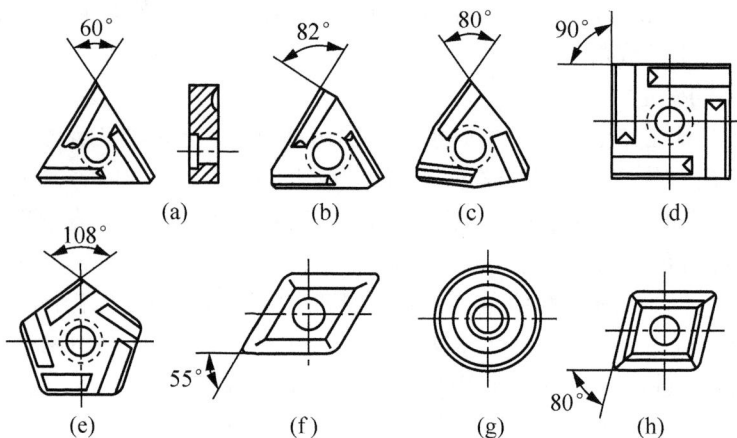

图 1.16 机夹可转位车刀形状和角度

被加工表面形状及适用的刀片形状如表 1.7 所示。

表 1.7 被加工表面形状及适用的刀片形状

	主 偏 角	45°	45°	60°	75°	95°
车削外圆	加工示意图	45°	45°	60°	75°	95°
	主 偏 角	75°	90°	90°	90°	
车削端面	加工示意图	75°	90°	90°	90°	
	主 偏 角	15°	45°	60°	90°	
车削成形面	加工示意图	15°	45°	60°	90°	

4．切削用量的确定

切削用量包括切削速度、进给量和切削深度。

数控加工时对同一加工过程选用不同的切削用量，会产生不同的切削效果。合理的切削用量应能保证工件的质量要求(如加工精度和表面粗糙度)，在切削系统强度和刚性允许的条件下充分利用机床功率，最大限度地发挥刀具的切削性能，并保证刀具有一定的使用寿命。

选择切削用量一般应遵循以下原则。

(1) 粗车时切削用量的选择。粗车时一般以提高生产率为主，兼顾经济性和加工成本；提高切削速度、加大进给量和背吃刀量都能提高生产率，其中切削速度对刀具寿命的影响最大，背吃刀量对刀具寿命的影响最小，所以考虑粗加工切削用量时，首先应选择一个尽可能大的背吃刀量，其次选择较大的进给速度，最后在刀具使用寿命和机床功率允许的条件下选择一个合理的切削速度。

(2) 精车、半精车时切削用量的选择。精车和半精车的切削用量要保证加工质量，兼顾生产率和刀具的使用寿命。

精车和半精车的背吃刀量是根据零件加工精度和表面粗糙度要求，及粗车后留下的加工余量决定的，一般情况是一次去除余量。

精车和半精车的背吃刀量较小，产生的切削力也较小，所以可在保证表面粗糙度的情况下，适当加大进给量。

对应数控车削加工的常用刀具材料、工件材料与切削用量如表 1.8 所示。

表 1.8　切削用量推荐表

零件材料及 毛坯尺寸	加工内容	背吃刀量 a_p/(mm)	主轴转速 n/(r/min)	进给速度 f/(mm/r)	刀具材料
45 钢坯料， 外径 ϕ 20～60 内径 ϕ 13～20	粗加工	1～2.5	300～800	0.15～0.4	硬质合金 (YT 类)
	精加工	0.25～0.5	600～1000	0.08～0.2	
	切槽、切断 (切刀宽 35)		300～500	0.05～0.1	
	钻中心孔		300～800	0.1～0.2	高速钢
	钻孔		300～500	0.05～0.2	高速钢

1.4　回到工作场景

【工作过程一】数控加工工艺分析

1．根据零件图样要求、确定毛坯及加工顺序

如图 1.1 所示的零件，不需要热处理，无硬度要求，表面要加工，ϕ 32 外圆加工精度较高。

(1) 设模柄零件毛坯尺寸为 ϕ 40×150，轴心线为工艺基准，用三爪自定心卡盘夹持 ϕ 40 外圆，使工件伸出卡盘 100mm，一次装夹完成粗、精加工。

(2) 加工顺序。假设毛坯已完成端面及外圆的粗车，每面留有 0.25mm 精加工余量（ϕ 30×48、ϕ 32×35、ϕ 39×10)，本工序从右到左精车端面及外圆，达尺寸及精度要求。

2．选择机床设备及刀具

根据零件图样要求，选 CK6150 型卧式数控车床。

根据加工要求，选用 1 把 90° 硬质合金外圆车刀；刀号 T01。把刀具在自动换刀刀架上安装好且对好刀，把它们的刀偏值输入相应的刀具参数中，刀具卡片如表 1.9 所示。

表 1.9 刀具卡片

产品名称			××	零件名称		模 柄	零件图号		××
序 号	刀具号	刀具规格名称	数量	加工表面		刀尖半径 R/mm	刀尖方位 T		备 注
1	T01	90°硬质合金外圆车刀	1	精车端面及 $\phi 39$、$\phi 32$、$\phi 30$ 外圆		0.2	3		
编制	××	审核	××	批准		××	共 页		第 页

3. 确定切削用量

切削用量的具体数值应根据机床性能、相关的手册并结合实际经验用类比方法确定，切削用量推荐值可参见表 1.8 和表 1.10。

表 1.10 模柄零件数控加工工序卡片

单位名称		××	产品名称	零件名称	零件图号
			××	模柄	××
工序号		程序编号	夹具名称	使用设备	车间
×××		O0020	三爪自定心卡盘	CK6150 数控车	数控实训车间

工序简图：

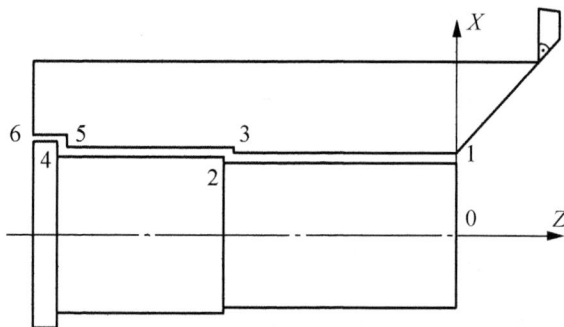

工步号	工步内容	刀具号	刀具规格 /mm	主轴转速 n/(r/min)	进给速度 f/(mm/r)	背吃刀量 a_p/mm	备注
1	装夹						手动
2	对刀，编程原点工件右端面			450			手动
3	车端面	T01	90°硬质合金外圆车刀	750	0.08	0.25	自动
4	精车 $\phi 39$、$\phi 32$、$\phi 30$ 外圆达尺寸及精度要求			750	0.08	0.25	自动
编制	××	审核	××	批准	××	年 月 日	共 页	第 页

4．确定工件坐标系、对刀点和换刀点

确定以工件的右端面与轴心线的交点 O 为工件原点，建立工件坐标系。采用手动试切对刀方法，把点 1 作为对刀点。假设换刀点设置在工件坐标系下 X150、Z150 处，数控加工工序卡如表 1.10 所示。

5．基点运算

以工件右端面的中心点为编程原点，采用绝对尺寸编程，基点值按零件标注的平均值计算。切削加工的基点计算值如表 1.11 所示。

表 1.11　切削加工的基点计算值

基　点	1	2	3	4	5	6
x	29.92	29.92	31.992	31.992	39.0	39.0
z	0	−48.0	−48.0	−83.0	−83.0	−93.0

【工作过程二】程序编制

模柄零件精加工程序编制清单如下。

程　序	注　释
O0020	程序名
N0010 G97 G99;	主轴恒转速，每转进给
N0020 S750 M03;	主轴正转，750 r/min
N0030 T0101;	换 1 号车刀，1 号刀补
N0040 G00 X35.0 Z0.0;	快速移动刀具定位
N0050 G01 X−1.0 F0.08;	精车端面，进给速度 0.08 mm/r
N0060 G00 Z5.0;	快速移动刀具定位
N0070 X29.92;	快速移动刀具定位
N0080 G01 Z−48.0;	精车外圆 ϕ30×48
N0090 X31.992;	精车端面
N0100 Z−83.0;	精车外圆 ϕ32×35
N0110 X39.0;	精车端面
N0120 Z−93.0;	精车外圆 ϕ39×10
N0130 G00 X40.0;	快速移动刀具定位
N0140 X150.0 Z150.0;	快速移动刀具定位
N0150 M05;	停主轴
N0160 M30;	程序结束

1.5 拓 展 实 训

实训 1 型芯零件编程加工

(一)训练内容

某车间现准备加工若干件型芯零件，工程图如图 1.17 所示。由学生按小组独立完成该零件数控车削工艺并编制该零件精加工程序。

(二)训练目的

掌握数控程序的编制方法及步骤，学习 G00/G01 等基本编程指令的应用。

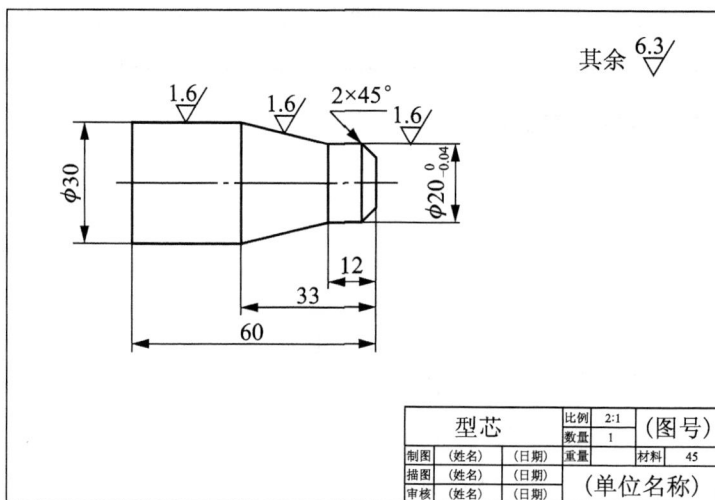

图 1.17　型芯零件工程图

(三)训练过程

步骤一：数控加工工艺分析。

(1) 根据零件图样要求、确定毛坯及加工顺序。

(2) 选择机床设备及刀具。

(3) 确定切削用量。

(4) 确定工件坐标系、对刀点和换刀点。

(5) 基点运算。

步骤二：加工程序编制。

编写零件精加工程序并写出加工程序清单。

(四)技术要点

(1) 编程时可用绝对尺寸编程也可用相对尺寸编程。

(2) 工件坐标系可设在工件的左端也可设在工件右端。

(3) 基点计算按标注值的平均值计算。

轴类零件精加工刀具及参数，如表 1.12 所示(供参考)。

表 1.12　轴类零件精加工刀具及参数

工步号	工步内容	刀具号	刀具规格 /mm	主轴转速 n/(r/min)	进给速度 f/(mm/r)	背吃刀量 a_p/mm	备注
1	车端面	T01	90°硬质合金 外圆车刀	750	0.08	0.25	
2	精车外圆						

实训 2　曲面型芯零件编程加工

(一)训练内容

某车间现准备加工若干件曲面型芯零件，工程图如图 1.18 所示。学生按小组学习制定该零件数控车削工艺并编制该零件精加工程序。

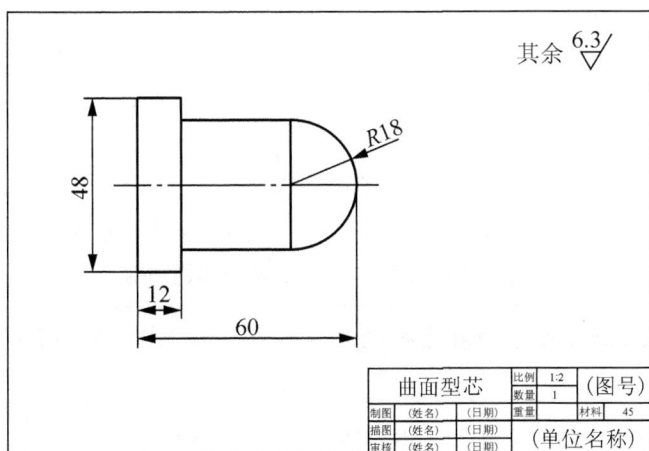

图 1.18　曲面型芯零件工程图

(二)训练目的

进一步掌握数控程序的编制方法及步骤、学习 G02、G03 等基本编程指令的应用。

(三)训练过程

步骤一：基本编程指令学习。

1) 圆弧插补 G02/G03

(1) 指令格式：

圆心和终点编程：

G02/G03 X(U)_ Z(W)_ I_ K_ F_ ;

半径和终点编程：

G02/G03 X(U)_ Z(W)_ R_ F_ ;

其中：X、Z——圆弧终点的绝对坐标值；

U、W——圆弧终点相对圆弧起点的相对坐标值；

I、K——圆弧起点到圆心点的矢量分量，正负同坐标轴方向；

R——圆弧半径。

(2) 说明：

① 刀具沿圆弧轨迹从圆弧起始点移动到终点，方向由 G 指令确定，如图 1.19 所示。

② G02 顺时针圆弧插补；G03 逆时针圆弧插补。

③ G02 和 G03 一直有效，直到被 G 功能组中其他的指令(G00、G01、…)取代为止。

④ 当同一程序段中同时出现 I、K 和 R 时，以 R 为优先，I、K 无效。

⑤ I、K 值中若为 0 时，可省略不写。

⑥ 当终点坐标与指定的半径值没有交于同一点时，会显示警示信息。

⑦ R 数值前带"—"表明插补圆弧段大于 180°。

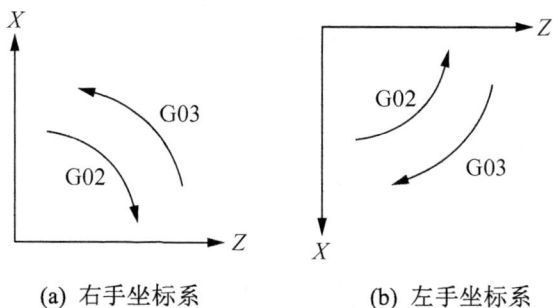

(a) 右手坐标系 (b) 左手坐标系

图 1.19 G02/G03 圆弧插补顺逆判别

⚠ **判断**：沿着第三轴的负方向看圆弧的旋转方向，顺时针为顺圆插补用 G02，反之用 G03。

例如，实现如图 1.20 所示的从 A 点到 B 点的圆弧插补运动，其程序段如下。

圆心坐标和终点坐标编程：

绝对编程：

```
N0030 G02 X40.0 Z-20.0 I30.0  K0 F0.3;
```

相对编程：

```
N0030 G02 U20.0 W-20.0 I30.0  K0 F0.3;
```

终点和半径尺寸编程：

绝对编程：

```
N0030 G02 X40.0 Z-20.0 R30.0 F0.3;
```

相对编程：

```
N0030 G02 U20.0 W-20.0 R30.0 F0.3;
```

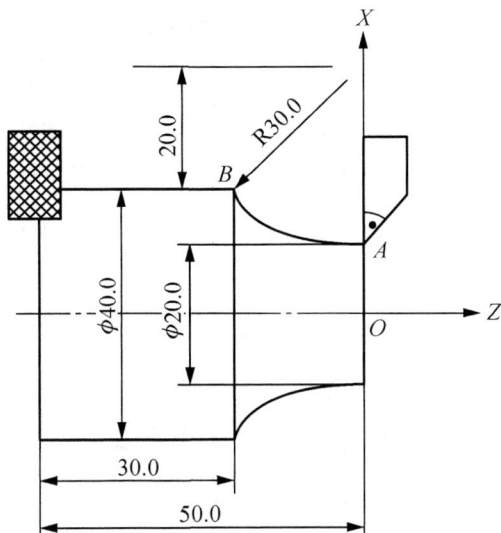

图 1.20　圆弧插补实例

步骤二：数控加工工艺分析。

(1) 根据零件图样要求、确定毛坯及加工顺序。

图 1.18 所示零件，不需要热处理，无硬度要求，表面要加工，无精度要求。

① 设型芯零件毛坯尺寸为 $\phi 50 \times 120$，轴心线为工艺基准，用三爪自定心卡盘夹持 $\phi 50$ 外圆，使工件伸出卡盘 110mm，一次装夹完成粗、精加工。

② 加工顺序。假设毛坯已完成圆弧及外圆的粗车，留 0.5mm 精加工余量(R18、$\phi 36 \times 30$、$\phi 48 \times 20$)，从右到左精车圆弧及外圆，达尺寸要求。

(2) 选择机床设备及刀具。根据零件图样要求，选 CK6150 型卧式数控车床。

由加工要求，选用 1 把 93° 硬质合金外圆车刀；刀号 T01。把刀具在自动换刀刀架上安装好且对好刀，把它们的刀偏值输入相应的刀具参数中，刀具卡片如表 1.12 所示。

表 1.12　刀具卡片

产品名称		××	零件名称		模柄		零件图号	××
序号	刀具号	刀具规格名称	数量	加工表面		刀尖半径 R/mm	刀尖方位 T	备注
1	T01	93° 硬质合金外圆车刀	1	精车圆弧及 $\phi 36$、$\phi 48$ 外圆		0.2	3	
编制	××	审核	××	批准		××	共　页	第　页

(3) 确定切削用量。切削用量的具体数值应根据机床性能、相关的手册并结合实际经验用类比方法确定，切削用量推荐值可参见表 1.8。

(4) 确定工件坐标系、对刀点和换刀点。确定以工件的右端面与轴心线的交点 O 为工件原点，建立工件坐标系。采用手动试切对刀方法，把点 O 作为对刀点。假设换刀点设置在工件坐标系下 $X150$、$Z150$ 处，数控加工工序卡如表 1.13 所示。

表 1.13　曲面型芯零件数控加工工序卡

单位名称	××	产品名称	零件名称	零件图号
		××	曲面型芯	××
工序号	程序编号	夹具名称	使用设备	车间
002	O0030	三爪自定心卡盘	CK6150 数控车	数控实训车间

工序简图：

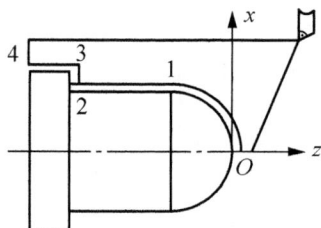

工步号	工步内容	刀具号	刀具规格/mm	主轴转速 n/(r/min)	进给速度 f/(mm/r)	背吃刀量 a_p/mm	备注
1	装夹						手动
2	对刀，编程原点工件右端面	T01	93°硬质合金外圆车刀	450			手动
3	精车圆弧及 ϕ36、ϕ48 外圆达尺寸要求			750	0.08	0.5	自动
编制	××	审核 ××	批准 ××	年 月 日	共 页	第 页	

（5）基点运算。以工件右端面的中心点为编程原点，基点值为绝对尺寸编程值。切削加工的基点计算值如表 1.14 所示。

表 1.14　切削加工的基点计算值

基　点	0	1	2	3	4
x	0	36.0	36.0	48.0	48.0
z	0	−18.0	−48.0	−48.0	−60.0

步骤三：加工程序编制。

曲面型芯零件精加工程序编制清单如下。

程　序	注　释
O0030	程序名
N0010 G97 G99;	主轴恒转速，每转进给
N0020 S750 M03;	主轴正转，750 r/min
N0030 T0101;	换1号车刀，1号刀补

N0040 G00 X0 Z5.0;	快速移动刀具定位
N0050 G01 Z0 F0.08;	直线插补，进给速度 0.08 mm/r
N0060 G03 X36.0 Z-18.0 R18.0;	精车圆弧 $R18$
N0070 G01 Z-48.0;	精车外圆 $\phi\,36 \times 30$
N0080 X48.0;	精车端面
N0090 Z-68.0;	精车外圆 $\phi\,48 \times 20$
N0100 G00 X50.0;	快速移动刀具定位
N0110 X150.0 Z150.0;	快速移动刀具定位
N0120 M05;	停主轴
N0130 M30;	程序结束

工作实践常见问题解析

【问题 1】对直径编程不熟悉造成编程数值错误。

【答】在数控车编程时，X 轴坐标值是按直径值计算的，但学生对直径编程不熟悉，容易忽视，往往把 X 坐标写成半径值造成数值错误，应引起重视。

【问题 2】绝对编程和相对编程的数据不知如何处理。

【答】绝对编程时零件上各个基点的坐标是由坐标系读出的坐标数值，分别用 X、Z 表示。相对编程时零件上各个基点的坐标是目标点相对目标起点的增量，即目标终点坐标值减目标起点坐标值，分别用 U、W 表示。在车削编程时可使用绝对编程、相对编程还可使用混合编程。

【问题 3】圆弧插补方向判断错误。

【答】在用圆弧插补指令编程时，什么时候用顺圆插补指令 G02，什么时候用逆圆插补指令 G03，关键是看坐标系的方向，正常时 X 轴朝上 Z 轴朝左，圆弧插补顺逆正常判断，反之 X 轴朝下 Z 轴朝左，圆弧插补顺逆反着看就可。

【问题 4】圆弧插补用半径编程还是圆心坐标编程的确定原则。

【答】在用圆弧插补指令编程时，如遇整圆加工则用圆心坐标编程，非整圆加工则用半径编程，圆弧大于等于 180° 时 R 为负值，圆弧小于 180° 时 R 为正值。

1.6　习　　题

填空题

1. CNC 是指＿＿＿＿＿＿＿＿＿＿＿＿。

2. 数控机床按机床运动轨迹分类分为＿＿＿＿＿＿、＿＿＿＿＿＿＿和＿＿＿＿＿＿。

3. 数控机床控制介质有＿＿＿＿＿＿、＿＿＿＿＿＿、＿＿＿＿＿＿等。

4. 数控车床的标准坐标系采用＿＿＿＿坐标系。其中坐标轴移动的正方向是＿＿＿＿＿远离＿＿＿＿＿＿的方向。

5. 一个完整的程序由＿＿＿＿＿＿、＿＿＿＿＿＿和＿＿＿＿＿＿组成。

6. 数控程序的编制方法有_____和_____两大类。

7. 常用的数控插补方法有_____、_____。

选择题

1. 数控车床的 Z 坐标为( )。
   A. 水平向左　　　　　　　　　B. 向前
   C. 向后　　　　　　　　　　　D. 从主轴轴线指向刀架

2. 程序编制中首件试切的作用是( )。
   A. 检验零件图样的正确性
   B. 检验零件工艺方案的正确性
   C. 检验程序单或控制介质的正确性，并检查是否满足加工精度要求
   D. 仅检验数控穿孔带的正确性

3. 数控编程时，应首先设定( )。
   A. 机床原点　　　　　　　　　B. 固定参考点
   C. 机床坐标系　　　　　　　　D. 工件坐标系

4. 辅助功能指令 M03 代表( )。
   A. 主轴顺时针旋转　　　　B. 主轴逆时针旋转
   C. 主轴停止　　　　　　　D. 主轴起动

5. 编写圆弧插补程序时，若采用圆弧半径 R 编程时，当加工圆弧的圆心角( )时，用正 R 表示圆弧半径。
   A. 大于或等于 180°　　　　B. 小于或等于 180°
   C. 小于 180°　　　　　　　D. 大于 180°

6. 在数控加工时，确定加工顺序的原则是( )。
   A. 先粗后精的原则　　　B. 先近后远的原则
   C. 内外交叉的原则　　　D. 以上都对

7. 数控机床有不同的运动形式，需要考虑工件与刀具的相对运动关系及坐标方向，编写程序时，采用( )的原则编写程序。
   A. 刀具固定不动，工件移动
   B. 工件固定不动，刀具移动
   C. 铣削加工刀具固定不动，工件移动；车削加工刀具移动，工件不动
   D. 分析机床运动关系后再根据实际情况

操作题(编程题或实训题等)

某车间现准备加工若干件芯轴零件，工程图如图 1.21 所示，请按图纸要求分小组独立完成下图的车削工艺并编制该零件精加工程序。请按如下步骤完成练习。

步骤一：
① 根据零件图样要求、确定毛坯及加工顺序。
② 选择机床设备及刀具。
③ 确定切削用量。
④ 确定工件坐标系、对刀点和换刀点。
⑤ 基点运算。

步骤二:

编写零件精加工程序并写出加工程序清单。

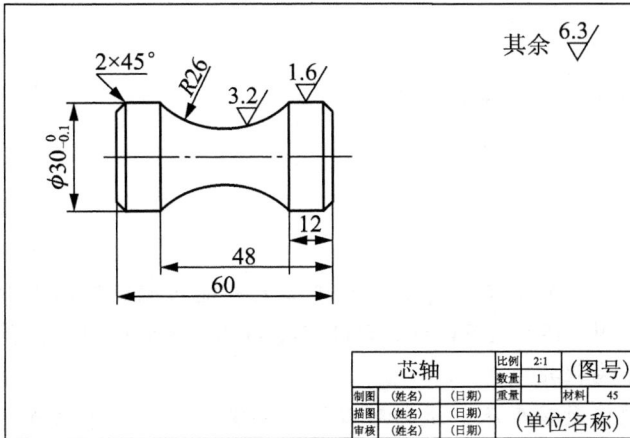

图 1.21　芯轴零件工程图

第 2 章　轴套类零件的数控编程与加工

本章要点

- 数控车床的加工程序编制方法。
- 数控车床基本操作方法。
- 数控车床加工工艺。

技能目标

- 能够熟练地制定轴套类零件数控加工工艺并能正确编制数控加工程序。
- 能够熟练应用 G50、G54~59、G41/G42/G40、G90/G94、复合固定循环 G71/G72/G73/G70 等编程指令。
- 能够熟练操作数控车床，进行对刀，程序输入、导入等操作。

2.1　工作场景导入

【工作场景】

某车间现准备加工小轴若干，如图 2.1 所示，毛坯为 $\phi35\times100$ 的棒料。要求设计数控加工工艺方案，编制机械加工工艺过程卡、数控加工工序卡、数控车刀具调整卡、数控加工程序卡，进行仿真加工，优化走刀路线和程序。

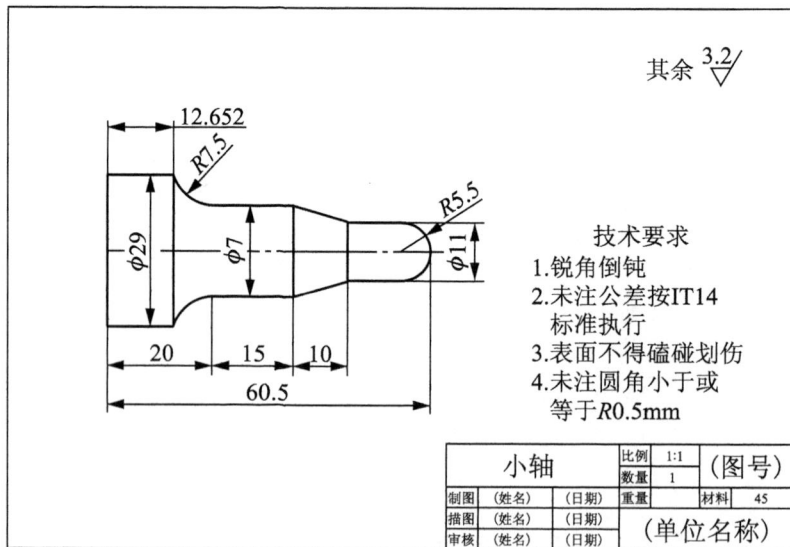

图 2.1　小轴工程图

【引导问题】

(1) 如何根据零件图样要求，确定工艺方案及加工路线？

(2) 如何选用机床设备、刀具，确定切削用量？

(3) 如何进行粗加工和精加工？

(4) 编程时需要用到哪些指令、代码？如何使用？

2.2　数控编程相关知识

2.2.1　零点偏置

1. 工件坐标系设定指令 G50

1) 指令格式

G50 X_ Z_;

其中：X、Z——起刀点刀尖(刀位点)相对于加工原点的绝对坐标值。

2) 说明

(1) 规定刀具起刀点(或换刀点)至工件原点的距离。

(2) 在进行数控车床编程时，所有的 X 坐标值均使用直径值，如图 2.2 所示，设置工件坐标系的程序段如下。

G50 X128.7 Z375.1;

执行该程序段后，系统内部即对(X128.7， Z375.1)进行记忆，并显示在显示器上，这就相当于在系统内部建立了一个以工件原点为坐标原点的工件坐标系。

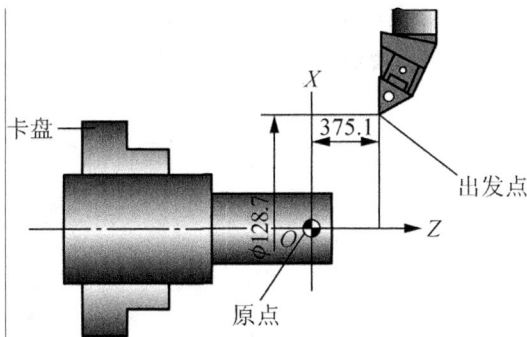

图 2.2　坐标系设定指令 G50

(3) 如果想把已经建立起来的某个坐标系进行平移，则可以用 G50 U_ W_的格式来实现，其中 U_和 W_分别代表坐标原点在 X 轴和 Z 轴上的位移量。

⚠ **注意：** 当 X、Z 值不同或改变刀具的当前位置时，所设定的工件坐标系的工件原点位置也不同。因此在执行程序段 G50 X_ Z_前，必须先对刀，通过调整机床，将刀尖放在程序所要求的起刀点位置上。

2. 工件坐标系选择指令 G54～G59

1) 指令格式

G54～G59

2) 说明

使用 G54～G59 指令可以在六个预设的工件坐标系中选择一个作为当前工件坐标系。这六个工件坐标系的坐标原点在机床坐标系中的坐标值称为零点偏置值。在程序运行前，从"零点偏置"界面输入。当程序运行未执行 M02 指令时，不能修改零点偏置值。

所谓零点偏置，是指工件原点相对于机床原点的偏置。在数控车床使用 G54～G59 指令编程时，该程序段必须放在第一个程序段，否则执行下边的程序时，刀具会按机床坐标原点运动，从而可能会引起碰撞。

如图 2.3 所示，在运行程序前，手动对刀操作确定工件原点 O 在机床坐标系的绝对坐标值，并作为 G54 指令的零点偏置输入数控系统，即在"零点偏置"界面设置 G54 X0 Z85.0，在程序中选择工件坐标系 G54。程序段如下：

```
N010 G54
```

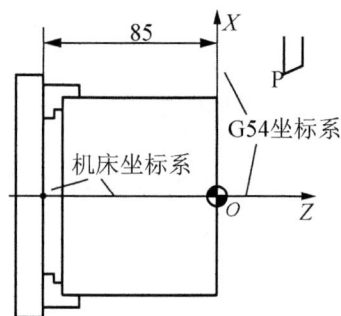

**图 2.3　坐标系选择指令
G54～G59**

2.2.2　刀尖半径补偿

为了提高刀具寿命和降低工件表面粗糙度值，车刀通常要磨出一个半径很小(0.4～0.6mm)的圆弧，如图 2.4 所示。在车削内孔、外圆及端面时，刀尖圆弧不影响加工尺寸和形状，但在切削锥面和圆弧时，则会造成过切或欠切现象，如图 2.5 所示。此时可用刀尖圆弧半径补偿功能消除。

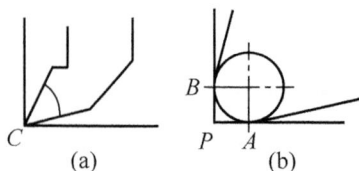

图 2.4　车刀的刀尖圆弧

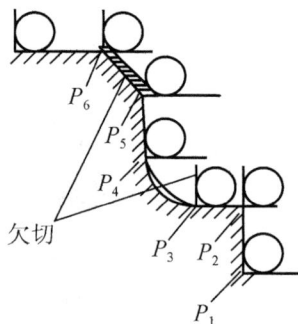

图 2.5　刀尖圆弧产生的欠切现象

车刀刀尖圆弧半径补偿指令：

```
G41 G42 G40
```

1) 指令格式

$$\left.\begin{matrix} G41 \\ G42 \\ G40 \end{matrix}\right\} \left.\begin{matrix} G00 \\ \\ G01 \end{matrix}\right\} \quad X(U)\_Z(W)\_;$$

其中：G41——刀具半径左补偿，沿着刀具运动方向看，刀具在工件的左侧。判断方法如图 2.6(a)所示；

　　　　G42——刀具半径右补偿，沿着刀具运动方向看，刀具在工件的右侧。判断方法如图 2.6(b)所示；

　　　　G40——取消刀尖半径补偿，使用该指令后，G41、G42 指令无效；刀尖轨迹与编程轨迹一致。

(a) 刀具左补偿　　　　　　　　(b) 刀具右补偿

图 2.6　刀具左右补偿

2) 说明

(1) G41/G42 指令须在 G00/C01 指令中使用才有效。

(2) G40、G41、CA2 都是模态代码，可相互注销。

(3) G41、G42 与 G40 必须成对使用，即在程序中有了 G41 后，不能再直接使用 G42，必须先用 G40 取消原补偿状态后才能使用，否则就会出现运行错误。

(4) 工件有锥度、圆弧时，必须在精车锥度或圆弧前一段程序段建立半径补偿，一般在切入工件时的程序段建立半径补偿。

如图 2.7 所示，刀补引入过程中，刀具在移动过程中逐渐加上补偿值，当引入后，刀具圆弧中心停留在程序设定坐标点的垂线上，距离为刀尖半径补偿值。刀补取消过程中，刀具位置在程序段中也是逐渐变化的，程序结束时，刀尖半径补偿值取消。

刀具刀尖半径补偿的过程分为三步：刀补的建立，刀具中心从编程轨迹重合过渡到与编程轨迹偏离一个偏置量的过程；刀补进行，执行有 C41 或 G42 指令的程序段后，刀具中心始终与编程轨迹相距一个偏置量；刀补的取消，刀具离开工件，刀具中心轨迹要过渡到与编程重合的过程。

(5) 假想刀尖位置序号确定。刀尖圆弧半径补偿与车刀形状、刀尖位置有关。车刀形状、刀尖位置各种各样，它们决定加工时刀尖圆弧在工件的什么位置，所以刀尖圆弧半径包括刀尖圆弧半径、车刀形状和刀尖位置。车刀形状和刀尖位置共有 9 种，如图 2.18 所示。车刀形状和刀尖位置分别用参数 $L_1 \sim L_9$ 表示，并通过手工操作在参数设置方式下输入到系统中。

(6) 刀尖半径补偿值的设定。刀尖半径补偿值可以通过刀具补偿设定界面设定，T 指令要与刀具补偿编号相对应，并且要输入刀尖位置序号，如图 2.9 所示。刀具补偿设定画面中，在刀具代码 T 中的补偿号对应的存储单元中，存放一组数据，除 X 轴、Z 轴的长度补偿值外，还有圆弧半径补偿值和假想刀尖位置序号(0～9)，操作时，可以将每一把刀具的 4 个数据分别输入刀具补偿号对应的存储单元中，即可实现自动补偿，如图 2.9 所示的 01 号刀具的刀尖半径值为 0.8mm，刀尖方位序号为 3。

(7) 指令刀尖半径补偿 G41 或 G42 后，刀具路径必须是单向递增或单向递减。即指令 G41 后刀具路径如向 Z 轴负方向切削，就不允许往 Z 轴正方向移动，故必须在往 Z 轴正方向移动前用 G40 取消刀尖半径补偿。

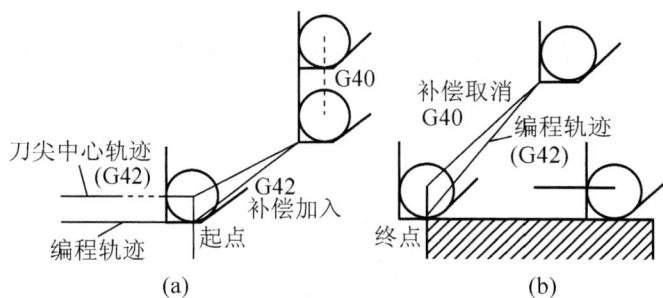

图 2.7　刀尖圆弧半径补偿的加载与卸载

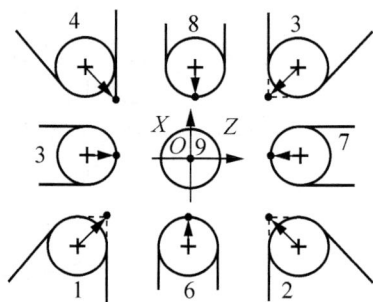

●表示刀具位点 *A*　＋表示刀尖圆弧圆心 *O*

图 2.8　典型车刀形状和刀尖位置与参数的对应关系

刀具补正/形状	0008		N0040
番号	X	Z	R	T
G01	211.602	115.454	0.8	3
G02	207.417	108.355	0.5	1
G03				

图 2.9　刀具补偿设定界面

　　例 2.1：刀具按如图 2.10 所示的走刀路线进行精加工，已知进给量为 0.1 mm/r，切削速度为 800r/min，试建立刀尖圆弧半径补偿编程。

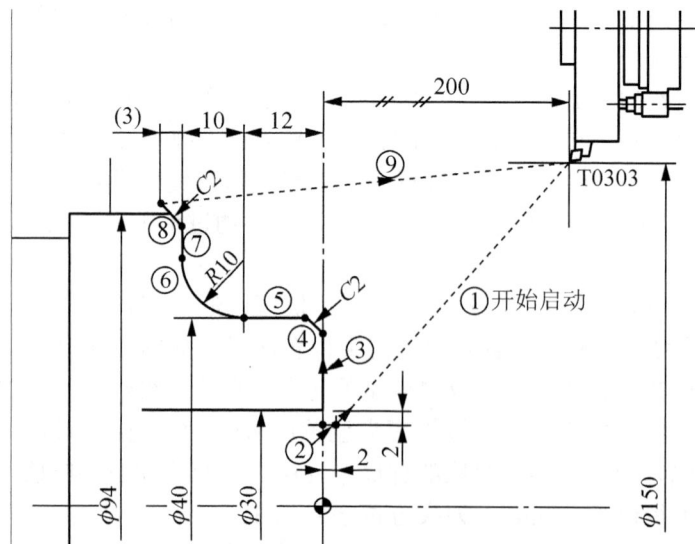

图 2.10　刀尖圆弧半径补偿应用实例

新世纪高职高专课程与实训系列教材

编制程序如下。

```
O0010
N10 S800 T0300;
N20G50 X150.0 Z200.0 M08;
N30G00 G42 X26.0 Z2.0 T0303 M03;        (建立刀具补偿)
N40G01 Z0 F0.3;
N50X56.0 F0.1;
N60X60.0 Z-2.0;
N70Z-12.0;
N80G02 X80.0 Z-22.0 R10.0;
N90G01 X90.0;
N100U6.0 W-3.0;
N110G00 G40 X150.0 Z200.0 T0300;        (取消刀具补偿)
N120M05;
N130M30;
```

2.2.3 单一固定循环切削指令

一个简单固定循环程序段可以完成"切入→切削→退刀→返回"这 4 种常见的加工顺序动作。

1．轴向切削循环指令 G90

圆柱面或圆锥面切削循环是一种单一固定循环，圆柱面单一固定循环如图 2.11 所示，圆锥面单一固定循环如图 2.12 所示。当工件毛坯的轴向加工余量比径向加工余量多时，使用 G90 轴向切削循环指令。

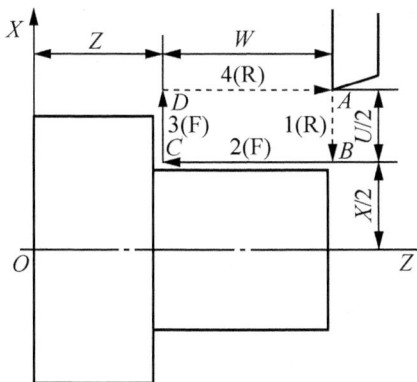

图 2.11 圆柱面切削循环   图 2.12 圆锥面切削循环

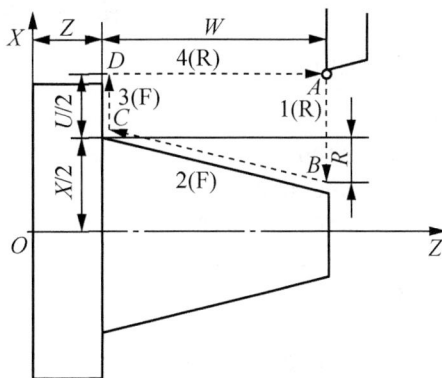

1) 圆柱面切削循环

(1) 指令格式：

G90 X(U)_Z(W)_ F_;

其中：X、Z——圆柱面切削终点坐标；

U、W——是圆柱面切削终点相对于循环起点增量坐标。

(2) 说明:

其刀具路径如图 2.11 所示,当刀具在 A 点(循环起点)定位后,执行 G90 循环指令,则刀具由 A 点快速定位至 B 点,再以指定的进给量切削到 C 点(切削终点),再车削到 D 点,最后快速定位回到 A 点完成一个循环切削。

2) 圆锥面切削循环

(1) 指令格式:

```
G90 X(U)_Z(W)_ R_ F_;
```

其中:X、Z、U、W——含义与圆柱面切削指令相同;

R——切削起点 B 与切削终点 C 的 X 坐标值之差(半径值)。如果切削起点 B 的 X 向坐标小于终点 C 的 X 向坐标,R 值为负;反之为正。

(2) 说明:

其刀具路径如图 2.12 所示。

例 2.2:如图 2.13 所示,用 G90 指令编程,毛坯直径 ϕ34,工件直径 ϕ24,分三次车削。用绝对值编程。

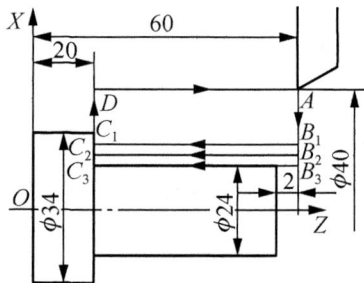

图 2.13　G90 指令编程实例

加工程序如下。

```
O0020
N10 M03 S400;
N20 G50 X60.0 Z80.0;
N30 G00 X40.0 Z60.0;
N40 G90 X30.0 Z20.0 F0.3;
N50 X27.0;
N60 X24.0;
N70 G00 X60.0 Z80.0;
N80 M05;
N90 M02;
```

2．径向切削循环 G94

径向切削循环是一种单一固定循环。当工件毛坯的轴向加工余量比径向加工余量多时,使用 G90 轴向切削循环指令。

1) 端平面切削循环

(1) 指令格式:

```
G94 X(U)_Z(W)_F_;
```

其中：各地址代码的含义与 G90 相同。

(2) 说明：

其刀具路径如图 2.14 所示，当刀具在 A 点(循环起点)定位后，执行 G94 循环指令，则刀具由 A 点快速定位至 B 点，再以指定的进给量切削到 C 点(切削终点)，再车削到 D 点，最后快速定位回到 A 点完成一个循环切削。

2) 端锥面切削循环

(1) 指令格式：

```
G94 X(U)_Z(W)_R_ F_;
```

其中：X、Z、U、W 含义与圆柱面切削指令相同；R 值为切削起点相对于切削终点在 Z 轴方向的坐标向量。如果切削起点的 Z 向坐标小于终点的 Z 向坐标时，R 为负；反之为正。如图 2.15 所示。

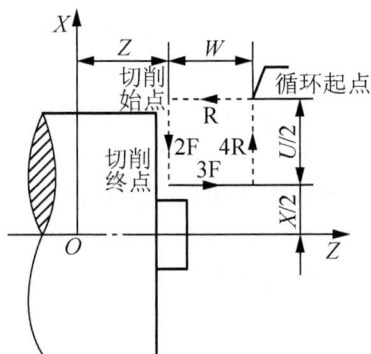

图 2.14　端面切削循环(圆柱面)　　　图 2.15　端面切削循环(圆锥面)

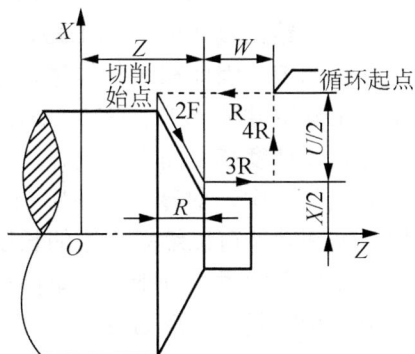

(2) 说明：

其刀具路径如图 2.15 所示。

例 2.3：在数控车床上加工如图 2.16 所示的盘类零件，每次吃刀 2mm，每次切削起点位距工件外圆面 5mm。试用锥端面切削单一循环指令编写其粗、精加工程序。

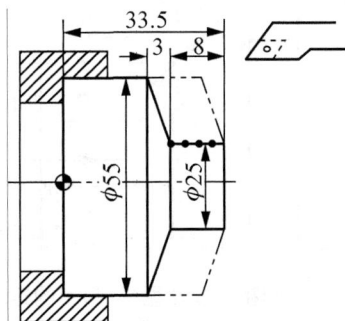

图 2.16　端面车削循环实例

程序如下。

```
O0030
N10 G54 G00 X60.0 Z45.0 M03;
N20 G94 X25.0 Z31.5 R-3.0 F0.3;
N30 Z29.5;
N40 Z27.5;
N50 Z25.5;
N60 M05;
N70 M02;
```

2.2.4 复合固定循环

当工件的形状较复杂，如有台阶、锥度、圆弧等，若使用基本切削指令或循环切削指令，粗车时为了考虑精车余量，在计算粗车的坐标点时，可能会很繁杂。如果使用复合固定循环指令，只须依指令格式设定粗车时每次的切削深度、精车余量、进给量等参数，在接下来的程序段中给出精车时的加工路径，则 CNC 控制器即可自动计算出粗车的刀具路径，自动进行粗加工，因此在编制程序时可节省很多时间。

使用粗加工固定循环 G71、G72、G73 指令后，必须使用 G70 指令进行精车，使工件达到所要求的尺寸精度和表面粗糙度。

在复合固定循环中，对零件的轮廓定义之后，即可完成从粗加工到精加工的全过程。采用车削固定循环功能可以缩短程序的长度，使程序清晰可读。

复合固定循环有四类，分别是精车循环 G70，轴向粗车复合循环 G71，端面粗车复合循环 G72，封闭轮廓复合循环 G73。

1．轴向粗车复合循环 G71

轴向粗车复合循环 G71 指令适用于圆棒料毛坯粗车阶梯轴，或圆筒毛坯料粗车内径，需多次走刀才能完成的粗加工，图 2.17 所示为轴向粗车复合循环 G71 的运动轨迹。

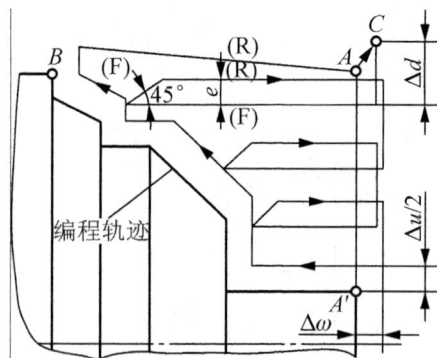

图 2.17 轴向粗车复合循环 G71 的运动轨迹

1) 指令格式

```
G71 U(Δd) R(e);
G71 P(ns) Q(nf) u(Δu) w(Δw) F S T;
```

其中：

Δd——背吃刀量、每次切削量，半径值，无正负号；

e——每次退刀量，半径值，无正负号；

ns——精加工路线中第一个程序段(即图中 AA′段)的顺序号；

nf——精加工路线中最后一个程序段(即图中 BB′段)的顺序号；

Δu——X 方向精加工余量，直径编程时为 Δu，半径编程为 $\Delta u/2$；

Δw——Z 方向精加工余量。

2) 说明

(1) G71 程序段本身不进行精加工，粗加工是按后续程序段 ns～nf 给定的精加工编程轨迹 A→A′→B→B′，沿平行于 Z 轴方向进行。

(2) G71 程序段不能省略除 F、S、T 以外的地址符。G71 程序段中的 F、S、T 只在循环时有效，精加工时处于 ns～nf 程序段之间的 F、S、T 有效。

(3) 循环中的第一个程序段(即 ns 段)必须包含 G00 或 G01 指令，即 A→A′的动作必须是直线或点定位运动，但不能有 Z 轴方向上的移动。

(4) ns～nf 程序段中，不能包含有子程序。

(5) G71 循环时可以进行刀具位置补偿，但不能进行刀尖半径补偿。因此在 G71 指令前必须用 G40 取消原有的刀尖半径补偿。在 ns～nf 程序段中可以含有 G41 或 G42 指令，对精车轨迹进行刀尖半径补偿。

例 2.4：以 FANUC 0iT 系统的 CNC 车床车削如图 2.18 所示工件，粗车刀 1 号，精车刀 2 号，刀尖半径为 0.6mm。精车余量 X 轴为 0.2mm，Z 轴为 0.05mm。粗车的切削速度为 150m/min，精车为 180m/min。粗车的进给量为 0.2mm/r，精车为 0.07 mm/r。粗车时背吃刀量为 3mm。

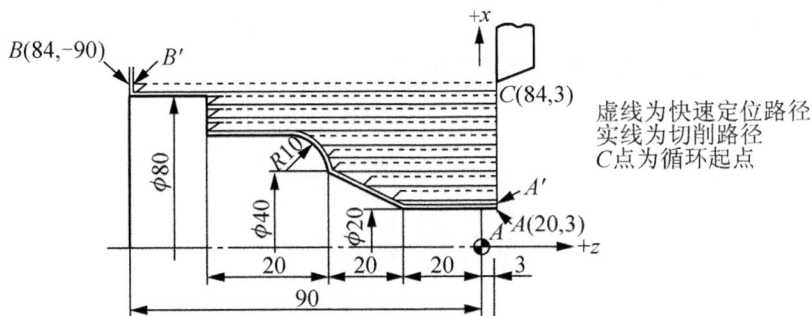

图 2.18　轴向粗车复合循环 G71 车削实例

程序如下。

```
O0040
N10 G50 X150.0 Z200.0 T0100;
N20 G96 M03 S150;
N30 T0101 M08;
N40 G00 X84.0 Z3.0;
N50 G71 U3.0 R1.0;
N60 G71 P70 Q140 U0.2 W0.05 F0.2;
```

```
N70 G00 X20.0;
N80 G01 G42 Z-20.0 F0.07 S180;
N90 X40.0 W-20.0;
N100 G03 X60.0 W-10.0 R10.0;
N110 G01 W-20.0;
N120 X80.0;
N130 Z-90.0;
N140 G40 X84.0;
N150 G00 X150.0 Z200.0 T0100;
N160 T0202;
N170 X84.0 Z3.0;
N180 G70 P70 Q140;
N190 G00 X150.0 Z200.0 T0000;
N200 M05;
N210 M30;
```

程序说明如下。

(1) 精车开始程序段必须由循环起点到进刀点，且没有 Z 轴方向移动指令。

(2) 必须用 G40 指令在 N140 程序段取消刀尖半径补偿，否则会发生补偿错误信息。而且此程序段的 X 坐标值(84)减去上个程序段的 X 坐标值(80)，必须大于两倍精车刀刀尖的半径，否则会发生补偿错误信息。

(3) G70 P70 Q140;为精车循环指令，其用法和含义见后述。

(4) 执行此程序前，必须在刀具补偿参数页面的 2 号补偿内输入刀尖半径值补偿值 0.6 及假想刀尖号码 3 号。

2. 端面粗车复合循环 G72

径向粗车复合循环适于 Z 向余量小，X 向余量大的棒料粗加工，路径为从外径方向往轴心方向车削端面时的走刀路径。如图 2.19 所示。

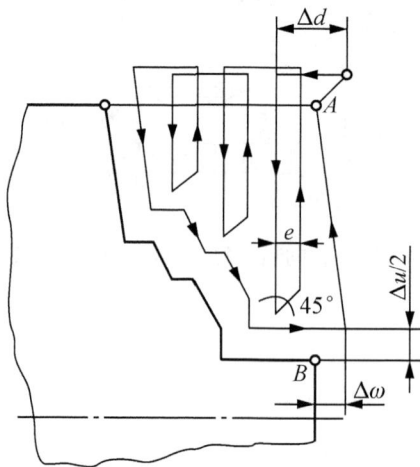

图 2.19 端面粗车复合循环 G72 的运动轨迹

1) 指令格式

```
G72 W(Δd) R(e);
G72 P(ns) Q(nf) u(Δu) w(Δw) F S T;
```

2) 说明

G72 指令与 G71 指令的区别仅在于切削方向平行于 X 轴，在 ns 程序段中不能有 X 方向的移动指令，其他相同。

例 2.5：车削如图 2.20 所示工件，工艺设计规定：粗车时进刀深度为 1mm，进给速度 0.2mm/r，主轴转速 500r/min，精加工余量为 0.1mm(X 向)，0.2mm(Z 向)运用端面粗加工循环指令编程。

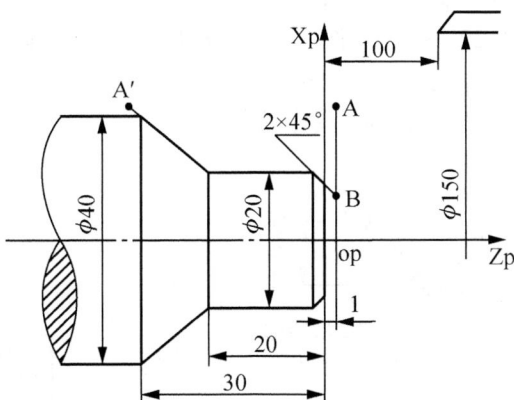

图 2.20　端面粗车复合循环 G72 车削实例

程序如下。

```
O0050
N10 G50 X150.0 Z100.0;
N20 G97 G99 M03 S500;
N30 T0101 M08;
N40 G00 X41.0 Z1.0;
N50 G72 W1.0 R0.5;
N60 G72 P70 Q100 U0.1 W0.2 F0.2;
N70 G00 X41.0 Z-31.0;
N80 G01 X20.0 Z-20.0;
N90 Z-2.0;
N100 X14.0 Z1.0;
N110 G70 P70 Q100;
N120 G00 X150.0 Z100.0 T0000;
N130 M09;
N140 M05;
N150 M30;
```

3. 仿型粗车复合循环 G73

仿型粗车复合循环 G73 指令适用于毛坯轮廓形状与零件轮廓形状基本接近时的粗车加

工，例如，铸造、锻造毛坯或半成品的粗车，对零件轮廓的单调性没有要求，这种循环方式的走刀路线如图 2.21 所示。

1) 指令格式

G73 U(Δi) W(Δk) R(d);
G73 P(ns) Q(nf) u(Δu) w(Δw) F S T;

其中：Δi——X 轴方向粗车的总退刀量，半径值；

Δk——Z 轴方向粗车的总退刀量；

d——粗车循环次数。

2) 说明

其余同 G71。在 ns 程序段可以有 X、Z 方向的移动。

例 **2.6**：车削如图 2.22 所示工件，工艺设计规定：粗车时 X 轴上的总退刀量为 9.5mm，重复加工三次，进给速度 0.3mm/r，主轴转速 150m/min，精加工余量为 1.0mm(X 向)，0.5mm(Z 向)运用仿型粗加工循环指令编程。

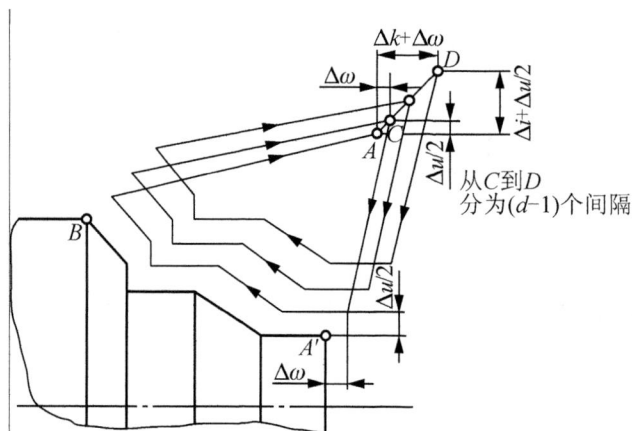

图 2.21 仿型粗车复合循环 G73 的运动轨迹

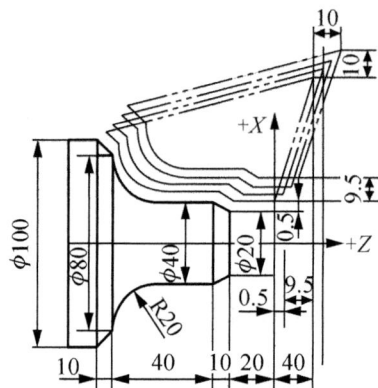

图 2.22 仿型粗车复合循环 G73 实例

程序如下。

```
O0060
N10 G50 X200.0 Z200.0 T0101;
N20 M03 S500;
N30 G00 G42 X140.0 Z40.0;
N40 G96 S150;
N50 G73 U9.5 W9.5 R3.0;
N60 G73 P70 Q130 U1.0 W0.5 F0.3;
N70 G00 X20.0 Z0;
N80 G01 Z-20.0 F0.15;
N90 X40.0 Z-30.0;
N100 Z-50.0;
N110 G02 X80.0 Z-70.0 R20.0;
N120 G01 X100.0 Z-80.0;
```

```
N130 X105.0;
N140 G00 X200.0 Z200.0 G40;
N150 M05;
N160 M30;
```

2.3　数控加工实践知识

2.3.1　数控车床的介绍

数控车床又被称为 CNC 车床，即用计算机控制的车床。数控车床是将编制好的加工程序输入到数控系统中，用伺服电动机控制车床进给运动部件的动作顺序、进给量和进给速度，再配以主轴的转速和转向，便能加工出各种形状的零件。

随着车床制造技术的不断发展，形成了产品的繁多、规格不一的局面。对数控车床的分类可以采用不同的方法。

(1) 按主轴配置形式可分为卧式和立式两大类。数控卧式车床有水平导轨和斜置导轨两种形式。

(2) 按刀架数量分为单刀架式与双刀架式两种。

(3) 按数控车床控制系统和机械结构的档次分为经济型数控车床、全功能数控车床和车削中心。

车削中心是在数控车床基础上发展起来的一种复合加工机床，除具有一般二轴联动数控车床的所有功能外，其砖塔刀架上有能使刀具旋转的动力刀座，主轴具有按轮廓成型要求连续回转运动和进行连续精确分度的 C 轴功能，该轴能与 X 轴或 Z 轴联动，有的车削中心还具有 Y 轴。X、Y、Z 轴交叉构成三维空间，可进行端面和圆周上任意部位的钻削、铣削和攻螺纹等加工。

2.3.2　启动和关闭机床

1. 机床通电前的检查

首次通电。

- 必须确认机床供电的电源符合要求。
- 必须确认保护地线已经牢固、可靠地固定在机床指定的接地螺钉上；接地电阻小于 10 欧。
- 检查交流盘和直流盘上的接触器、继电器和连接器，确认无松动、脱落。
- 检查数控系统的模块、插件、连接器，确认无松动、脱落。
- 检查电箱交流电盘上的断路开关全部合通。
- 检查电气柜外所有电器、电缆、操纵台无松动、脱落、损伤。
- 检查关好机床皮带罩门，否则机床总电源开关 QF0 合不到位。

2. 机床送电

上述检查工作全部做完无误，机床已具备送电条件。合上总电源开关。床头箱润滑泵电机启动，后工作照明灯亮。

首次送电必须确认电源相序。电源相序错误会引发一系列不应发生的故障：如刀架不能转位、冷却泵不上水、床头箱不上油、液压系统建立不起来压力，甚者会引起机床零部件损坏。判断相序简易的方法：就是观看床头箱前上方的油窗内是否有润滑油流淌。如果有润滑油在不断流淌，则相序是正确的；如果没有润滑油流淌，而润滑电机又在运转，若是首次通电，表明电源相序错误。

3．数控系统送电

将机床操纵面板上的 启动按钮按下，数秒钟后显示屏亮，显示有关位置和指令信息；机床操作键盘上的指示灯全亮，5 秒钟后刀号和档位显示器开始交替显示，其他键指示灯转为正常显示。按急停键 ，使急停键抬起。这时系统完成上电复位，可以进行后面各章的操作。

无论任何时候，只要按下 断电按钮，数控系统即刻下电。

2.3.3 熟悉机床的 MDI 面板和控制面板

图 2.23 为采用 FANUC 0i 系统的车床 MDI 面板和控制面板。通常由三部分组成：LED 显示屏，数控 MDI 操作面板，机床控制操作面板。表 2.1 为 FANUC 数控车床数控 MDI 操作面板键盘说明。表 2.2 为 FANUC 数控车床机床控制操作面板说明。

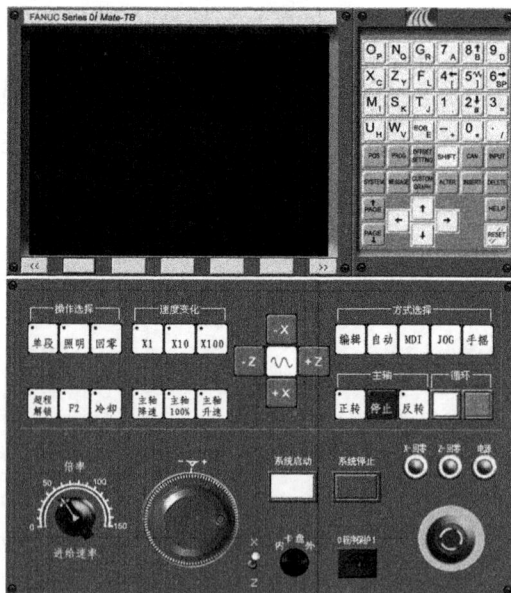

图 2.23　FANUC 0i 系统的车床 MDI 面板和控制面板

表 2.1　FANUC 数控车床数控 MDI 操作面板键盘说明

名　称	按　钮	功能说明
复位键	![RESET]	按这个键可以使 CNC 复位或者取消报警等
帮助键	![HELP]	当对 MDI 键的操作不明白时，按这个键可以获得帮助

续表

名　称	按　钮	功能说明
软键		根据不同的画面，软键有不同的功能。软键功能显示在屏幕的底端
地址和数字键	O_P	按这些键可以输入字母，数字或者其他字符
切换键	SHIFT	在键盘上的某些键具有两个功能。按 SHIFT 键可以在这两个功能之间进行切换
输入键	INPUT	当按一个字母键或数字键时，再按该键数据被输入到缓冲区，并且显示在屏幕上。要将输入缓冲区的数据拷贝到偏置寄存器中，请按该键。这个键与软键中的 INPUT 键是等效的
取消键	CAN	取消键，用于删除最后一个进入输入缓存区的字符或符号
程序功能键	ALTER INSERT DELETE	ALTER：替换键；INSERT：插入键；DELETE：删除键
功能键	POS PROG OFFSET SETTING SYSTEM MESSAGE	POS 显示位置屏幕；PROG 显示程序屏幕；OFFSET SETTING 显示偏置/设置(SETTING)屏幕；SYSTEM 显示系统屏幕；MESSAGE 显示信息屏幕
光标移动键	← ↑ ↓ →	4 种不同的光标移动键
翻页键	PAGE↓ PAGE↑	PAGE↑用于将屏幕显示的页面往前翻页 PAGE↓用于将屏幕显示的页面往后翻页

表 2.2　FANUC 数控车床机床控制操作面板说明

名　称	功能说明
方式选择键 编辑 自动 MDI JOG 手摇	用来选择系统的运行方式。 编辑：按该键，进入编辑运行方式。 自动：按该键，进入自动运行方式。 MDI：按该键，进入 MDI 运行方式。 JOG：按该键，进入 JOG 运行方式。 手摇：按该键，进入手轮运行方式
操作选择键 单段 预明 回零	用来开启单段、回零操作。 单段：按该键，进入单段运行方式。 回零：按该键，可以进行返回机床参考点操作(即机床回零)
主轴旋转键 正转 停止 反转	用来开启和关闭主轴。 正转：按该键，主轴正转。 停止：按该键，主轴停转。 反转：按该键，主轴反转
循环启动/停止键 □ ■	用来开启和关闭，在自动加工运行和 MDI 运行时都会用到它们

续表

名　称	功能说明
主轴倍率键 [主轴降速][主轴100%][主轴升速]	按一下[主轴100%](指示灯亮)键，主轴修调倍率被置为 100%，按一下[主轴升速]键，主轴修调倍率递增 5%；按一下[主轴降速]键，主轴修调倍率递减 5%
超程解除 [超程解除]	用来解除超程警报
进给轴和方向选择开关 [方向选择开关]	用来选择机床欲移动的轴和方向。其中的[快进]为快进开关。当按该健后，该键变为红色，表明快进功能开启。再按一下该键，该键的颜色恢复成白色，表明快进功能关闭
JOG 进给倍率刻度盘 [刻度盘]	用来调节 JOG 进给的倍率。倍率值从 0～150%。每格为 10%
系统启动/停止 [系统启动][系统停止]	用来开启和关闭数控系统。在通电开机和关机的时候用到
急停键 [急停]	用于锁住机床。按下急停键时，机床立即停止运动

2.3.4　操作方式选择

下面 5 个键是操作方式选择键，用于选择机床的 5 种操作方式。任何情况下，仅能选择一种作方式，被选择的操作方式的指示灯亮。任何情况下，只能一个指示灯亮，其他都是不正常状态。

1) 编辑方式[图标]

编辑方式是输入、修改、删除、查询、检索工件加工程序的操作方式。在输入、修改、删除工件加工程序操作前，要将软开关程序保护打到 ON 位置。在这种方式下，工件程序不能运行。

2) 手动数据输入(MDI)方式[图标]

在这种方式下，可以通过数控系统(CNC)键盘输入一段程序，然后通过按循环启动按钮予以执行。通常这种方式用于简单的测试操作。

3) 自动操作方式[图标]

自动操作方式，是按照程序的指令控制机床连续自动加工的操作方式。

自动操作方式所执行的程序即工件加工程序在循环启动前已装入数控系统的存储器内，所以这种方式又称为存储程序操作方式。

自动操作循环启动前必须用正确的对刀方法准确地测定出各个刀的刀补值并置入到程序指定的刀具补偿单元。

自动操作循环启动前必须将刀架准确地移动到工件程序中所指定的起始点位置。

4) 手动操作方式[图标]

按一下[图标]键指示灯亮，机床进入手动操作方式。在这种方式下可以实现机床所有手动功能的操作。

按住[↑]键，刀架向 X 轴负方向移动，抬手则停止移动。

按住[↓]键，刀架向 X 轴正方向移动，抬手则停止移动。

按住[←]键，刀架向 Z 轴负方向移动，抬手则停止移动。

按住[→]键，刀架向 Z 轴正方向移动，抬手则停止移动。

5) 手摇脉冲进给方式 ⊡

按 ⊡ 键，指示灯亮，机床处于手摇进给操作方式。X⊗Z 开关选择 X 轴或 Z 轴后，操作者可以摇动手摇轮(手摇脉冲发生器)令刀架前后、左右运动。其速度快慢随意调节，非常适合于近距离对刀等操作。

2.3.5　对刀操作

1．数控车床对刀方法

数押车削加工中，应首先确定零件的加工原点，以建立准确的加工坐标系，同时考虑刀具的不同尺寸对加工的影响，这些都需要通过对刀来解决。

1) 一般对刀

一般对刀是指在机床上使用相对位置检测手动对刀。下面以 Z 向对刀为例说明对刀方法，如图 2.24 所示。刀具安装后，先移动刀具手动劲削工件右端面，再沿 X 向退刀，将右端面与加工原点距离 N 输入数控系统，即完成这把刀具 Z 向对刀过程。

2) 机外对刀仪对刀

机外对刀的本质是测量出刀具假想刀尖点到刀具台基准之间 X 及 Z 方向的距离。利用机外对刀仪可将刀具预先在机床外校对好，以便装入机床后将对刀长度输入相应刀具补偿号即可以使用，如图 2.25 所示。

3) 自动对刀

自动对刀是刀尖检测系统实现的，刀尖以设定的速度向接触式传感器接近，当刀尖与传感器接触并发出信号，数控系统立即记下该瞬间的坐标值，并自动修正刀具补偿值。如图 2.26 所示。

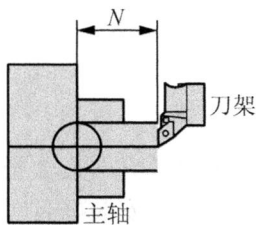

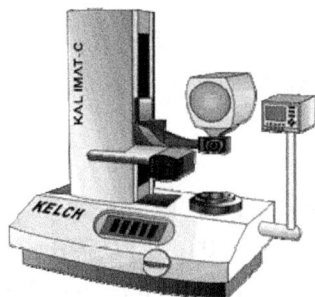

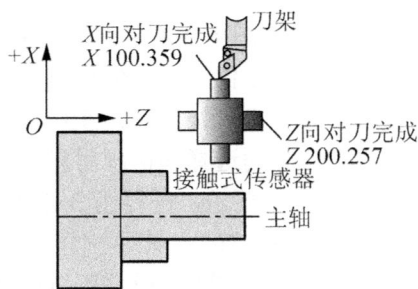

图 2.24　相对位置检测对刀　　图 2.25　机外对刀仪对刀　　图 2.26　自动对刀

2．手动对刀操作步骤

用外圆车刀先试切一外圆，测量外圆直径后，按 ⊡ 键到刀具补偿/形状界面，输入"外圆直径值"(如 X50)，按【测量】键，刀具"X"补偿值即自动输入到几何形状里。

用外圆车刀再试切外圆端面(编程坐标以右端面为 Z 向起点)，按输入 Z 坐标值(如 Z0)，按【测量】键，刀具"Z"补偿值即自动输入到几何形状里。

2.3.6 程序的编辑

1．由键盘输入程序

在机床操作面板的方式选择键中按编辑键，进入编辑运行方式。按系统面板上的 PROG 键，数控屏幕上显示程式画面。使用字母和数字键，输入程序号。按插入键。这时程序屏幕上显示新建立的程序名和结束符%，接下来可以输入程序内容。

2．加载加工程序

单击菜单栏【文件】→【加载 NC 代码文件】，弹出 Windows 打开文件对话框。从电脑中选择代码存放的文件夹，选中代码，按【打开】键。按程序键，显示屏上显示该程序。同时该程序文件被放进程序列表里。

2.4 回到工作场景

【工作过程一】数控加工工艺分析

零件图样如图所示，选择毛坯为$\phi 35 \times 100$mm 的 45 号钢。

1．图样分析

(1) 加工内容：此零件加工包括车端面、外圆、锥面、圆弧。
(2) 工件坐标系：该零件加工不须调头，可将工件原点定于零件装夹后的右段端面。

2．工艺处理

根据零件图样要求，选 CK6150 型卧式数控车床。
(1) 装夹定位方式：使用三爪卡盘夹持。
(2) 换刀点：换刀点为(100，100)。
(3) 刀具的选择和切削用量的确定。

根据加工要求，需要用 3 把刀，第 1 把 90°硬质合金外圆车刀，刀号 T01；第 2 把精车车刀，刀号 T02；第 3 把切断刀，刀号 T03。把刀具在自动换刀刀架上安装好且对好刀，把它们的刀偏值输入相应的刀具参数中，刀具卡片如表 2.3 所示。

表 2.3 刀具卡片

产品名称				零件名称		小轴	零件图号	××
序号	刀具号	刀具规格名称	数量	加工表面	刀尖半径 R/mm	刀尖方位 T	备注	
1	T01	90°硬质合金外圆车刀	1	工件右端 $\phi 11$、$\phi 17$、$\phi 29$、R7.5 及 R5.5 的粗加工	0.2	3		

产品名称		××		零件名称		小轴		零件图号		××
序号	刀具号	刀具规格名称	数量	加工表面			刀尖半径 R/mm	刀尖方位 T		备注
2	T02	93°硬质合金外圆车刀	1	工件右端 ϕ11、ϕ17、ϕ29、R7.5 及 R5.5 的精加工			0.2	3		
3	T03	切断刀 (刃宽 4mm)	1	切断			0.2	8		
编制		××	审核	××	批准		××	共 页		第 页

3. 确定切削用量

切削用量的具体数值应根据机床性能、相关的手册并结合实际经验用类比方法确定。外圆粗车时，主轴转速 500r/min，进给量 0.2mm/r。外圆精车时，主轴转速 800r/min，进给量 0.1mm/r。切断时，主轴转速 300r/min，进给量 0.1mm/r。数控加工工序卡如表 2.4 所示。

表 2.4　模柄零件数控加工工序卡

单位名称	××	产品名称	零件名称	零件图号
		××	模柄	××
工序号	程序编号	夹具名称	使用设备	车间
×××	O0070	三爪自定心卡盘	CK6150 数控车	数控实训车间

工序简图：

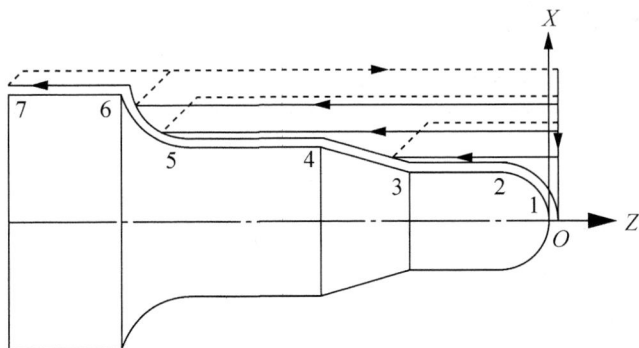

工步号	工步内容	刀具号	刀具规格 mm	主轴转速 n/(r/min)	进给速度 f/(mm/r)	背吃刀量 a_p/mm	备注
1	装夹						手动
2	对刀，编程原点工件右端面			450			手动

续表

工步号	工步内容	刀具号	刀具规格 mm	主轴转速 n/(r/min)	进给速度 f/(mm/r)	背吃刀量 a_p/mm	备注
3	工件右端 ϕ 11、ϕ 17、ϕ 29、R7.5 及 R5.5 的粗加工	T01	90°硬质合金外圆车刀	500	0.2	2	自动
4	工件右端 ϕ 11、ϕ 17、ϕ 29、R7.5 及 R5.5 的精加工	T02	93°硬质合金外圆车刀	800	0.1	0.1	自动
5	切断	T03	切断刀 (刀宽 4mm)	300	0.1		自动
编制	××	审核 ××	批准 ××	年 月 日		共 页	第 页

4．基点运算

以工件右端面的中心点为编程原点，采用绝对尺寸编程，基点值按零件标注的平均值计算。切削加工的基点计算值如表 2.5 所示。

表 2.5 切削加工的基点计算值

基 点	1	2	3	4	5	6	7
X	0	11	11	17	17	29	29
Z	0	−5.5	−15.5	−25.5	−40.5	−47.848	−60.5

【工作过程二】程序编制

小轴零件粗、加工程序编制清单如下：

程 序	注 释
O0070	
N10 G21 G97 G40 G99 M03 S500 T0101;	粗加工，调用 1 号刀及刀补
N20 G00 X40.0 Z5.0 M08;	
N30 G71 U2.0 R1.0;	
N40 G71 P50 Q130 U0.2 W0.1 F0.2;	
N50 G00 G42 X0;	
N60 G01 Z0 F0.1;	
N70 G03 X11.0 Z-5.5 R5.5;	
N80 G01 Z-15.5;	

```
N90  X17.0 W-10.0;

N100 W-15.0;

N110 G02 X29.0 W-7.348 R7.5;

N120 G01 W-12.652;

N130 X40.0;

N140 G00 G40 X100.0;

N150 Z100.0;                        精加工，调用 2 号刀及刀补

N160 T0202;

N170 G00 X40.0 Z5.0 S800;

N180 G70 P50 Q130;

N190 G00 X100.0 Z100.0 M09;         切断工件，调用 3 号刀及刀补

N200 T0303;

N210 G00 X40.0 Z-64.5 M08 S300;

N220 G01 X2.0 F0.1;

N230 X40.0 M09;

N240 G00 X100.0 Z100.0;

N150 M05;

N160 M30;
```

2.5　拓 展 实 训

实训 1　芯轴零件编程加工

(一)训练内容

某车间现准备加工若干件芯轴零件，如图 2.27 所示，由学生按小组独立完成该零件数控车削工艺并编制该零件粗、精加工程序。

(二)训练目的

学习循环指令的应用，掌握芯轴零件数控程序的编制方法及步骤，掌握 G71 指令的用法。

(三)训练过程

步骤一：数控加工工艺分析。

(1) 根据零件图样要求、确定毛坯及加工顺序。

(2) 选择机床设备及刀具。

(3) 确定切削用量。

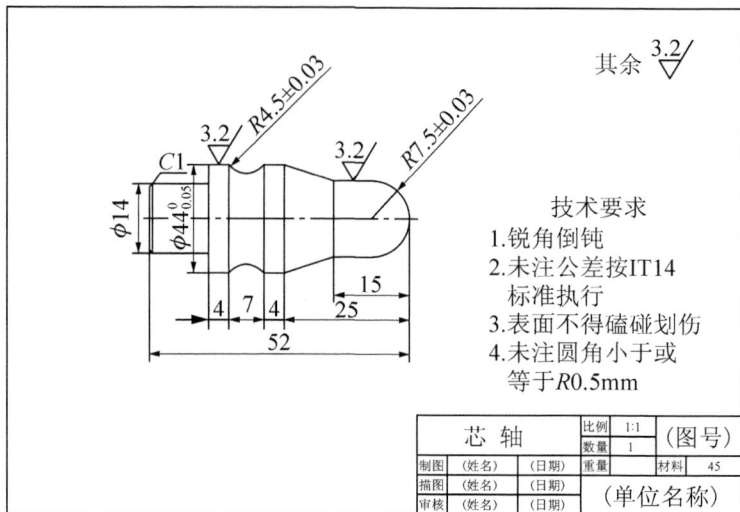

图 2.27　芯轴零件工程图

(4) 确定工件坐标系、对刀点和换刀点。

(5) 基点运算。

步骤二：程序编制。

编写零件粗、精加工程序并写出加工程序清单。

步骤三：加工实训。

(1) 上机熟悉数控仿真系统和数控车操作面板。

(2) 启动和关闭数控系统和机床。

(3) 输入和编辑程序。

(四)技术要点

零件图样如图 2.27 所示，选择毛坯为 ϕ50x110mm 的 45 号钢。

1) 图样分析

(1) 加工内容：此零件加工包括车端面、外圆、倒角、锥面、圆弧。

(2) 工件坐标系：该零件加工须调头，从图纸上分析应设置两个工件坐标系，两个工件原点均定于零件装夹后的右段端面，掉头后装夹 ϕ44 外圆、平端面、测量、设置第 2 个工件原点。

2) 工艺处理

根据零件图样要求，选 CK6150 型卧式数控车床。

(1) 装夹定位方式：此工件不能一次装夹完成加工，必须分两次装夹。使用三爪卡盘夹持。

第 1 次装夹完成工件右端 ϕ15、ϕ44、R7.5 及 R4.5 的粗、精加工。

第 2 次装夹完成工件左端 ϕ14 外圆粗加工及精加工及倒角加工。

(2) 换刀点：换刀点为(70，80)。

(3) 公差处理：尺寸公差不对称取中值。

(4) 刀具的选择和切削用量的确定。

根据加工要求，需要用 3 把刀，第 1 把 90°硬质合金外圆车刀，刀号 T01；第 2 把精车车刀，刀号 T02；第 3 把切断刀，刀号 T03。把刀具在自动换刀刀架上安装好且对好刀，把它们的刀偏值输入相应的刀具参数中，刀具卡片如表 2.6 所示。

表 2.6　刀具卡片

产品名称		××		零件名称		芯轴	零件图号	××
序号	刀具号	刀具规格名称	数量	加工表面	刀尖半径 R/mm	刀尖方位 T	备注
1	T01	90°硬质合金外圆车刀	1	工件右端 ϕ 15、ϕ 44、R7.5 及 R4.5 的粗加工	0.2	3	
2	T02	93°硬质合金外圆车刀	1	工件右端 ϕ 15、ϕ 44、R7.5 及 R4.5 的精加工	0.2	3	
3	T03	切断刀 (刃宽 4mm)	1	切断	0.2	8	
4	T01	90°外圆车刀	1	工件左端 ϕ 14 外圆粗加工	0.2	3	
5	T02	93°外圆车刀	1	工件左端 ϕ 14 外圆精加工及倒角加工	0.2	3	
编制	××	审核	××	批准	××	共　页	第　页

3) 确定切削用量

切削用量的具体数值应根据机床性能、相关的手册并结合实际经验用类比方法确定。外圆粗车时，主轴转速 500r/min，进给量 0.2mm/r。外圆精车时，主轴转速 800r/min，进给量 0.1mm/r。切断时，主轴转速 300r/min，进给量 0.1mm/r。

实训 2　套类零件编程加工

(一)训练内容

某车间现准备加工若干件喷嘴零件，如图 2.28 所示，毛坯为 ϕ45×35mm 的圆钢，制定该零件数控车削工艺并编制该零件粗、精加工程序。

(二)训练目的

进一步学习数控程序的编制方法及步骤，掌握内孔加工方法。

(1) 如何根据零件图样要求选择零件毛坯，确定工艺方案及其加工路线？

(2) 如何选用机床设备、刀具，确定切削用量？

(3) 如何确定工件坐标系、对刀点和换刀点？

(4) 零件如何加工？用到哪些指令、代码？

(5) 加工内孔有哪些刀具、量具，内孔加工工艺。

(三)训练过程

步骤一：内孔加工基本知识学习。

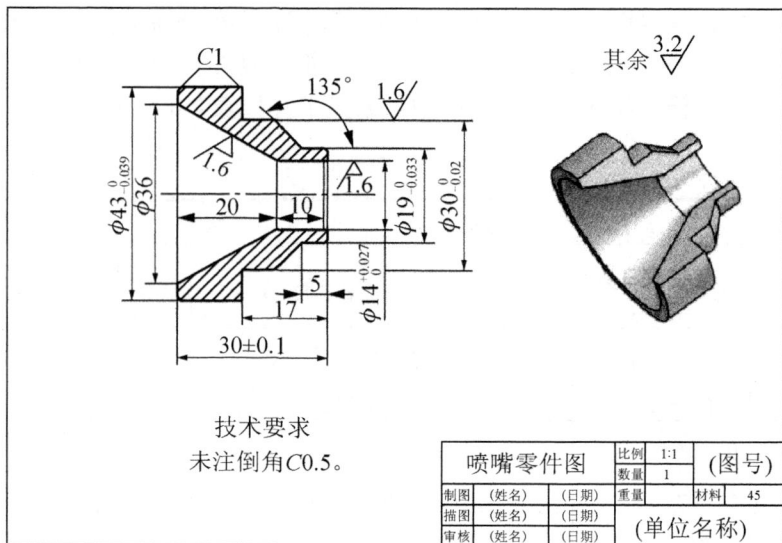

技术要求
未注倒角C0.5。

喷嘴零件图	比例	1:1	(图号)
	数量	1	
	重量		材料 45

制图	(姓名)	(日期)	
描图	(姓名)	(日期)	(单位名称)
审核	(姓名)	(日期)	

图 2.28 喷嘴零件图

1) 内孔加工用刀具

根据不同的加工情况，内孔车刀可分为通孔车刀(如图 2.29(a)所示)和盲孔车刀(如图 2.29(b)所示)。

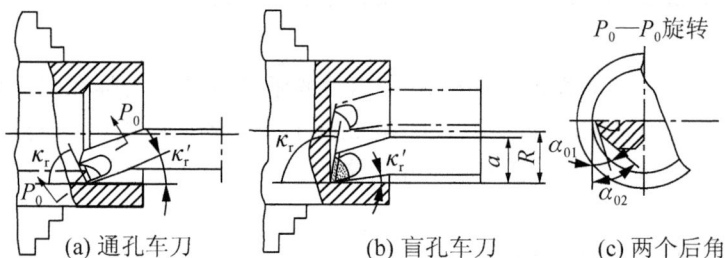

(a) 通孔车刀   (b) 盲孔车刀   (c) 两个后角

图 2.29 内孔车刀

(1) 通孔车刀为了减小径向切削力，防止振动，通孔车刀的主偏角一般取 60°～75°，副偏角取 15°～30°。为了防止内孔车刀后刀面和孔壁摩擦又不使后角磨得太大，一般磨成两个后角。

(2) 盲孔车刀。盲孔车刀是用来车盲孔或台阶孔的，它的主偏角取 90°～-93°。刀尖在刀杆的最前端，刀尖与刀杆外端的距离(图 2.29 中尺寸 a)应小于内孔半径(图 2.29 中尺寸 R)，否则孔的底平面就无法车平，车内孔台阶时，只要不碰即可。为了节省刀具材料和增加刀杆强度，可以把高速钢或硬质合金做成很小的刀头，装在碳钢或合金钢制成的刀杆上(见图 2.30)，在顶端或上面用级钉紧固。

内孔车刀杆有车通孔的，如图 2.30(a)所示和车盲孔的，如图 2.30(b)所示。车盲孔的刀杆方孔应做成斜的。内孔车刀杆根据孔径大小及孔的深浅可做成几组，以便在加工时选择使用。图 2.30(a)和图 2.30(b)所示的内孔车刀杆，其刀杆伸出长度固定，不能适应各种不同孔深的工件。图 2.30(c)所示的方形长刀杆,可根据不同的孔深调整刀杆伸出长度. 以利于发挥刀杆的最大刚性。

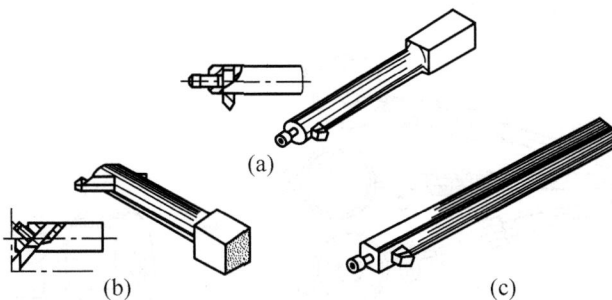

图 2.30　内孔车刀刀杆

2) 内孔加工工艺

车孔是常用的孔加工方法之一,可用作粗加工,也可用作精加工。车孔精度一般可达 IT7～IT8,表面粗糙度 Ra1.6～3.2μm。

为了增加车削刚性,防止产生震动,要尽量选择粗的刀杆,装夹时刀杆伸出长度应尽可能短,只要略大于孔深即可。刀尖要对准工件中心,刀杆与轴心线平行。为了确保安全,可在车孔前,先用内孔刀在孔内试走一遍。精车内孔时,应保持刀刃锋利,否则容易产生让刀,把孔车成锥形。

内孔加工过程中,主要是通过控制切屑流出方向来解决排屑问题。精车孔时要求切屑流向待加工表面(前排屑),前排屑主要是采用正刃倾角内孔车刀。

3) 内孔测量用量具介绍

孔径尺寸精度要求较低时,可采用钢直尺、内卡钳或游标卡尺测量;精度要求较高时,可用内径千分尺或内径量表测量;标准孔还可以采用塞规测量。

(1) 游标卡尺。游标卡尺测量孔径尺寸的测量方法如图 2.31 所示。游标卡尺测量孔径尺寸时,应注意尺身与工件端面平行,活动量四周方向摆动,找到最大位置。

(2) 内径千分尺。内径千分尺的使用方法如图 2.32 所示。内径千分尺的刻度线方向和外径千分尺相反,当微分筒顺时针旋转时,活动爪向右移动,量值增大。

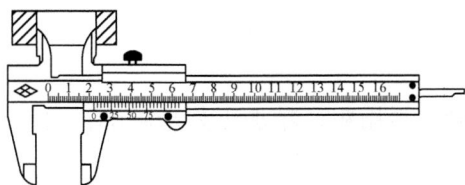

图 2.31　游标卡尺测量内孔图

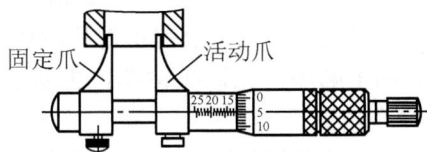

图 2.32　内径千分尺测量内孔

(3) 内径百分表。内径百分表是将百分表装夹在侧架上构成。测量前先根据被测工件孔径大小更换固定测量头,用千分尺将内径百分表对准“零”位,测量方法如图 2.33 所示,摇动百分表取最小值为孔径的实际尺寸。

(4) 塞规(见图 2.34)由通端和止端组成，通端按孔的最小极限尺寸制成，测量时应塞入孔内，止端按孔的最大极限尺寸制成，测量时不允许插孔内。当通端能塞入孔内，而止端插不进去时，说明该孔尺寸合格。

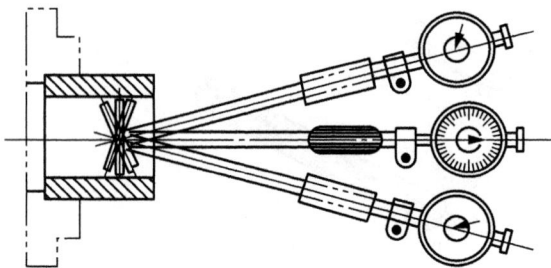

图 2.33 内径百分表测量内孔

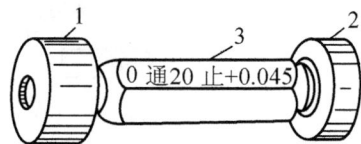

图 2.34 塞规

用塞规测量孔径时，应保持孔壁清洁，塞规清洁，以防造成孔小的错觉，把孔径车大。相反，在孔径小的时候，不能用塞规硬塞，更不能用力敲击。从孔内取出塞规时，要防止与内孔刀碰撞。孔径温度较高时，不能用塞规立即测量，以防工件冷缩把塞规"咬住"。

步骤二：套类零件工艺分析。

零件图样如图 2.28 所示，选择毛坯为 $\phi45\times35$mm 的 45 号钢。

1) 图样分析

(1) 加工内容：此零件加工包括车端面、外圆、倒角、锥面、圆弧、内圆柱面、内圆锥面等。

(2) 工件坐标系：该零件加工需调头，从图纸上分析应设置两个工件坐标系，两个工件原点均定于零件装夹后的右端面。

2) 工艺处理

根据零件图样要求，选 CK6150 型卧式数控车床。

(1) 装夹定位方式：此工件不能一次装夹完成加工，必须分两次装夹。使用三爪卡盘夹持。

第 1 次装夹完成钻通孔及工件右端 $\phi19$、$\phi30$、倒角及圆锥面的粗、精加工。

第 2 次掉头后装夹 $\phi30$ 外圆，完成工件左端端面、$\phi43$ 外圆、$\phi36$ 锥孔、$\phi14$ 圆柱孔、倒角的粗加工及精加工。

(2) 换刀点：换刀点为(100，100)。

(3) 公差处理：尺寸公差不对称取中值。

(4) 加工顺序：先钻头钻孔，去除加工余量；再用粗、精加工外形轮廓；再用内孔车刀粗、精车内孔。

(5) 刀具的选择和切削用量的确定。

根据加工要求，需要用 3 把刀，第 1 把 90°硬质合金外圆车刀，刀号 T01；第 2 把内孔车刀；第 3 把内孔镗刀，刀号 T03。把刀具在自动换刀刀架上安装好且对好刀，把它们的刀偏值输入相应的刀具参数中，刀具卡片如表 2.7 所示。

表 2.7 刀具卡片

产品名称		××	零件名称		喷嘴		零件图号	××
序号	刀具号	刀具规格名称	数量	加工表面		刀尖半径 R/mm	刀尖方位 T	备注
1	T01	90°硬质合金外圆车刀	1	右端 ϕ30、ϕ43、倒角及圆锥面、左端端面		0.2	3	
2	T02	内孔车刀	1	倒内倒角		0.2	2	
3	T03	内孔镗刀	1	车内孔		0.2	2	
编制		××	审核	××	批准	××	共 页	第 页

3) 确定切削用量

切削用量的具体数值应根据机床性能、相关的手册并结合实际经验用类比方法确定。外圆粗车时，主轴转速 500r/min，进给量 0.2mm/r。外圆精车时，主轴转速 800r/min，进给量 0.1mm/r。切断时，主轴转速 300r/min，进给量 0.1mm/r。

步骤三：程序编制。

喷嘴零件粗、加工程序编制清单如下。

程　序	注　释
O0100	加工零件右端
N10 G99 G40 G21 G97 G54;	粗加工，调用 1 号刀及刀补
N20 M03 S500 T0101;	
N30 G00 X45.0 Z5.0 M08;	
N40 G73 U4.0 W2.0 R2.0;	
N50 G73 P60 Q120 U0.4 W0.1 F0.2;	
N60 G01 G42 X18.0 Z0.0 F0.1 S800;	
N70 　　X19.0 Z-0.5;	
N80 　　Z-5.0;	
N90 　　X30.0 Z-10.5;	
N100 　　Z-17.0;	
N110 　　X41.0;	
N120 　　X44.0 Z-18.5;	
N130 G70 P60 Q120;	精加工
N140 G00 X100.0 Z100.0;	
N150 T0202;	内孔倒角，调用 2 号刀及刀补
N160 G00 X12.0 Z5.0;	
N170 　　Z-2.0;	
N180 G01 X17.0 Z0.5;	

N190 G40 G00 X100.0 Z100.0;

N200 M09;

N210 M30;

O0110   掉头加工零件左端

N10 G21 G97 G40 G99 G54;

N20 M03 S500 T0101;

N30 G00 X50.0 Z0.0 M08;   掉头加工

N40 G01 X30.0 F0.1;   平端面

N50 G00 X50.0 Z2.0;

N60 G90 X43.4 Z-13.1;   粗加工左端外轮廓，调用 1 号刀及刀补

N70 X43.0   精加工外圆

N80 G01 X41.0 Z0;

N90   X43.0 Z-1.0;   倒角

N100 G00 X100.0 Z100.0;

N110 T0303;   换内孔镗刀

N120 G41 G00 X36.0 Z2.0;

N130 G01 X35.8 Z0 F0.2;   粗镗内孔

N140   X13.8 Z-20.0;

N150   Z-31.0;

N160   X13.0;

N170 G00 Z2.0;

N180 M03 S1000 F0.08;

N190 G00 X36.0 Z2.0;

N200 G01 X36.0 Z0;   精镗内孔

N210   X14.0 Z-20.0;

N220   Z-31.0;

N230   X13.0;

N240 G00 Z2.0;

N250 G00 X100.0 Z100.0;

N260 M09;

N270 M30;

工作实践常见问题解析

【问题 1】什么情况下用多重循环指令？

【答】在数控车编程时，学生通常会出现不清楚该用哪一指令的情况，不知道该用基本编程指令、单一循环指令，还是多重循环指令。我们知道，当工件的形状较复杂，如使用基本切削指令，要考虑切削精车余量等，在计算节点时，可能会很复杂。如果使用多重循环指令，只须依照指令格式设定粗车时每次的切削深度、精车余量等参数，在接下来的程序段给出精车时的加工路径，数控系统会自动计算出粗车的刀具路径，自动进行粗加工，因此在编制程序时可以节省很多时间。

但是多重循环指令也有适用限制，如：FANUC 0i MATE-TB 只能用于尺寸具有单调性的工件的粗加工。

【问题 2】多重切削循环指令无法执行，是什么原因？

【答】可以从以下方面进行差错。

(1) 指令格式是否正确，G71、G72、G73 除了 F、S、T 之外，其他地址均不能省略。

(2) 精加工首行 ns 行，必须包含 G00 或 G01 指令，并且 G71 指令 ns 行不能有 Z 轴移动；G72 指令 ns 行不能有 X 轴移动。

(3) P、Q 后是精加工程序首行和末行顺序号，不能用小数点表示法。

(4) 工件直径尺寸是否单调递增或递减。

【问题 3】如何提高外圆表面尺寸精度？有哪些方法？

【答】

(1) 在加工之前一定要看清图纸，避免看错尺寸。

(2) 检查和校准量具，避免测量误差。

(3) 提高对刀精度，并在最后精加工之前再次测量，然后在刀具磨损里进行误差补偿，以达到较高的尺寸精度。

(4) 切削过程中合理使用切削液，降低切削液对工件尺寸的影响。

【问题 4】如何确定循环的起点？

【答】循环起点是机床执行循环指令之前，刀尖所在的位置点，在加工外圆表面时该点离毛坯右端面 2～3mm，比毛坯直径大 1～2mm，在加工内孔时，该点离毛坯右端面 2～3mm，比毛坯内径小 1～2mm。

【问题 5】影响内孔加工质量的因素？

【答】

(1) 内孔尺寸精度超差主要是由于没有仔细测量或测量方法有误造成。

(2) 孔有锥度可能是由于切削用量选择不当，车刀磨损，刀刃不够锋利，刀杆刚性差而产生让刀等原因造成，车床主轴轴线歪斜，床身导轨严重磨损也是造成所加工孔有锥度的原因。

(3) 孔表面粗糙度超差可能是由于切削用量选择不当，产生积屑瘤；或车刀磨损，刀刃不够锋利，切削时刀杆振动造成。如果切屑拉毛已加工表面，则换用正刃倾角的内孔车刀，使切屑流向未加工表面。

2.6 习 题

填空题

1. 机床启动时，通常要进行＿＿＿＿＿＿＿＿＿＿＿＿＿＿＿＿＿以建立机床坐标系。

2. 机床启动时，通常要进行＿＿＿＿＿＿＿＿＿＿＿＿＿＿＿＿以建立程序加工起始点。

3. 使用 G71 粗加工时，在 ns-nf 程序段中的 F、S、T 在＿＿＿＿＿＿＿(粗/精)加工时是有效的。

4. 粗车削应选用刀尖半径较＿＿＿＿＿＿(大/小)的车刀片。

5. "T0101" 是刀具选择机能为选择＿＿＿＿＿号刀具和＿＿＿＿＿刀补。

6. G41 是指定刀具刀尖圆弧半径＿＿＿＿＿补偿，判定方法：沿着刀具运动方向看，刀具在工件的＿＿＿＿。取消刀尖圆弧半径补偿用＿＿＿＿＿指令。

7. G42 是指定刀具刀尖圆弧半径＿＿＿＿＿补偿，判定方法：沿着刀具运动方向看，刀具在工件的＿＿＿＿。

8. 粗车削应选用刀尖半径较＿＿＿＿＿(大/小)的车刀片。

选择题

1. 用于机床开关指令的辅助功能的指令代码是(　　)。

    A. F 代码   B. M 代码   C. T 代码   D. G 代码

2. 数控机床主轴以 800 转/分转速正转时，其指令应是(　　)。

    A. M03 S800   B. M04 S800   C. M05 S800

3. 以下说法错误的是(　　)。

    A. 顺序号只是程序段的名称，和程序执行顺序无关

    B. 模态指令是指此指令不被取消或被同样字母表示的程序指令代替前，一直有效

    C. 一般机床出厂时，将公制单位设为默认状态

    D. 主轴转速一般出厂设置单位为 m/min

4. 对于对刀及对刀点，以下说法错误的是(　　)。

    A. 对刀点是指零件程序加工的起始点

    B. 对刀操作就是要测定出程序起点处刀具刀位点相对于机床原点的坐标位置

    C. 对刀点必须和程序原点重合

    D. 对刀的目的是确定程序原点在机床坐标系中的位置。

5. 对于工件原点，以下说法错误的是(　　)。

    A. 工件原点就是工件坐标系的原点

    B. 选择工件原点时，最好把工件原点放在工件图的尺寸能过方便转换成坐标值地方

    C. 铣床工件原点一般设在主轴中心线上

    D. 车床原点一般是在主轴中心线上，即工件的左端面或右端面

6. 对于车刀圆弧半径补偿，以下说法正确的是(　　)。

    A. 为了提高刀具寿命和降低工件表面粗糙度，车刀通常都有一个半径很小的圆弧

    B. 在车削外圆、端面、内孔和圆弧时，刀尖圆弧会造成过切或欠切现象

C. 为了避免刀尖圆弧造成的过切或欠切现象，编程时，工件尺寸要加上刀尖圆弧半径

D. 刀具磨损或重磨后半径变小，需要修改程序

7. 以下说法错误的是(　　)。

　　A. G71 适合棒料毛坯除去较大余量的切削，主切削方向平行于 Z 轴

　　B. G72 适合棒料毛坯除去较大余量的切削，主切削方向平行于 X 轴

　　C. G73 适合加工铸造、锻造成型一类工件

　　D. G70 用于加工 X、Z 轴都有加工余量的情况

8. 应用刀具半径补偿功能时，如刀补值设置为负值，则刀具轨迹是(　　)。

　　A. 左补　　　　B. 右补　　　　C. 不能补偿　　　　D. 左补变右补，右补变左补

9. 设置零点偏置(G54～G59)是从(　　)输入。

　　A. 程序段中　　　　　　B. 机床操作面板　　　　C. CNC 控制面板

10. 在 CRT/MDI 面板的功能键中，用于程序编制的键是(　　)。

　　A. POS　　　　　　　B. PROG　　　　　　　C. ALTER

操作题(编程题或实训题等)

1. 某车间现准备加工若干件阶梯轴零件，如图 2.35 所示，请按图纸要求分小组独立完成下图的车削工艺并编制该零件粗、精加工程序。

请参考如下步骤完成练习。

步骤一：

① 根据零件图样要求、确定毛坯及加工顺序。

② 选择机床设备及刀具。

③ 确定切削用量。

④ 确定工件坐标系、对刀点和换刀点。

⑤ 基点运算。

步骤二：

编写零件粗、精加工程序并写出加工程序清单。

2. 某车间现准备加工如图 2.36 所示的若干件阶梯轴零件，请按图纸要求分小组独立完成下图的车削工艺，并编制该零件粗、精加工程序。

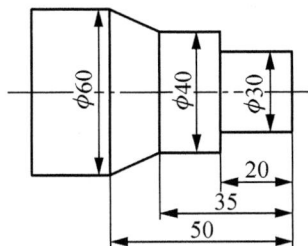

图 2.35　阶梯轴零件　　　　图 2.36　阶梯轴零件

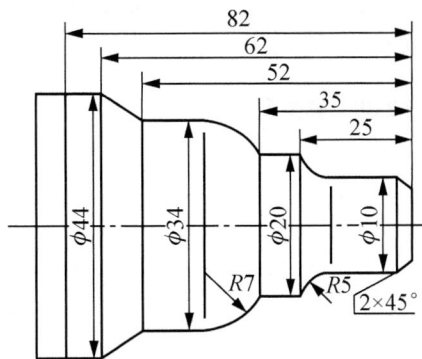

3. 某车间现准备加工如图 2.37 所示的若干零件，请按图纸要求分小组独立完成下图的车削工艺，并编制该零件粗、精加工程序。

4. 加工如图 2.38 所示的若干零件，毛坯为 $\phi 60mm \times 100mm$ 的圆钢，请按图纸要求完成下图的车削工艺，并编制该零件粗、精加工程序。

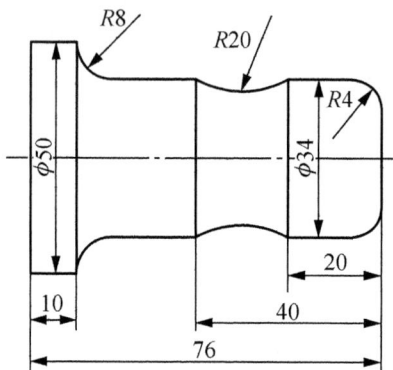

图 2.37　阶梯轴零件

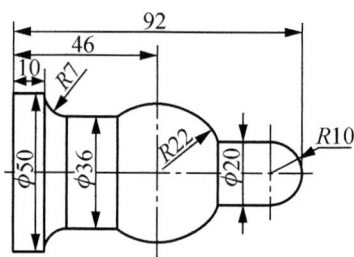

图 2.38　曲面轴零件

5. 加工如图 2.39 所示的若干零件，请制定车削工艺并编制该零件车加工程序。

6. 加工如图 2.40 所示的若干零件，毛坯为 $\phi 125mm \times 75mm$ 的圆钢，请按图纸要求完成下图的车削工艺，并编制该零件车加工程序。

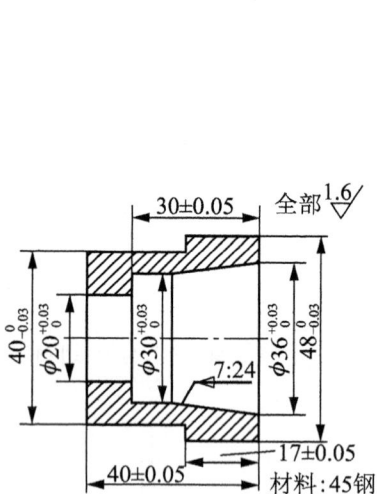

图 2.39　套类零件

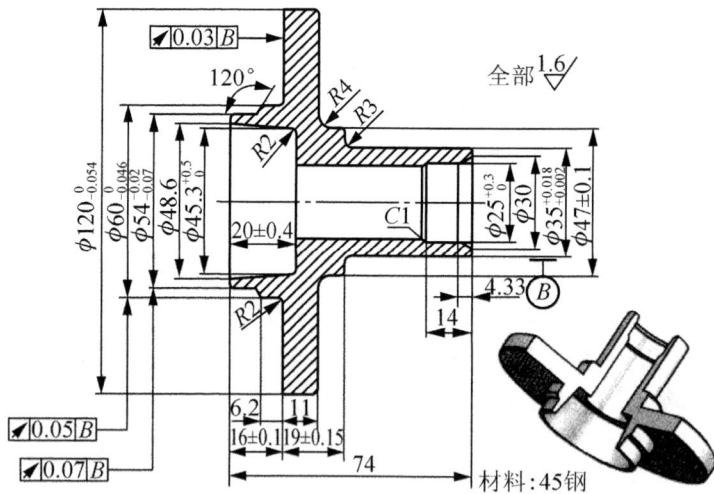

图 2.40　盘套类零件

第3章 螺纹零件的数控编程与加工

本章要点

- 数控车螺纹编程基本指令和循环指令及其应用。
- 数控车切槽编程指令及其应用。
- 综合轴类零件的数控编程方法。

技能目标

- 能够掌握螺纹零件的数控编程和加工方法。
- 能够掌握轴上槽的加工和编程。
- 能够掌握深孔的加工和编程。
- 能够熟练应用 G32、G92、G74、G75、G76 等编程指令。

3.1 工作场景导入

【工作场景】

加工螺纹球形轴，如图 3.1 所示。要求设计数控加工工艺方案，制定本零件加工工艺，编制数控加工程序，进行仿真加工，优化走刀路线和程序。

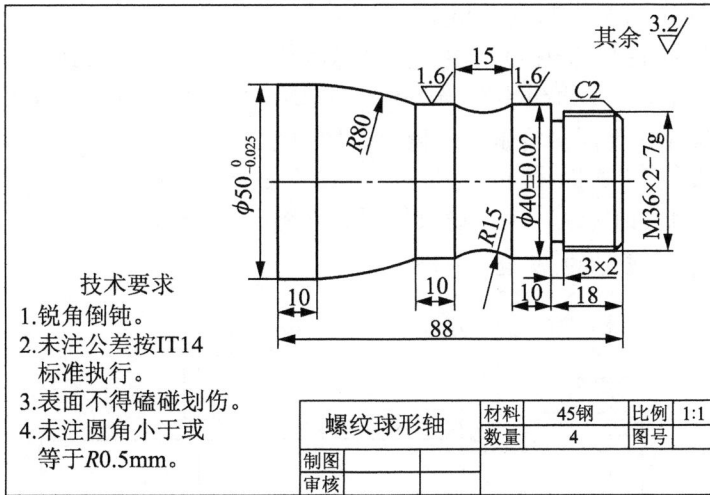

图 3.1 螺纹球形轴工程图

【引导问题】

(1) 如何加工螺纹，如何保证螺纹加工精度？

(2) 如何进行切槽加工？

(3) 如何进行深孔加工？

(4) 综合轴类零件编程时会用到哪些指令、代码？如何加工？

(5) 如何应用子程序？

3.2 数控编程基础知识

螺纹加工的类型包括内外圆柱螺纹和圆锥螺纹、单头螺纹和多头螺纹、恒螺距螺纹和变螺距螺纹，数控系统提供的螺纹指令包括单一螺纹切削指令和螺纹固定循环指令。前提条件是主轴上有位移测量系统。不同的数控系统，螺纹加工指令有差异，实际应用时按所使用的数控机床的要求进行编程。

3.2.1 单一螺纹切削指令

1) 指令格式

G32 X(U)_ Z(W)_ F_;

其中：X(U)、Z(W)——螺纹终点坐标；

    F——螺纹导程，即主轴每转一圈，刀具相对于工件的进给值。

2) 说明

(1) 该指令用于车削等螺距圆柱螺纹、锥螺纹。

(2) G32 指令可以执行单一行程螺纹切削，车刀进给运动严格根据输入的螺纹导程进行。但是，车刀的切入、切出、返回均须编入程序。

(3) F 为螺纹导程。对锥螺纹其斜角 α 在 45°以下时，螺纹导程以 Z 轴方向指定；在 45°以上至 90°时，以 X 轴方向值指定。

(4) 车削螺纹期间的进给速度倍率、主轴速度倍率无效(固定 100%)。

(5) 车削螺纹时必须设置引入距离 δ_1 和超越距离 δ_2，即升速段和减速段，避免在加、减速过程中进行螺纹切削而影响螺距的稳定，如图 3.2 所示。

δ_1、δ_2 的数值与螺距和转速有关，由各系统分别设定。一般 $\delta_1 = n \times P/400$，$\delta_2 = n \times P/1800$。$n$ 为主轴转速，P 为螺纹导程。如图 3.2 所示，δ_1 取 5mm，螺纹加工程序为：G32 Z-40.0 F3.5 或 G32 W-45.0 F3.5。

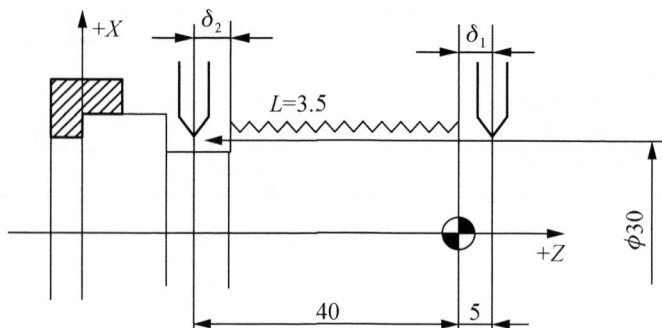

图 3.2 G32 圆柱螺纹切削

(6) 因受机床结构及数控系统的影响，切削螺纹时主轴转速有一定的限制。

(7) 螺纹起点与螺纹终点径向尺寸的确定。螺纹加工中的编程大径应根据螺纹尺寸标注和公差要求进行计算，并由外圆车削来保证。

(8) 螺纹加工中的走刀次数和进刀量(背吃刀量)会直接影响螺纹的加工质量，车削螺纹时的走刀次数与背吃刀量如表 3.1 所示。

表 3.1　常用螺纹切削的进给次数与背吃刀量

公制螺纹							
螺距/mm	1.0	1.5	2.0	2.5	3.0	3.5	4.0
牙深(半径值)	0.649	0.974	1.299	1.624	1.949	2.273	2.598
直径值、背吃刀量及切削次数　1 次	0.7	0.8	0.9	1.0	1.2	1.5	1.5
2 次	0.4	0.6	0.6	0.7	0.7	0.7	0.8
3 次	0.2	0.4	0.6	0.6	0.6	0.6	0.6
4 次		0.16	0.4	0.4	0.4	0.6	0.6
5 次			0.1	0.4	0.4	0.4	0.4
6 次				0.15	0.4	0.4	0.4
7 次					0.2	0.2	0.4
8 次						0.15	0.6
9 次							0.2

英制螺纹							
牙/in	24	18	16	14	12	10	8
牙深(半径值)	0.678	0.904	1.016	1.162	1.355	1.626	2.033
直径值、背吃刀量及切削次数　1 次	0.8	0.8	0.8	0.8	0.9	1.0	1.2
2 次	0.4	0.6	0.6	0.6	0.6	0.7	0.7
3 次	0.16	0.3	0.5	0.5	0.6	0.6	0.6
4 次		0.11	0.14	0.3	0.4	0.4	0.5
5 次				0.13	0.21	0.4	0.5
6 次						0.16	0.4
7 次							0.17

例 3.1：如图 3.3 所示为圆柱螺纹编程实例，螺纹外径已加工完成，牙型深度 1.3 mm，分 5 次进给，吃刀量(直径值)分别为 0.9 mm、0.6 mm、0.6 mm、0.4 mm 和 0.1 mm，采用绝对编程，加工程序如下。

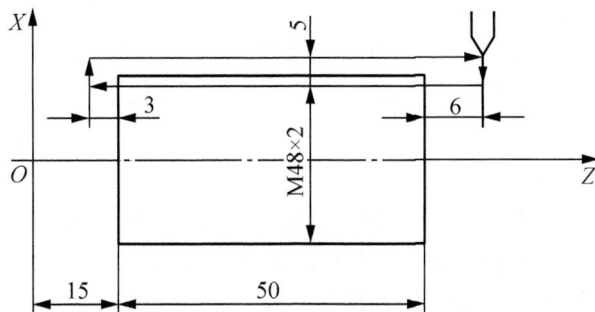

图 3.3　螺纹切削指令 G32 应用

```
…
G00 X58.0 Z71.0;
X47.1;
G32 Z12.0 F2.0;                    (第一次车螺纹，背吃刀量为 0.9mm)
G00 X58.0;
Z71.0;
X46.5;
G32 Z12.0 F2.0;                    (第二次车螺纹，背吃刀量为 0.6mm)
G00 X58.0;
Z71.0;
X45.9;
G32 Z12.0 F2.0;                    (第三次车螺纹，背吃刀量为 0.6mm)
G00 X58.0;
Z71.0;
X45.5;
G32 Z12.0 F2.0;                    (第四次车螺纹，背吃刀量为 0.4mm)
G00 X58.0;
Z71.0;
X45.4;
G32 Z12.0 F2.0;                    (第五次车螺纹，背吃刀量为 0.1mm)
G00 X58.0;
Z71.0;
…
```

3.2.2 螺纹切削固定循环指令

螺纹切削循环指令 G92 把"切入→螺纹切削→退刀→返回"4 个动作作为一个循环，如图 3.4 所示，该指令可切削圆柱螺纹和圆锥螺纹。

1) 指令格式

圆柱螺纹：

G92 X(U)_ Z(W)_ F_;

圆锥螺纹：

G92 X(U)_ Z(W)_ R_F_;

其中：X(U)、Z(W)——螺纹终点坐标。

　　　　R——表示螺纹的锥度，其值为锥螺纹切削起点与切削终点的 X 坐标值之差(半径值)，其值的正负判断方法与 G90 相同。

　　　　F——螺纹导程。

2) 说明

螺纹切削循环指令完成工件圆柱螺纹和锥螺纹的切削固定循环。图 3.4 (a)为圆柱螺纹循环，图 3.4 (b)所示为圆锥螺纹循环。刀具从循环起点开始，按 1、2、3、4 路径进行自动循环，最后又回到循环起点。图中 R 为快速移动，F 为工作进给。

例 3.2：应用 G92 指令加工图 3.3 所示的螺纹，其加工程序如下。

```
…
G00 X58.0 Z71.0;
G92 X47.1 Z12.0 F2.0;
X46.5;
X45.9;
X45.5;
X45.4;
G00 X58.0;
Z71.0;
…
```

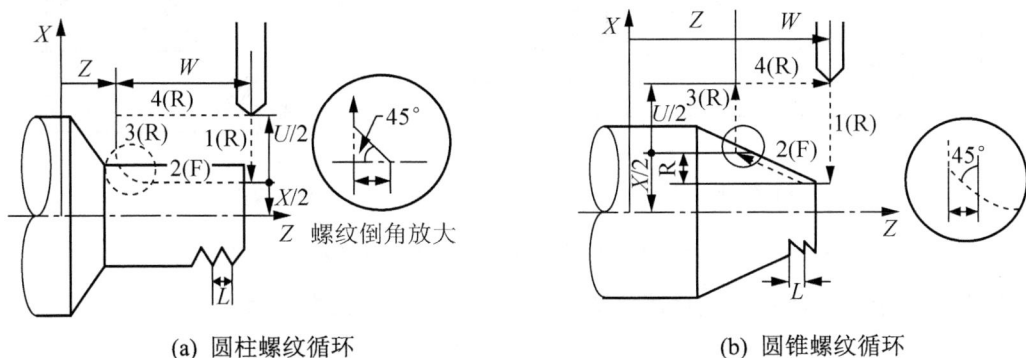

(a) 圆柱螺纹循环　　　　　　　　　　(b) 圆锥螺纹循环

图 3.4　螺纹切削循环

3.2.3　螺纹切削复合循环指令

1) 指令格式

```
G76 P(m)(r)(α)Q(Δdmin) R(d);
G76 X(U)_ Z(W)_ _ R(i) P(k) Q(Δd) F_;
```

其中：

m——精加工重复次数，必须用两位数表示，从 01～99，该参数为模态量；

r ——螺纹尾端倒角量，必须用两位数表示，范围从 00～99，例如 r=10，则倒角量
　　=10×0.1×导程；

α ——刀尖角，可以选择 80°、60°、55°、30°、29° 和 0° 共 6 种中的 1 种，由
　　2 位数规定(该值是模态的)；

Δdmin——最小切深(用半径指定)；

d——精加工余量；

X(U)、Z(W)——螺纹终点坐标；

i——为螺纹部分半径之差，即螺纹切削起始点与切削终点的半径差。加工圆柱螺纹
　　时，i=0。加工圆锥螺纹时，当 X 向切削起始点坐标小于切削终点坐标时，i 为
　　负，反之为正；

k——螺纹牙形高度(X 轴方向的半径值)，通常为正值；

Δd——第 1 刀切入深度(X 轴方向的半径值)，通常为正值，不能用小数点表示；

F——螺纹导程。

2) 说明

复合螺纹切削循环指令用于多次自动循环车螺纹,数控加工程序中只需指定一次,并在指令中定义好有关参数,就能自动进行加工。它的进刀方法有利于改善刀具的切削条件,在编程中应优先考虑应用该指令,如图 3.5 所示。

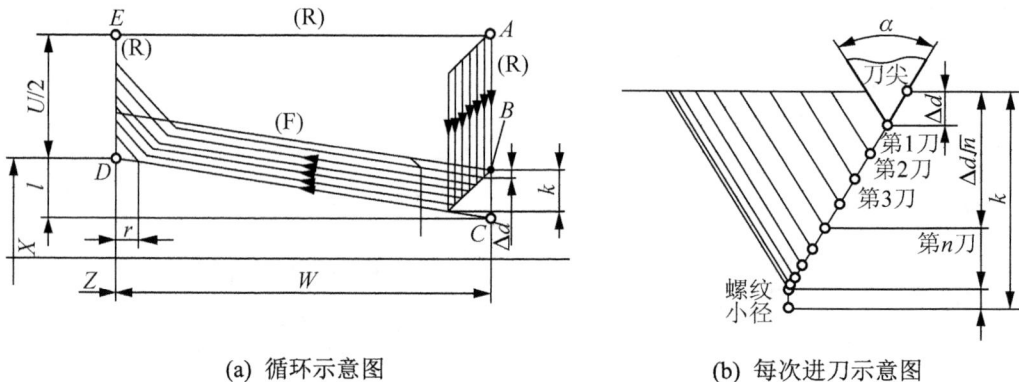

(a) 循环示意图　　　　　　(b) 每次进刀示意图

图 3.5　复合螺纹切削循环指令 G76

例 3.3:如图 3.6 所示为复合螺纹切削循环应用实例,其程序为

```
…
G00 X80.0 Z130.0;
G76 P011060 Q0.1 R0.2;
G76 X55.564 Z25.0 P3.68 Q1.8 F6.0;
…
```

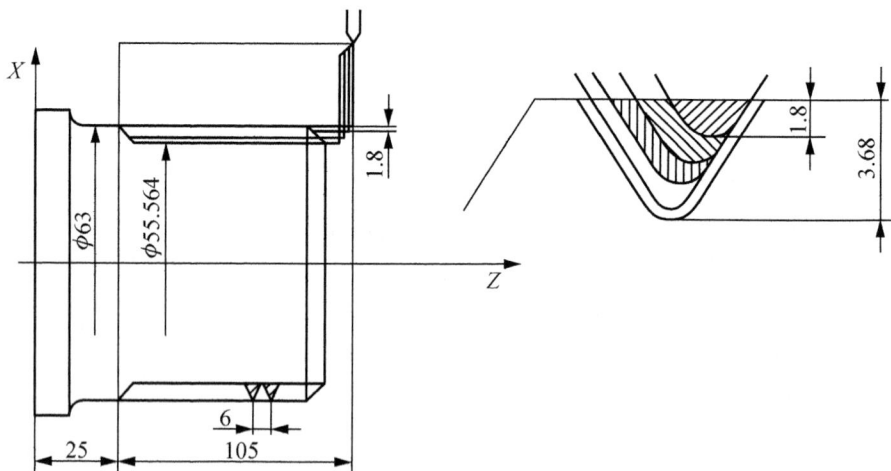

图 3.6　复合螺纹切削循环指令 G76 应用实例

3.2.4　端面深孔钻削循环指令

1) 指令格式

```
G74 R(e);
G74 X (U) _Z (W)_ P(Δi) Q(Δk) R (Δd) F_;
```

其中：

e ——退刀量。

$X(U)Z(W)$ ——切槽终点处坐标。

Δi ——刀具完成一次轴向切削后，在 X 方向的偏移量，半径值。

Δk ——Z 方向的每次切深量。

Δd ——刀具在切削底部的退刀量。

2) 说明

在轴端面上钻孔或切槽。G74 循环轨迹如图 3.7 所示，刀具从循环起点(A 点)开始，先轴向切深至 Δi(C 点)后退到 e(D 点)断屑，如此循环直至刀具到达径向终点 X 的坐标处，轴向退到起刀点，完成一层切削循环；沿径向偏移 Δk 至 F 点，进行第二层切削循环，依次循环直至刀具切削至程序终点坐标处(B 点)，轴向退刀至起刀点(G 点)，再径向退刀至起刀点(A 点)，完成整个切槽循环动作。

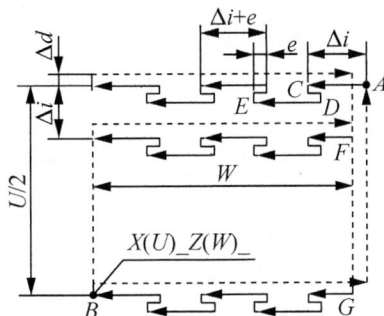

图 3.7　径向切槽加工 G74 循环轨迹

G74 循环指令中的 $X(U)$ 值可省略或设定值为 0，当 $X(U)$ 值设为 0 时，在 G74 循环执行过程中刀具仅作 Z 向进给而不作 X 向偏移。此时该指令可用于端面啄式深孔钻削循环，但使用该指令时刀具一定要精确定位到工件的旋转中心。

例 3.4：如图 3.8 所示，采用深孔钻削循环功能加工如图所示深孔，试编写加工程序。其中：$e=1$，$\Delta k=20$，$F=0.1$。

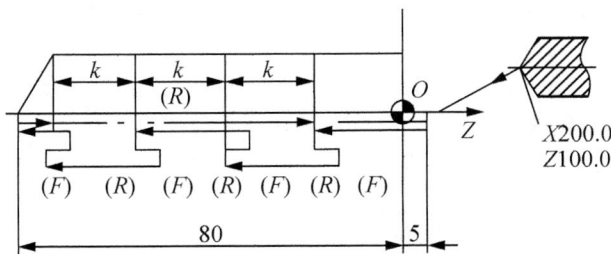

图 3.8　深孔钻削循环

```
…
N40 G74 R1
N50 G74 Z-80 Q20 F0.1;
…
```

3.2.5 径向切槽循环指令

1) 指令格式

```
G75 R(e);
G75 X (U) _Z (W)_ P(Δi) Q(Δk) R (Δd) F_;
```

其中：

e ——退刀量。

X(U) Z (W)——为切槽终点处坐标。

Δi——X 向每次循环切削量，半径值。

Δk——为刀具完成一次径向切削后，在 Z 方向的偏移量。

Δd——刀具在切削底部的退刀量。

2) 说明

外径切削循环功能适合于在外圆面上切削沟槽或切断加工。G75 循环轨迹如图 3.9 所示，刀具从循环起点(A 点)开始，沿径向进刀 Δi(C 点)后退到 e(D 点)断屑，如此循环直至刀具到达径向终点 X 的坐标处，径向退到起刀点，完成一层切削循环；沿轴向偏移 Δk 至 F 点，进行第二层切削循环，依次循环直至刀具切削至程序终点坐标处(B 点)，径向退刀至起刀点(G 点)，再轴向退刀至起刀点(A 点)，完成整个切槽循环动作。

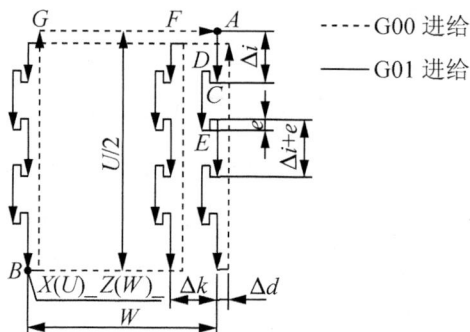

图 3.9 径向切槽加工 G75 循环轨迹图

G75 循环指令中的 Z(W)值可省略或设定值为 0。当 Z(W)值设为 0 时，循环执行时刀具仅作 X 向进给而不作 Z 向偏移。

对于指令中的 Δi、Δk 值，在 FANUC 系统中，不能输入小数点，而直接输入脉冲当量值，如 P1500 表示径向每次切深量为 1.5mm。

例 3.5：试编写进行图 3.10 所示零件切断加工的程序。

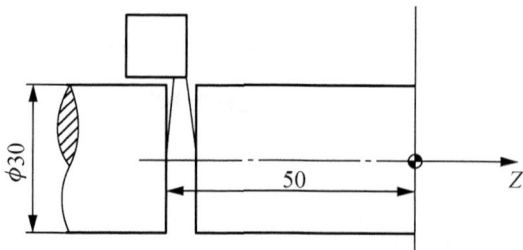

图 3.10 切槽加工

```
…
G75 R1.0;
G75 X-1.0 P500 F0.1;
…
```

切槽用复合固定循环(G74. G75)使用注意事项如下。

(1) 当出现以下情况之一时，在不同的系统(如 FANUC、三菱)中执行切槽复合固定循环指令将出现程序报警。

① X(U)或 Z(W)指定，而 Δi 或 Δk 值不设定或设定为零。

② k 值大于 Z 轴的移动量(W)或 Δk 值设定为负值。

③ i 值大于 U/2 或 Δi 值设定为负值。

④ 退刀量大于进刀量，即 e 值大于每次切深，Δi 或 Δk。

(2) 由于 Δi 和 Δk 为无符号值，所以，刀具切深完成后的偏移方向由系统根据刀具起刀点及切削终点坐标自动判断。

(3) 切槽过程中，刀具或工件受较大的单方向切削力，容易在切削过程中产生振动，因此切削加工中的进给量 F 取值应小于普通切削的 F 值，通常取 0.1～0.3mm/r。

3.2.6　子程序的应用

如图 3.11 所示的工件，在相同的间隔距离切削 4 个凹槽，若用 1 个程序切削，则必有许多重复的加工指令。此种情况可将相同的加工程序制作成 1 个子程序，再使用一主程序去调用此子程序，则可简化程序的编制和节省 CNC 系统的内存空间。

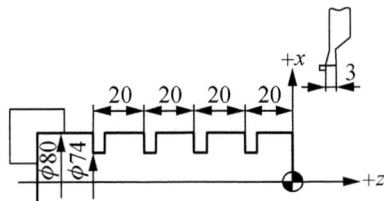

图 3.11　子程序应用

1) 指令格式

```
M98  P△△△××××
M99
```

其中：M98——主程序调用子程序的指令。

　　　　△△△——调用子程次数。

　　　　××××——子程序号。

　　　　M99——子程序的结束指令。

2) 说明

主程序调用同一子程序执行加工，最多可执行 999 次，且子程序也可再调用另一子程序执行加工，FANUC 数控系统最多可调用 4 层子程序，即可以嵌套 4 级，不同系统其执行的次数及层次也不同。

主程序调用子程序，其执行方式如下。

```
主程序                          子程序
O0030                          O3001
N10…;                          N10…;
N20…;                          N20…;
N30…;                          N30…;
N40 M98 P23001;                …;
N50…;                          M99;
N60…;
N70…;
N80…;
N90…;
```

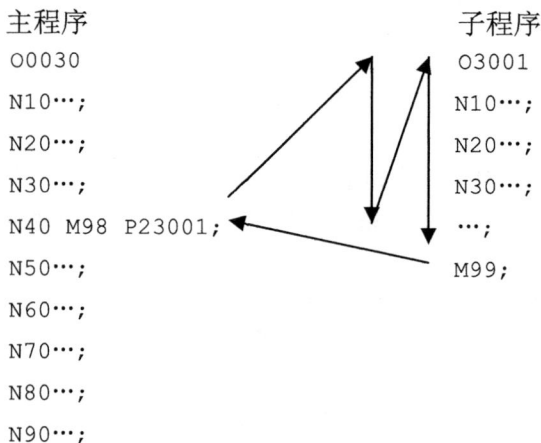

例 3.6：M98P46666；(表示连续调用 4 次 O6666 子程序)

M98P8888；(表示调用 O8888 子程序一次)

M98P12；(表示调用 O12 子程序一次)

例 3.7：以 FANUC 0i—TA 系统子程序指令加工图 3.11 工件上的 4 个槽。

主程序如下。

```
O0015
T0101M03S500;
G00X82.0Z0;
M98P40555;
G00X150.0Z150.0;
M30;
```

子程序如下。

```
O0555
W-20.0;
G01X74.0F0.07;
G00X82.0;
M99;
```

3.3 数控加工实践知识

3.3.1 工件零点设置的几种方法

FANUC 系统数控车床设置工件原点的几种方法如下。

(1) 直接用刀具试切对刀。如 2.3.5 节所述的对刀方法。

(2) 用 G50 设置工件零点。

① 用外圆车刀先试车一外圆，测量外圆直径后，把刀沿 Z 轴正方向退刀，切端面到中心。

② 选择▣MDI 方式，输入 G50 X0 Z0，启动▣循环启动键，把当前点设为零点。

③ 选择▣MDI 方式，输入 G00 X150.0 Z150.0，使刀具离开工件进行加工。

④ 这时程序开头：G50 X150 Z150 …

⑤ 注意：用 G50 X150.0 Z150.0，你起点和终点必须一致即 X150.0 Z150.0，这样才能保证重复加工不乱刀。

⑥ 如用第二参考点 G30，即能保证重复加工不乱刀，这时程序开头如下。

```
G30 U0 W0;
G50 X150.0 Z150.0;
```

⑦ 在 FANUC 系统里，第二参考点的位置在参数里设置，在 Yhcnc 软件里，按鼠标右键出现对话框，按鼠标左键确认即可。

(3) 工件偏移设置工件零点。

① 在 FANUC 0i 系统的 Offset setting 中，有一工件移界面，可输入零点偏移值。

② 用外圆车刀先试切工件端面，这时 Z 坐标的位置如：Z200.0，直接输入到偏移值里。

③ 选择 回零 回参考点方式，按 X、Z 轴回参考点，这时工件零点坐标系即建立。

④ 注意：这个零点一直保持，只有重新设置偏移值 Z0，才清除。

(4) G54～G59 设置工件零点。

① 用外圆车刀先试车一外圆，测量外圆直径后，把刀沿 Z 轴正方向退刀，切端面到中心。

② 把当前的 X 和 Z 轴坐标直接输入到 G54～G59 中，按 键设置坐标系，如选择 G54，输入 X0、Z0，按【测量】，工件零点坐标即存入 G55 里，程序直接调用如：G54 X50.0 Z50.0……

③ 注意：可用 G53 指令清除 G54～G59 工件坐标系。

3.3.2　自动加工及其方式选择

自动运行就是机床根据编制的零件加工程序来运行。自动运行包括存储器运行和 MDI 运行。

1. 存储器运行

存储器运行就是指将编制好的零件加工程序存储在数控系统的存储器中，调出要执行的程序来使机床运行。

(1) 按编辑键 ，进入编辑运行方式。

(2) 按数控系统面板上的 PROG 键 。

(3) 按数控屏幕下方的软键 DIR 键，屏幕上显示已经存储在存储器里的加工程序列表。

(4) 按地址键 O。

(5) 按数字键输入程序号。

(6) 按数控屏幕下方的软键 O 检索键。这时被选择的程序就被打开显示在屏幕上。

(7) 按自动键 ，进入自动运行方式。

(8) 按机床操作面板上的循环键中的白色启动键，开始自动运行。

(9) 运行中按下循环键中的红色暂停键，机床将减速停止运行。再按下白色启动键，机床恢复运行。

(10) 如果按下数控系统面板上的 Reset 键，自动运行结束并进入复位状态。

2. MDI 运行

MDI 运行是指用键盘输入一组加工命令后，机床根据这组命令执行操作。

(1) 按 MDI 键⬜，进入 MDI 运行方式。

(2) 按数控系统面板上的 PROG 键⬜，屏幕上显示如图 3.12 所示的画面。程序号 O0000 是自动生成的。

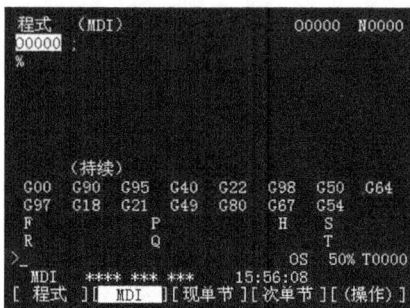

图 3.12 MDI 显示画面

(3) 像编制普通零件加工程序那样编制一段程序。

(4) 按软键 REWIND 键，使光标返回程序头。

(5) 按机床操作面板上的循环启动键⬜，开始运行。当执行到结束代码(M02，M30)或%时，运行结束并且程序自动删除。

运行中按下循环键中的红色暂停键，机床将减速停止运行。再按下白色启动键，机床恢复运行。如果按下数控系统面板上的 Reset 键，自动运行结束并进入复位状态。

3.3.3　切槽加工工艺

车槽刀装夹是否正确，对车槽的质量有直接影响。一般要求切槽刀刀尖与工件轴线等高，而且刀头与工件轴线垂直。

车精度不高且宽度较窄的矩形沟槽时，可用刀宽等于槽宽的车槽刀，采用直进法一次进给车出。精度要求较高的沟槽，一般采用二次进给车成，即第一次进给车槽时，槽壁两侧留精车余量，第二次进给时用等宽刀修整。

车较宽的沟槽，可以采用多次直进法切割。并在相壁及底面留精加工余量，最后一刀精车至尺寸。

较小的梯形槽一般用成形刀车削完成。较大的梯形槽，通常先车直槽，然后用梯形刀直进法或左右切削法完成。

3.3.4　切槽质量分析

切槽时常见的质量问题及修正方法如下。

(1) 槽底有震纹是因为切槽刀装夹刚性不足，需换刚性好的刀或减少伸出长度，增加装夹刚性。

(2) 槽底面粗糙度超差，需重新刃磨刀具或更换刀片。

(3) 槽底直径不正确，重新对刀或通过修改磨损值进行补偿。

(4) 槽宽尺寸不正确，需修改刀宽参数或程序。

3.3.5　切槽加工注意事项

切槽加工时应注意以下几点。

(1) 切槽刀主切削刃要平直，各角度要适当。

(2) 刀具安装时刀刃与工件中心要等高，主切削刃要与轴心线平行。

(3) 要合理选择转速与进给量。

(4) 要正确使用切削液。

(5) 端面槽刀的一侧副后面应磨成回弧形，以防与槽壁产生摩擦。

(6) 槽侧与槽底要平直、清角。

(7) 车端面槽时容易产生振动，必要时可采用反切法车削。

3.3.6　三角形螺纹加工工艺

1. 螺纹标记及基本牙型

普通螺纹是我国应用最为广泛的一种三角形螺纹，牙型角为 60°。普通螺纹分粗牙普通螺纹和细牙普通螺纹。粗牙普通螺纹螺距是标准螺距，其代号用字母 "M" 及公称直径表示，如 M16、M12 等。细牙普通螺纹代号用字母 "M" 及公称直径×螺距表示，如 M24×1.5，M27×2 等。普通螺纹有左旋和右旋之分，左旋螺纹应在螺纹标记的末尾处加注 "LH" 字，如 M20×1.5LH 等，未注明的是右旋螺纹。螺纹牙型是在通过螺纹轴线的剖面上，螺纹的轮廓形状普通螺纹的基本牙型如图 3.13 所示，各字符的含义如下。

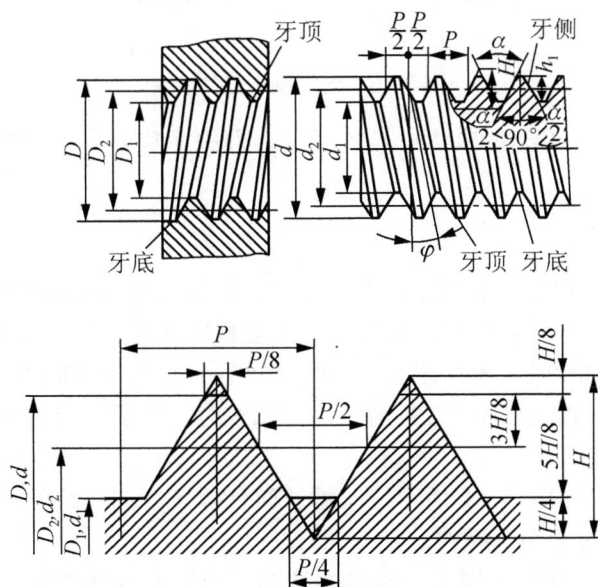

图 3.13　普通螺纹的基本牙型

P—螺纹螺距　H—螺纹原始三角形高度，$H=0.866P$　D，d—螺纹大径，螺纹大径的基本尺寸与螺纹的公称直径相同　D_2，d_2—螺纹中径，$D_2(d_2)=D(d)-0.6495P$　D_1，d_1—螺纹小径，$D_1(d_1)=D(d)-1.08P$

2. 螺纹车刀的装夹

装夹外螺纹车刀时，刀尖位置一般应对准工件中心(可根据尾座顶尖高度检查)，车刀刀尖角的对称中心线必须与工件轴线垂直，装刀时可用样板来对刀，如图 3.14(a)所示。如果把车刀装斜，就会产生牙型歪斜，如图 3.14(b)所示。刀头伸出不要过长，一般为刀杆厚度的 1.5 倍左右。装夹内螺纹车刀时，必须严格按样板找正刀尖角，如图 3.15(a)所示，刀杆伸出长度稍大于螺纹长度，刀装好后应在孔内移动刀架至终点检查是否有碰撞，如图 3.15(b)所示。

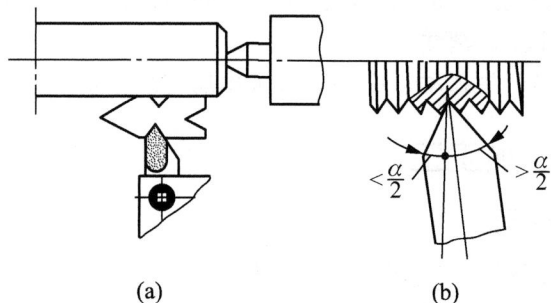

(a)　　　　　　　　　　(b)

图 3.14　外螺纹车刀的装夹

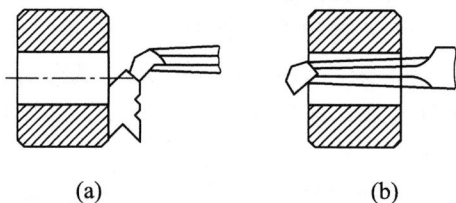

(a)　　　　　　　　　　(b)

图 3.15　内螺纹车刀的装夹

高速车螺纹时，为了防止振动和"扎刀"，刀尖应略高于工件中心，一般应高 0.1～0.3mm。

3. 常用螺纹车削方法

(1) 直进法车螺纹如图 3.16 所示，车螺纹时，螺纹刀刀尖及两侧刀刃都参加切削，每次进刀只作径向进给，随着螺纹深度的增加，进刀量相应减小，否则容易产生"扎刀"现象。这种切削方法可以得到比较正确的牙型，适用于螺距小于 2mm 和脆性材料的螺纹车削。

(2) 左右切削法车螺纹如图 3.17 所示，车螺纹时，除了径向进给外，车刀在轴向也依次作向左或向右微量进给。

(3) 斜进法车螺纹如图 3.18 所示，车螺纹时，除了径向进给外，车刀沿走刀方向一侧作轴向微量进给，常用于粗车螺纹。

左右切削法与斜进法加工螺纹，是单面切削，所以不容易产生"扎刀"现象，但是轴向偏移量要适当，否则会将螺纹车乱、牙底槽过宽、牙底凹凸不平或牙顶车尖。这种螺纹切削方法适用于低速车削螺距大于 2mm 的塑性材料螺纹工件。

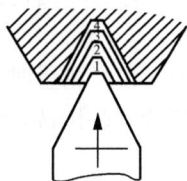

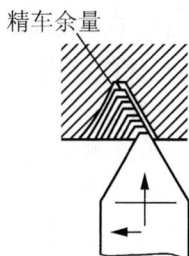

图 3.16　直进法车螺纹　　　　图 3.17　左右切削法车螺纹　　　　图 3.18　斜进法车螺纹

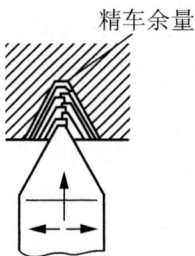

4. 低速车螺纹与高速车螺纹

(1) 低速车螺纹主轴转速一般在 200r/min 以下，选用高速钢螺纹车刀，而且分粗、精车刀。低速车削钢件时，必须加切削液，粗车用切削油或机油，精车用乳化液。

(2) 高速车螺纹主轴转速取 200r/min 以上，一般使用硬质合金车刀，采用直进法，切削速度较高。而且进给次数可减少 2/3 以上，生产效率大大提高。切削深度开始大一些，以后逐步减少，但最后一刀应不低于 0.1mm。为了防止切屑拉毛牙侧，不宜采用左右切削法车螺纹。切削过程一般不加切削液。

5. 车螺纹前直径尺寸的确定

车外螺纹时，由于受车刀挤压会使螺纹大径尺寸涨大，所以车螺纹前大径一般应车得比基本尺寸小 0.2～0.4mm(约 0.13P)，车好螺纹后牙顶处有 0.125P 的宽度(P 为螺距)。同理，车削三角形内螺纹时，内孔直径会缩小，所以车削内螺纹前的孔径要比内螺纹小径略大些，可采用下列近似公式计算。

车削外螺纹 $d_{实}=d-0.13P$

车削塑性金属的内螺纹 $D_{孔}\approx d-P$

车削脆性金属的内螺纹 $D_{孔}\approx d-1.05P$

式中。$d_{实}$为外螺纹的小径；$D_{孔}$为车螺纹前的孔径；d 为螺纹公称直径；P 为螺距。

3.3.7　螺纹测量

螺纹的主要测量参数有螺距、大径、小径和中径的尺寸。

(1) 螺距的测量。对一般精度要求的螺纹，螺距可按图 3.19 的方式进行测量。

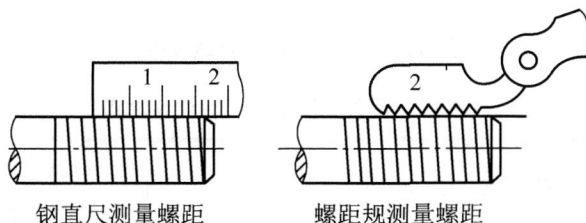

钢直尺测量螺距　　　　螺距规测量螺距

图 3.19　三角形螺纹螺距测量

(2) 大、小径的测量。外螺纹的大径和内螺纹的小径，公差都比较大，一般用游标卡尺或千分尺侧量。

(3) 中径的测量。常用的中径测量方法主要有以下几种。

① 螺纹千分尺测量螺纹中径。螺纹千分尺测量螺纹中径的方法如图 3.20 所示，测量时，选择与螺纹牙型角相同的上、下两个测量头，正好卡在螺纹的牙侧上，测得的尺寸就是螺纹的中径。

② 用单针测量螺纹中径。单针测量螺纹中径的方法如图 3.21 所示，测量时只需用一根量针，另一侧用螺纹大径作基准，在测量前应先量出螺纹大径的实际尺寸 d_0。单针测量时，千分尺测量的读数(A)可按下式计算：$A=(M+d_0)/2$。

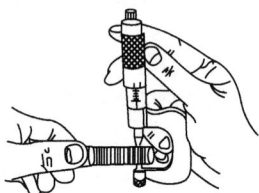

图 3.20　螺纹千分尺测量螺纹中径

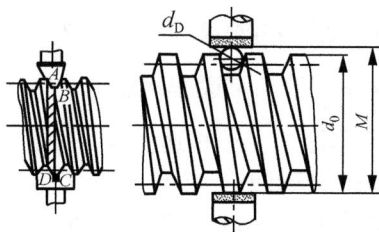

图 3.21　单针法测量螺纹中径

③ 用三针法测量外螺纹中径如图 3.22 所示，测量时所用的三根圈柱形量针，是由量具厂专门制造的。在没有量针的情况下，也可用三根直径相等的优质钢丝或新的钻头柄部代替。测量时，把三根量针放置在螺纹两侧相对应的螺纹槽内，用千分尺量出两边量针顶点之间的距离 M。根据 M 值可计算出螺纹中径的实际尺寸。三针测量时，M 值和中径的计算公式如表 3.2 所示。

如图 3.22 所示，三针测量用的量针直径(d_D)不能太大。如果太大，则量针的横截面与螺纹牙侧不相切，无法量得中径的实际尺寸。也不能太小，如果太小，量针陷入牙槽中，其顶点低于螺纹牙顶而无法测量。最佳量针直径是指量针横截面与螺纹中径处牙侧相切时的量针直径。量针直径的最大值、最小值和最佳值可在表 3.2 中查出。

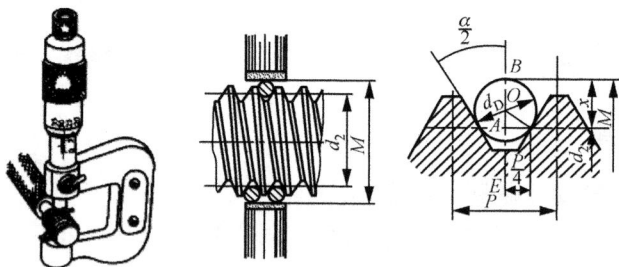

图 3.22　三针法测量外螺纹中径

表 3.2　三针测量螺纹时的计算公式

螺纹牙型角 α	M 值计算公式	量针直径 d_D		
		最　大　值	最　佳　值	最　小　值
60°（普通螺纹）	$M=d_2+3d_D-0.866P$	$1.01P$	$0.577P$	$0.505P$
55°（英制螺纹）	$M=d_2+3.166d_D-0.961P$	$0.894P-0.029\text{mm}$	$0.564P$	$0.481P-0.016\text{mm}$
30°（梯形螺纹）	$M=d_2+4.864d_D-1.866P$	$0.656P$	$0.518P$	$0.486P$

新世纪高职高专课程与实训系列教材

(4) 螺纹综合测量。用螺纹量规对螺纹各主要参数进行综合性测量。螺纹量规包括螺纹塞规和螺纹环规，如图 3.23 所示。它们都分通规和止规，在使用中不能搞错。测量时，通规可以通过而止规不能通过，则螺纹合格。如果通规难以拧入，应对螺纹的各直径尺寸、牙型角、牙型半角和螺距等进行检查，经修正后再用量规检验。

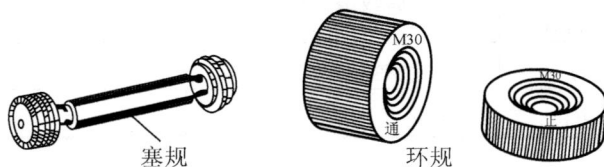

图 3.23　螺纹量规

3.4　回到工作场景

【工作过程一】数控加工工艺分析

1. 根据零件图样要求、确定毛坯及加工顺序

如图 3.1 所示的零件，不需要热处理，无硬度要求，表面要加工，$\phi 40$ 和 $\phi 50$ 外圆、M36 螺纹加工精度较高。

(1) 设零件毛坯尺寸为 $\phi 55 \times 1000$(多件加工，采用长的棒料，成型一件切断一件)，轴心线为工艺基准，用三爪自定心卡盘夹持，一次装夹完成粗、精加工。

(2) 加工顺序。从左向右，粗车螺纹大径 $\phi 36$，$\phi 40$ 外圆、R80 弧面、$\phi 50$ 外圆，然后精车螺纹大径 $\phi 36$、$\phi 40$ 外圆、R80 弧面、$\phi 50$ 外圆，车 R15 弧形槽，车螺纹退刀槽，粗精车螺纹。

2. 选择机床设备及刀具

根据零件图样要求，选 CK6150 型卧式数控车床。

根据加工要求，共选用 4 把刀具。1 号刀选用 90°硬质合金外圆车刀；2 号刀选用菱形精车车刀；3 号刀选用切槽刀(刀宽 3mm)；4 号刀选用 60°三角螺纹车刀。把刀具在自动换刀刀架上安装好且对好刀，把它们的刀偏值输入相应的刀具参数中，刀具卡片如表 3.3 所示。

表 3.3　刀具卡片

产品名称	××	零件名称		模柄	零件图号	××
序号	刀具号	刀具规格名称	数量	加工表面	刀尖半径 R/mm	刀尖方位 T	备注
1	T01	90°硬质合金外圆车刀	1	工件螺纹大径 $\phi 36$、$\phi 40$、R80 及 $\phi 50$ 的粗加工	0.2	3	
2	T02	菱形精车车刀	1	工件螺纹大径 $\phi 36$、$\phi 40$、R80 及 $\phi 50$ 的精加工，R15 弧形槽粗精加工	0.2	3	

续表

序号	刀具号	刀具规格名称	数量	加工表面	刀尖半径 R/mm	刀尖方位 T	备注
3	T03	切槽刀 (刃宽 3mm)	1	螺纹退刀槽		8	
4	T04	螺纹车刀	1	M36X2 螺纹		8	
编制	××	审核	××	批准	××	共 页	第 页

3．确定切削用量

外圆粗车时，主轴转速 500r/min，进给量 0.2mm/r。外圆精车时，主轴转速 1000r/min，进给量 0.1mm/r。切断时，主轴转速 300r/min，进给量 0.1mm/r。切螺纹时，主轴转速 300r/min。

4．确定工件坐标系、对刀点和换刀点

确定以工件的右端面与轴心线的交点 O 为工件原点，建立工件坐标系。

【工作过程二】程序编制

零件粗、精加工程序编制清单如下。

程　序	注　释
O5555	
T0101;	1号车刀，1号刀补
S500 X53.0 Z2.0;	
G00 X60.0 Z2.0;	
G71 U2.0 R2.0;	粗车 φ40 外圆、R80 弧面、φ50 外圆
G71 P10 Q80 U0.5 W0.5 F0.15;	
N10 G00 G41 X28.0 Z2.0;	
N20 G01 X35.8 Z-2.0 F0.08;	
N30 Z-18.0;	
N40 X40.0;	
N50 W-30.0;	
N60 G03 X50.0 Z-78.0 R80.0;	
N70 G01 W-10.0;	
N80 G40 G01 X52.0;	
G00 X150.0;	
Z150.0;	
S1000 T0202;	换2号车刀，2号刀补

G00 X45.0 Z2.0;　　　　　　　　　　精车 ϕ 40 外圆、R80 弧面、ϕ 50 外圆

G70 P10 Q90;　　　　　　　　　　　　粗精加工 R15 弧形槽

G00 X44.0 Z-28.0;

G02 X44.0 W-15.0 R15.0 F0.1;　　　换 3 号车刀，3 号刀补

G01 W15.0;　　　　　　　　　　　　　切螺纹退刀槽

X40.0;

G02 X40.0 W-15.0 R15.0　　　　　　换 4 号车刀，4 号刀补

G00 X150.0;　　　　　　　　　　　　切螺纹

Z150.0;

S500 T0303;

G00 X45.0 Z-18.0;

G01 X38.0 F0.05;　　　　　　　　　　切断

G00 X150.0;

Z150.0;

S400 T0404;

G00 X40.0 Z2.0;

G92 X35.1 Z-16.0 F2.0;

X34.5;

X33.9;

X33.5;

X33.4;

X33.4;

G00 X150.0;

Z150.0;

S300 M03 T0303;

G00 X55.0 Z-90.0;

G01 X2.0 F0.05;

G00 X150.0;

Z150.0;

M05；M30;

3.5 拓 展 实 训

实训 1 螺纹轴零件编程加工

(一)训练内容

某车间现准备加工若干件螺纹轴零件，工程图如图 3.24 所示，由学生按小组独立完成该零件数控车削工艺并编制该零件加工程序。

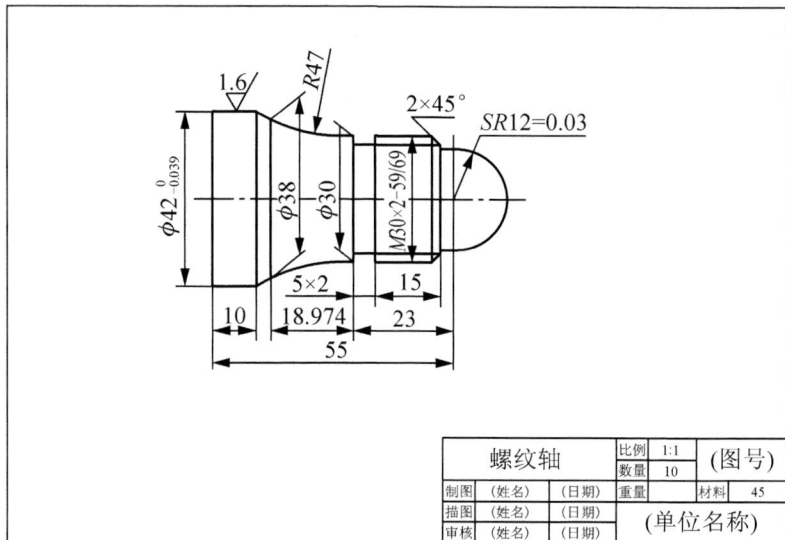

图 3.24　螺纹轴零件工程图

(二)训练目的

掌握多重复合循环指令的应用，掌握切削螺纹，沟槽指令及工艺相关知识。

(三)训练过程

步骤一：

(1) 根据零件图样要求、确定毛坯及加工顺序。

(2) 选择机床设备及刀具。

(3) 确定切削用量。

(4) 确定工件坐标系、对刀点和换刀点。

(5) 基点运算。

步骤二：

编写零件粗、精加工程序并写出加工程序清单。

(四)技术要点

(1) 切槽时，容易产生振动，因此切槽加工的进给量 F 取值应小于普通切削的 F 值，通常取 0.05~0.1mm/r。

(2) 螺纹切削期间，采用恒转速控制较为合适。

螺纹轴零件加工刀具及参数，如表 3.4 所示(供参考)。

表 3.4　螺纹轴零件加工刀具及参数

工步号	工步内容	刀具号	刀具规格 /mm	主轴转速 n/(r/min)	进给速度 f/(mm/r)	背吃刀量 a_p/(mm)	备注
1	车端面	T01	90°硬质合金 外圆车刀	500	0.2	3	
2	粗车外圆						
3	精车外圆	T02	菱形精车车刀	800	0.1	0.2	
4	切槽	T03	切槽刀 (刃宽 5mm)	300	0.1		
5	螺纹切削	T04	螺纹车刀	300			

实训 2　梯形螺纹零件编程加工

(一)训练内容

工程图如图 3.25 所示，试分析该零件数控车削工艺并编制该零件数控加工程序。

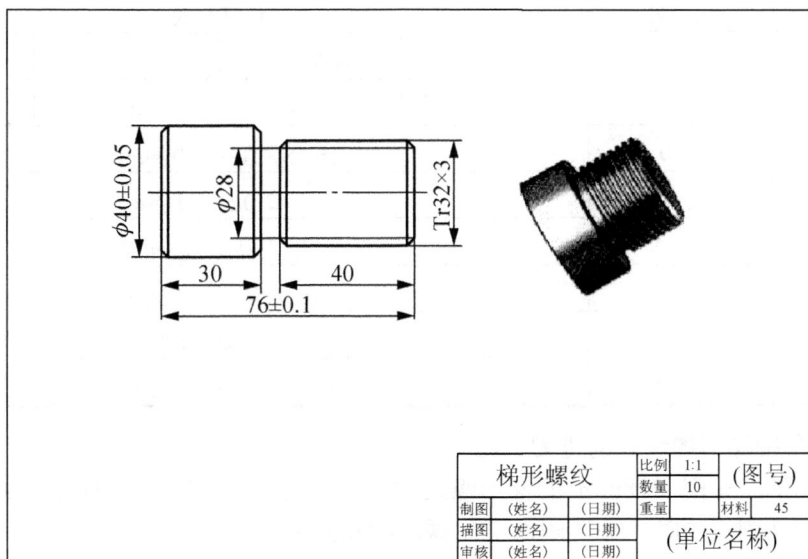

图 3.25　梯形螺纹零件工程图

(二)训练目的

掌握多重循环指令、螺纹切削指令、切槽指令的应用及梯形螺纹加工工艺。

(1) 如何切槽和螺纹？

(2) 如何切削梯形螺纹？

(3) 如何测量梯形螺纹？

(4) 如何保证梯形螺纹精度？

(三)训练过程

步骤一：梯形螺纹加工工艺。

1) 梯形螺纹的尺寸计算

梯形螺纹的代号。梯形螺纹的代号用字母"Tr"及公称直径×螺距表示，单位均为 mm。左旋螺纹需在尺寸规格之后加注"LH"。右旋则不用标注。例如 Tr36×6，Tr44×8LH 等。

国标规定，公制梯形螺纹的牙型角为 30°。梯形螺纹的牙型如图 3.26 所示，各基本尺寸计算公式如表 3.5 所示。

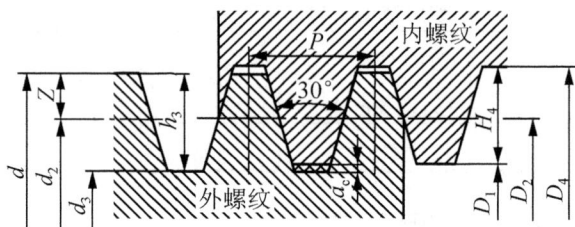

图 3.26　梯形螺纹的牙型

表 3.5　梯形螺纹各部分名称、代号及计算公式　　　　　　mm

名　称	代　号	计算公式			
牙顶间隙	a_c	P	1.5～5	6～12	14～44
		a_c	0.25	0.5	1
大径	d、D_4	d=公称直径，$D_4=d+a_c$			
中径	d_2、D_2	$d_2=d-0.5P$，$D_2=d_2$			
小径	d_3、D_1	$d_3=d-2h_3$，$D_1=d-P$			
牙高	h_3、H_4	$h_3=0.5P+a_c$，$H_4=h_3$			
牙顶宽	f、f'	$f=f'=0.366P$			
牙底槽宽	W、W'	$W=W'=0.366P-0.536a_c$			

2) 低速车削梯形螺纹时的进刀方法

左右切削法。车削 P<8mm 的梯形螺纹时，常采用左右切削法，如图 3.27(a)所示，可以防止因三个切削刃同时参加切削而产生振动和扎刀现象。

车直槽法。用左右切削法车削时，在每次横向进刀时，都必须把车刀向左或向右作微量移动，很不方便。因此，粗车时可先用矩形螺纹车刀(刀头宽度应等于牙槽底宽)，车出螺旋直槽，如图 3.27(b)所示，槽底直径应等于螺纹小径，然后用梯形螺纹精车刀车两侧。

车阶梯槽法。在粗车 P>8mm 的梯形螺纹时，可用刀头宽小于 P/2 的矩形螺纹车刀，用车直槽法车至接近螺纹中径处，再用刀头宽等于牙槽底宽的矩形螺纹车刀把槽深车至接近螺纹牙高，这样就车出了一个阶梯槽，如图 3.27(c)所示，然后用梯形螺纹精车刀车两侧。

3) 高速切削螺纹

高速切削螺纹时，为了防止切屑拉毛牙侧，不宜采用左右切削法。当车削螺距大于8mm 的梯形螺纹时，为了防止振动，可用硬质合金车槽刀以图 3.27 所示的车直槽法和车阶梯槽法进行粗车，然后用螺纹车刀精车。

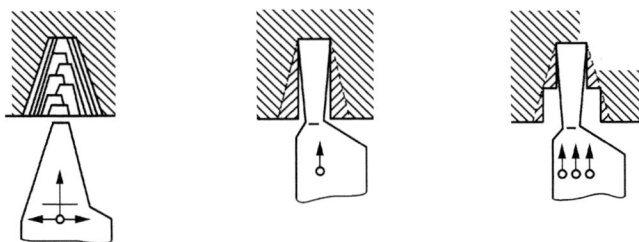

(a)　左右切削法　　　　(b)　车直槽法　　　　(c)　车阶梯槽法

图 3.27　低速车削梯形螺纹时的进刀方法

步骤二：梯形螺纹加工刀具。

梯形螺纹有米制和英制两类，米制牙型角为 30°，英制为 29°，一般常用的是米制梯形螺纹。梯形螺纹车刀分粗车和精车刀两种。

装夹时，车刀的主切削刃必须与工件轴线等高(弹性刀杆应高于轴线约 0.2mm)，同时应和工件轴线平行。刀头的角平分线要垂直于工件轴线。

车梯形螺纹时工件受力较大，一般采用两顶尖或一夹一顶装夹。粗车较大螺距时，可采用四爪单动卡盘一夹一顶，以保证装夹牢固，同时使工件的一个台阶靠住卡爪平面(或用轴向撞头限位)，固定工件的轴向位置。以防止因切削力过大，使工件移位而车坏螺纹。

粗车刀的两刃夹角应小于螺纹牙型角，精车刀的两刃夹角应等于螺纹牙型角。

粗车刀的刀头宽度应为 1/3 螺距宽，精车刀的刀头宽度应等于牙底槽宽减 0.05mm。

梯形螺纹车刀的刃磨时要求车刀刃口要光滑、平直、无爆口(虚刃)，两侧副刀刃必须对称，刃头不歪斜。用油石研磨去各刀刃的毛刺。内螺纹车刀的刀尖角的角平分线应和刀杆垂直。刃磨高速钢车刀，应随时放入水中冷却，以防退火失去车刀硬度。

步骤三：梯形螺纹的测量。

梯形螺纹的测量方法与三角形螺纹的测量方法相同。

步骤四：程序编制。

梯形螺纹零件加工程序编制清单如下。

程　序	注　释
O0030	
N0010 G99 G40 G21 G54;	
N0020 G28 U0 W0;	
N0030 T0101;	
N0040 M08;	
N0050 M03 S800;	
N0060 G00 X45.0 Z0.0;	
N0070 G01 X-1.0 F0.1;	
N0080 G00 X36.0 Z5.0;	
N0090 G01 Z-46.0;	

```
N0100      X40.0;
N0110 G00 Z5.0;
N0120      X32.2;
N0130 G01 Z-46.0;
N0140      X40.0;
N0150 G00 Z5.0;
N0160      X28.0;
N0170 G01 Z0.0;
N0180      X32.0 Z-2.0;
N0190      Z-46.0;
N0200      X36.0;
N0210      X40.0 Z-48.0;
N0220 G28 U0 W0;
N0230 T0202;
N0240 S350;
N0250 G00 X45.0 Z-46.0;
N0260 G01 X28.0 F0.08;
N0270      X33.0;
N0280 G00 Z-43.0;
N0290 G01 X28.0;
N0300      X32.0;
N0310      Z-44.0;
N0320      X28.0 Z-46.0;
N0330 G00 X45.0;
N0340 G28 U0 W0;
N0350      S800;
N0360      T0303;
N0370 G00 X36.0 Z6.0;
N0380 G76 P050030 Q50 R20;
N0390 G76 X28.5 Z-42.0 R0  P1750 Q200
F3.0;
N0400 G28 U0 W0;
N0410 M09;
N0420 M30;
```

工作实践常见问题解析

【问题 1】加工出的零件尺寸超差是什么原因？

【答】检查操作是否正确，对刀是否准确，程序是否正确。如果都没有问题，可能是由以下因素造成的。

(1) 对刀时刀具只是和工具轻微接触，而在加工时，切削力很大，必然会产生相对位移，从而影响精度。这个位移量与工件、刀具、机床等各方面的刚性等有关联，其影响是很显著的。

(2) 刀具的磨损量不能忽略，刀具在加工中会有一定的磨损，虽然这个量是比较小的，但对于要求严格的一些零件来说可能直接导致尺寸超差。

【问题 2】如何降低刀具磨损对尺寸精度的影响？

【答】数控加工中如能获得动态加工时的刀偏值，并且刀偏值的获得尽量是接近于刀具最后加工时的磨损状态，这样就能获得更符合实际情况的刀偏。可采取如下加工步骤。

(1) 对刀：建立刀偏。此时只要细心完成操作即可，不必追求太精确。后面有补偿措施。

(2) 粗加工：去除加工余量，留下精加工余量。考虑到前面对刀及加工过程中的动态误差，此时可取稍大的余量。

(3) 暂停并检测：让机床暂停程序的执行，同时通过检测被加工的关键尺寸来分析误差。在程序中要编制相应的 M00(或 M01)指令实现程序的暂停，此时须注意，在执行 M00 前应使用 M05 指令停转主轴。

(4) 调整刀补：根据检测发现的误差，决定往消除误差的方向调整刀补。刀补调整一般应把尺寸往中差调整。

(5) 调整刀补精加工：启用调整后的新刀偏，执行程序的精加工段并最终获得所需要的尺寸精度。

【问题 3】如何进行多线螺纹的加工？

【答】多线螺纹的加工要解决好分线的问题，当车好一条螺纹槽后，把车刀沿轴线方向移动一个螺距，再车第二条螺纹槽。

以下几个方面需注意。

(1) 相邻的两条螺旋线在用指令加工时，起刀点的 Z 坐标相差一个螺距。

(2) 在编程时，F 后面制定的是导程，但在计算螺纹切削深度时，用螺距计算，不能用导程。

(3) 精车刀刀刃要保持平直、光洁、锋利。

【问题 4】梯形螺纹加工中出现中径不正确、螺距不正确等问题的原因，及解决办法。

【答】

(1) 中径不正确。主要是由于车刀切深不正确造成的，所以在精加工前要测量中径尺寸，并在刀具参数中进行补偿。

(2) 螺距不正确。可能是螺纹参数不正确，要正确计算参数。

(3) 牙型不正确。主要是由于车刀刃磨不正确、车刀装夹不正确或车刀磨损造成。

(4) 表面粗糙度。表面粗糙度质量下降的原因及解决措施如下。

① 切削过程中产生积屑瘤，解决办法是在加工前先进行热处理，以提高零件材料的

硬度，降低材料的加工硬化；调整刀具角度，增大前角，从而减小切屑对刀具前刀面的压力；调低切削速度，使切削层与刀具前刀面接触面温度降低，避免黏结现象的发生；采用较高的切削速度，增加切削温度，因为即使温度高到一定程度，积屑瘤也不会发生；更换切削液，采用润滑性能更好的切削液，减少切削摩擦。

② 刀杆刚性不足，切削时产生振动，可以考虑增加刀杆截面积，并减少伸出长度。

③ 高速车螺纹时，由于切削厚度太小或切屑向倾斜方向排出，拉毛螺纹牙侧。所以，高速车螺纹时，最后一刀的切削厚度一般要大于 0.1mm，并使切屑向垂直轴线方向排出。

3.6 习　　题

填空题

1. 程序行 G32 X44.2 Z-40.0 F1.5 中，功能是切削_____，X44.2 Z-40.0 是_____，F1.5 表示_____。

2. 车削螺纹时，应设置足够的_____和_____，以消除机床伺服系统本身滞后特性造成的螺距不规则现象。

3. 对图 3.28 所示的圆柱螺纹编程。螺纹导程为 1.5mm；$\delta_1 = 1.5$mm，$\delta_2 = 1.0$mm，每次吃刀量分别为 0.8mm、0.6mm、0.4mm、0.16mm。

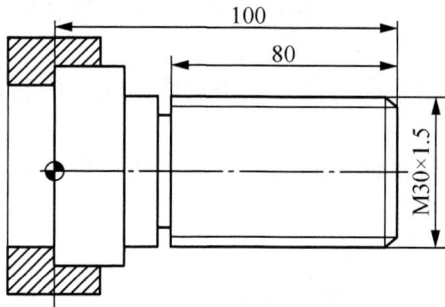

图 3.28　圆柱螺纹编程

编程如下。

```
...
G00 X40.0 Z_____;
G92 X_____  Z_____;
    X_____;
    X_____;
    X_____;
G00 X100.0 Z100.0;
```

选择题

1. 在切断、加工深孔或用高速钢刀具加工时，宜选择____的进给速度。

　　A. 较高　　B. 较低　　C. 数控系统设定的最低　　D. 数控系统设定的最高

2. 在 FANUC 0i 系统车床中，G92 是螺纹切削循环指令可用来切削锥螺纹和圆柱螺纹，请判断下列说法中哪一个是正确的____。

  A. 其指令格式中字母 R 表示锥螺纹终点和起点的半径差

  B. 其指令格式中字母 R ，在加工锥螺纹时为零

  C. 其指令格式中字母 F 表示螺距值

  D. 其指令格式中字母 F 表示转速(n)×螺距(p)

3. 在 CRT/MDI 面板的功能键中，用于程序编制的键是____。

  A. POS   B. PRGRM   C. ALARM

4. 在 CRT/MDI 面板的功能键中，用于刀具偏置数设置的键是____。

  A. POS   B. OFSET   C. PRGRM

5. 数控程序编制功能中常用的插入键是____。

  A. INSRT B. ALTER   C. DELET

6. 设置零点偏置(G54-G59)是从____输入。

  A. 程序段中 B. 机床操作面板 C. CNC 控制面板

7. 以下说法中____是错误的。

  A. G92 是模态提令   B. G04 X3.0 表示暂停 3s

  C. G32_Z_F 中的 F 表示进给量 D. G41 是刀具左补偿

8. FANUC 车床加工程序中呼叫子程序的指令是____。

  A. G98   B. G99   C. M98   D. M99

操作题(编程题或实训题等)

1. 准备加工若干件零件，如图 3.29 所示，请按图纸要求分小组独立完成下图的车削工艺并编制该零件加工程序。请按如下步骤完成练习。

步骤一：

① 根据零件图样要求、确定毛坯及加工顺序。

② 选择机床设备及刀具。

③ 确定切削用量。

④ 确定工件坐标系、对刀点和换刀点。

⑤ 基点运算。

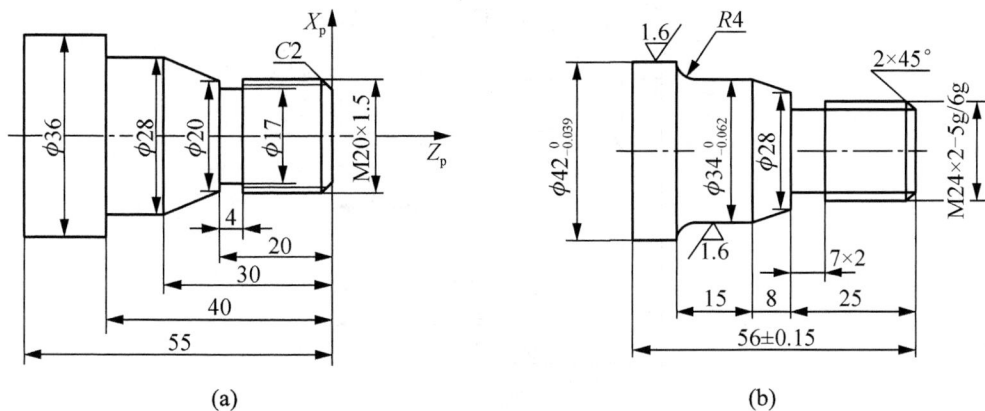

(a)   (b)

图 3.29　螺纹零件

步骤二:

编写零件加工程序并写出加工程序清单。

2. 加工如图 3.30 所示零件,请独立完成下列图中零件的车削工艺并编制该零件加工程序。

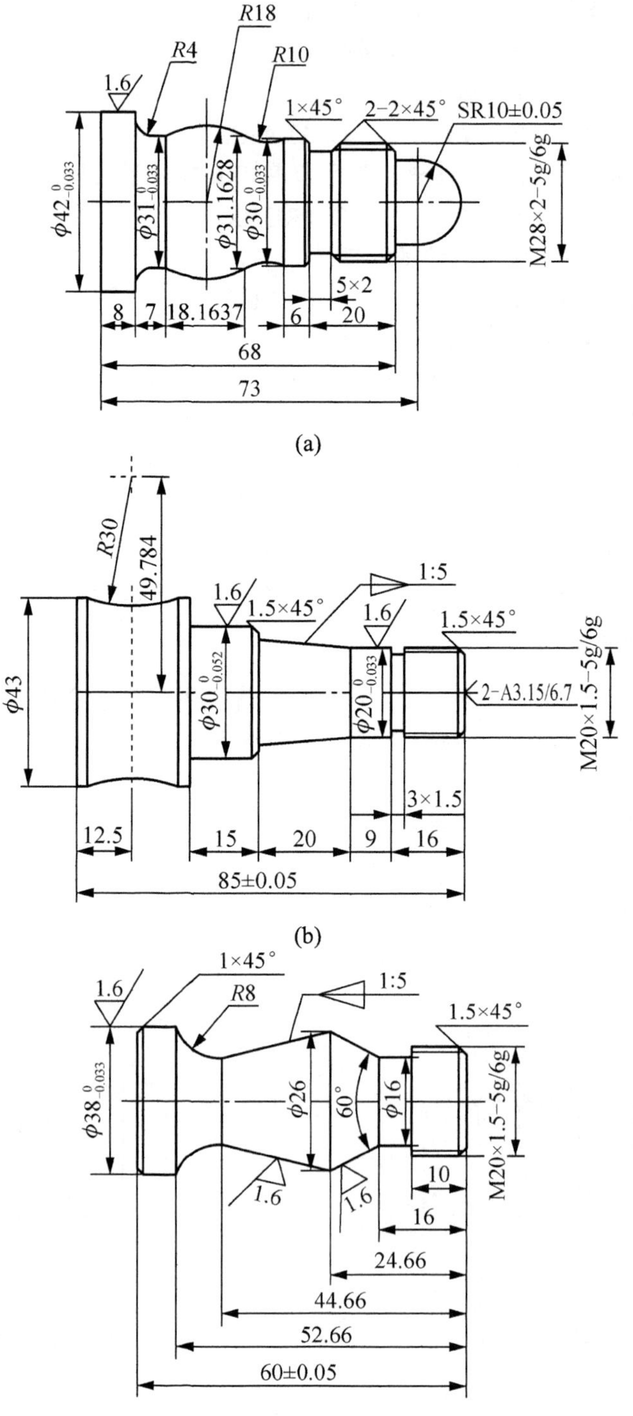

(a)

(b)

(c)

图 3.30 螺纹零件

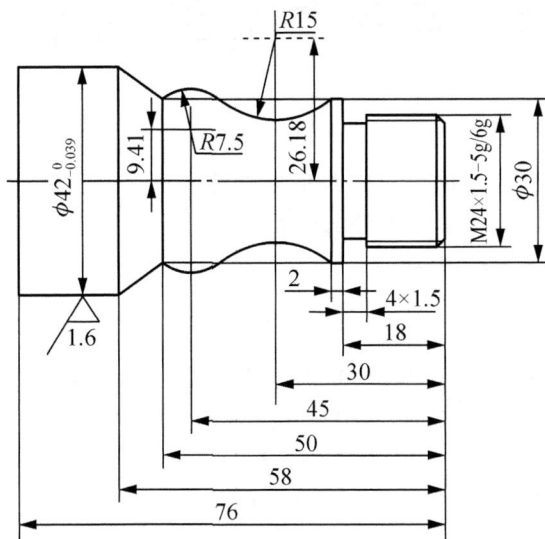

(d)

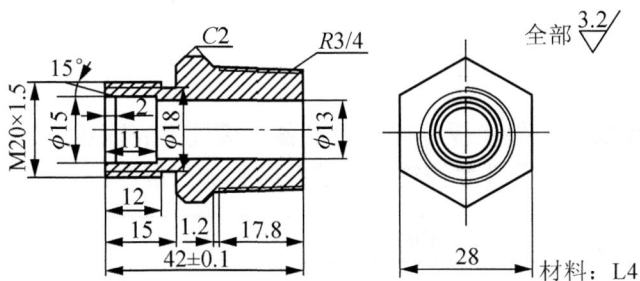

(e)

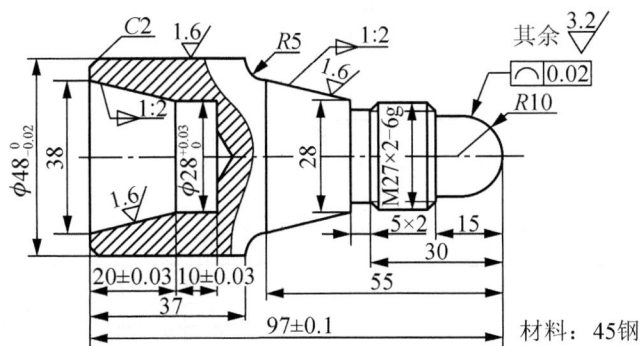

(f)

图 3.30　螺纹零件(续)

第4章 平面与外轮廓加工编程

本章要点

- 数控铣削编程基础知识及其基本指令应用。
- 数控加工工艺知识及工艺文件的编制。
- 平面与外轮廓加工编程方法。

技能目标

- 能够熟练地制定平面与外轮廓铣削加工工艺并能正确编制数控加工程序。
- 能够熟练应用 G00、G01、G02/G03、G40/G41/G42、G43/G44/G49、G90/G91、G92/G54～G59、F、S、M 等指令编程。
- 掌握零件的装夹方法，能正确选择刀具。

4.1 工作场景导入

【工作场景】

某车间因生产需要若干件模板零件，现准备对模板上表面进行加工，工程图如图 4.1 所示，请按图纸要求制定该零件数控铣削工艺并编制加工程序。

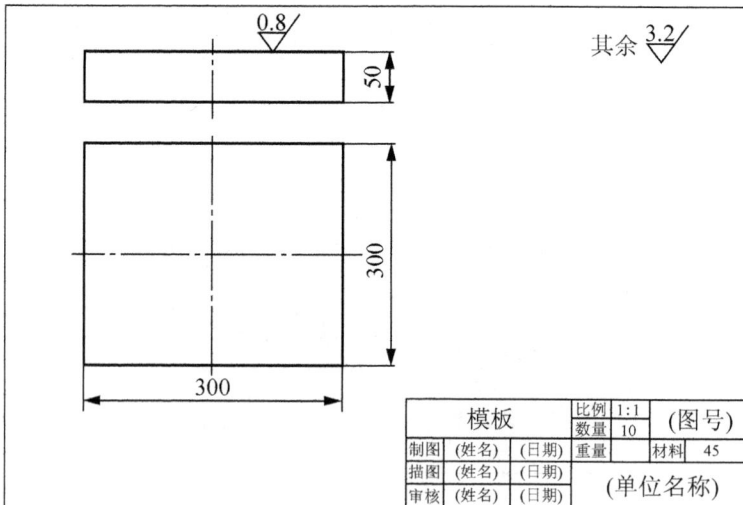

图 4.1 模板工程图

【引导问题】

(1) 如何根据零件图样要求、选择零件毛坯，确定工艺方案及加工路线？

(2) 如何选用机床设备、刀具，确定切削用量？

(3) 如何确定工件坐标系、对刀点和换刀点？

(4) 编程时会用到哪些基本指令、代码？如何使用？

4.2　铣削编程基础知识

数控铣床是机床设备中应用非常广泛的加工机床，如图 4.2 所示，它可以进行平面铣削、平面型腔铣削、外形轮廓铣削、三维及三维以上复杂型面铣削，还可进行钻削、镗削、螺纹切削等孔加工。加工中心、柔性制造单元等都是在数控铣床的基础上产生和发展起来的。

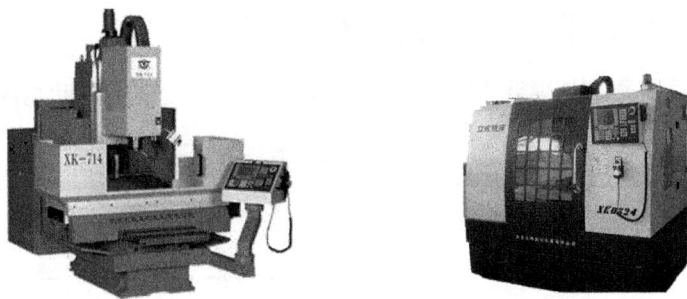

图 4.2　数控铣床

4.2.1　数控铣床的主要功能

各种类型数控铣床所配置的数控系统虽然各有不同，但各种数控系统的功能，除一些特殊功能不尽相同外，其主要功能基本相同。

1．点位控制功能

点位控制功能可以实现对相互位置精度要求很高的孔系加工。

2．轮廓控制功能

轮廓控制功能可以实现直线、圆弧的插补功能及非圆曲线的加工。

3．刀具半径补偿功能

刀具半径补偿功能可以根据零件图样的标注尺寸来编程，而不必考虑所用刀具的实际半径尺寸，从而减少编程时的复杂数值计算。

4．刀具长度补偿功能

刀具长度补偿功能可以自动补偿刀具的长短，以适应加工中对刀具长度尺寸调整的要求。

5．比例缩放及镜像加工功能

比例缩放功能可将编好的加工程序按指定比例改变坐标值来执行。镜像加工又称轴对称加工，如果一个零件的形状关于坐标轴对称，那么只要编出一个或两个象限的程序，而其余象限的轮廓就可以通过镜像加工来实现。

6．坐标旋转功能

坐标旋转功能可将编好的加工程序在加工平面内旋转任意角度来执行。

7. 子程序调用功能

有些零件需要在不同的位置上重复加工同样的轮廓形状，将这一轮廓形状的加工程序作为子程序，在需要的位置上重复调用，就可以完成对该零件的加工。

8. 宏程序功能

宏程序功能可用一个总指令代表实现某一功能的一系列指令，并能对变量进行运算，使程序更具灵活性和方便性。

4.2.2 FANUC 0i 系统数控铣常用功能字

FANUC 0i 系统数控铣常用准备功能字如表 4.1 所示，常用辅助功能字如表 4.2 所示。

表 4.1 FANUC 0i 系统数控铣常用准备功能字

G 代码	组　别	功　能	说　明
*G00	01	快速点定位	模态指令
G01		直线插补	
G02		顺圆插补	
G03		逆圆插补	
G04	00	暂停	非模态指令
G15	17	极坐标指令取消	模态指令
G16		极坐标指令	
*G17	16	选择 XY 平面	模态指令
G18		选择 XZ 平面	
G19		选择 YZ 平面	
G20	06	英制输入	
*G21		公制输入	
G28	00	返回参考点	模态指令
G29		从参考点返回	
G30		返回第二参考点	
G33	01	螺纹切削	模态指令
*G40	07	刀具半径补偿取消	模态指令
G41		刀具半径左补偿	模态指令
G42		刀具半径右补偿	模态指令
G43	08	刀具长度正补偿	模态指令
G44		刀具长度负补偿	
*G49		刀具长度补偿取消	
*G50	11	比例缩放取消	模态指令

续表

G 代码	组 别	功 能	说 明
G51		比例缩放	
*G50.1	22	可编程镜像取消	
G51.1		可编程镜像	
G52	00	局部坐标系设定	非模态指令
G53		选择机床坐标系	
*G54～G59	14	选择工件坐标系 6 个	模态指令
G54.1～G54.48		附加工件坐标系 48 个	
G65	00	非模态调用宏程序	非模态指令
G66	12	模态调用宏程序	模态指令
*G67		模态宏程序调用取消	
G68	16	坐标旋转	模态指令
G69		取消坐标旋转	
G73		高速深孔钻循环	
G74		左螺纹加工循环	
G76		精镗孔循环	
*G80		取消固定循环	
G81		钻孔循环	
G82		钻台阶孔循环	
G83	09	深孔钻循环	模态指令
G84		右螺纹加工循环	
G85		粗镗孔循环	
G86		镗孔循环	
G87		反向镗孔循环	
G88		镗孔循环	
G89		镗孔循环	
*G90	03	绝对坐标编程	模态指令
G91		相对坐标编程	
G92	00	设置工件坐标系	非模态指令
*G94	05	每分钟进给(mm/min)	模态指令
G95		每转进给(mm/r)	
*G98	10	固定循环返回初始点	模态指令
G99		固定循环返回 R 点	

表 4.2　常用辅助功能字

M 代码	功　　能	说　　明
M00	程序停止	单程序段有效 非模态指令
M01	计划停止	
M02	程序结束	
M03	主轴顺时针转动	模态指令
M04	主轴逆时针转动	
M05	主轴停止	
M06	自动换刀	非模态指令
M07	开冷却液(雾状)	模态指令
M08	开冷却液	
M09	关冷却液	
M19	主轴准停	非模态指令
M30	程序结束，返回程序头	非模态指令
M98	调用子程序	非模态指令
M99	子程序返回	

4.2.3　数控铣床坐标系

1．数控铣床机床坐标系

Z 坐标轴的运动由传递切削动力的主轴所规定，对于铣床，Z 坐标轴是带动刀具旋转的主轴；X 坐标轴一般是水平方向，它垂直于 Z 轴且平行于工件的装夹平面；最后根据右手笛卡儿直角坐标系原则确定 Y 轴的方向。

(1) 立式铣床机床坐标系，如图 4.3 所示，Z 坐标轴与立式铣床主轴同轴，向上远离工件的为 Z 坐标轴正方向。站在工件台前，面对主轴，主轴向右移动方向为 X 坐标轴的正方向，Y 坐标轴的正方向为主轴远离操作者方向。

(2) 卧式铣床坐标系，如图 4.4 所示，Z 坐标轴与卧式铣床的水平主轴同轴，远离工件的方向为正；站在工作台前，主轴向左运动方向为 X 坐标轴的正方向，Y 坐标轴的正方向向上。

2．机床原点和机床参考点

数控铣床机床原点和机床参考点，如图 4.5 所示。

3．工件坐标系、工件原点

工件坐标系又称为编程坐标系，工件原点又称为编程原点。

对数控铣床而言，工件坐标系原点一般选在工件上表面的 4 个角点、对称中心点或几何中心点上，各轴的方向应该与所使用的数控机床相应的坐标轴方向一致，如图 4.5 所示

W 为铣削零件的工件原点(编程原点)。

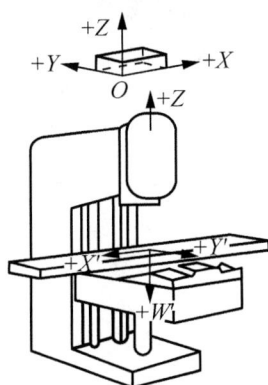

图 4.3　立式铣床坐标系　　　图 4.4　卧式铣床坐标系

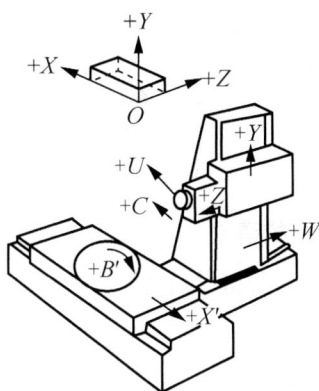

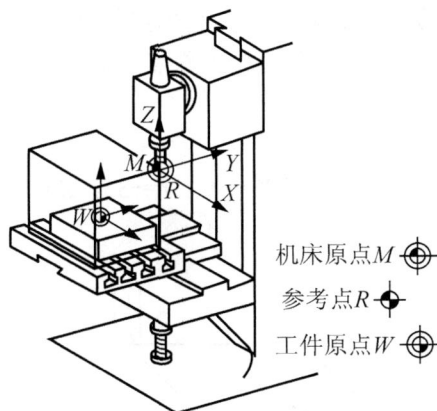

图 4.5　机床原点、参考点和工件原点

4.2.4　基本编程指令

1. 绝对尺寸指令 G90 和增量尺寸指令 G91

1) 指令格式

G90 或 G91

2) 说明

(1) G90 绝对值编程,每个编程坐标轴上的编程值是相对于程序原点的。

(2) G91 相对值编程,每个编程坐标轴上的编程值是相对于前一位置而言的,该值等于沿轴移动有向距离。

(3) G90 和 G91 为模态功能,可相互注销,G90 为默认值。

(4) G90 和 G91 可用于同一程序段中,要注意其顺序所造成的差异。

例 4.1: 如图 4.6 所示,使用 G90 和 G91 编程,要求刀具由

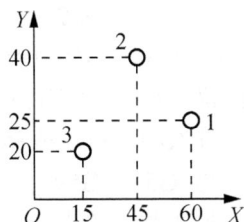

图 4.6　G90/G91 编程

1 点按顺序移动到 2、3 点时，写出各点的绝对尺寸和增量尺寸。

	G90 编程		G91 编程	
	X	Y	X	Y
1	60	25	60	25
2	45	40	−15	15
3	15	20	−30	−20

2．加工坐标系的建立

1）设置加工坐标系指令 G92

(1) 指令格式。

```
G92  X_  Y_  Z_;
```

(2) 说明。

G92 指令是将加工原点设定在相对于刀具起始点的某一空间点上。

若程序格式为 G92 Xa Yb Zc，则将加工原点设定到距刀具起始点距离为 $X=-a$，$Y=-b$，$Z=-c$ 的位置上。

例 4.2： G92 X40 Y35 Z20

其确立的加工原点在距离刀具起始点 $X=-40$，$Y=-35$，$Z=-20$ 的位置上，如图 4.7 所示。

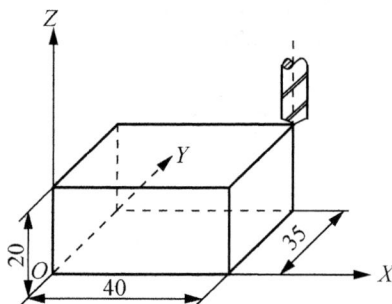

图 4.7　G92 设置加工坐标系

2）选择加工坐标系指令 G54～G59

(1) 指令格式。

```
G54～G59;
```

(2) 说明。

① G54～G59 指令可以分别用来选择相应的加工坐标系。

② G54～G59 指令执行后，所有坐标值指定的坐标尺寸都是选定的工件加工坐标系中的位置。1～6 号工件加工坐标系是通过在机床控制面板上，按 OFFSET 键到坐标系设置窗口，输入相应机床坐标设置的。

③ G54～G59 指令是通过 MDI 在设置参数方式下设定工件加工坐标系的，一旦设定，加工原点在机床坐标系中的位置是不变的，它与刀具的当前位置无关，除非再通过 MDI 方式修改。

例 4.3： 在图 4.8 中，读出机床坐标分别为

$$X_1\text{-}320 \quad Y_1\text{-}200 \quad Z_1\text{-}80$$
$$X_2\text{-}250 \quad Y_2\text{-}100 \quad Z_2\text{-}50$$

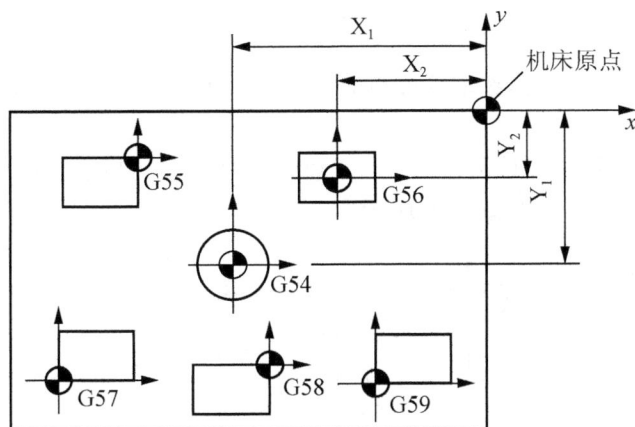

图 4.8　设置加工坐标系

然后在机床控制面板上，按 OFFSET 键，在坐标系设置方式下，G54 和 G56 所在位置，输入上面的坐标，即建立 G54 和 G56 所在点的加工坐标系。坐标系如图 4.9 所示。

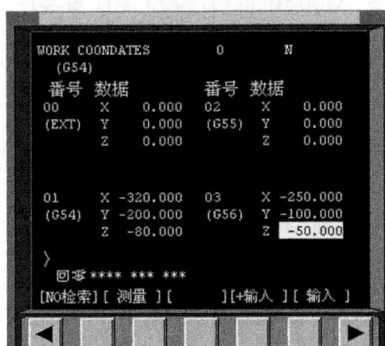

图 4.9　坐标系的设置

3) G92 与 G54～G59 的区别

G92 指令与 G54～G59 指令都是用于设定工件加工坐标系的，但在使用中是有区别的。G92 指令是通过程序来设定、选用加工坐标系的，它所设定的加工坐标系原点与当前刀具所在的位置有关，这一加工原点在机床坐标系中的位置是随当前刀具位置的不同而改变的。

⚠ **注意：** 当执行程序段"G92 X10 Y10"时，常会认为是刀具在运行程序后到达 X10、Y10 点上。其实，G92 指令程序段只是设定加工坐标系，并不产生任何动作，这时刀具已在加工坐标系中的 X10、Y10 点上。

G54～G59 指令程序段可以和 G00、G01 指令组合，如 G54 G90 G01 X10 Y10 时，运动部件在选定的加工坐标系中进行移动。程序段运行后，无论刀具当前点在哪里，它都会移动到加工坐标系中的 X10、Y10 点上。

3．快速点定位指令 G00

1) 指令格式

G00 X_ Y_ Z_ ;

其中：X、Y、Z——刀具移动目标点的绝对坐标值。

2) 说明

(1) G00 用于快速移动刀具位置，不对工件进行加工。可以在几个轴上同时执行快速移动，由此产生一线性轨迹，如图 4.10 所示。

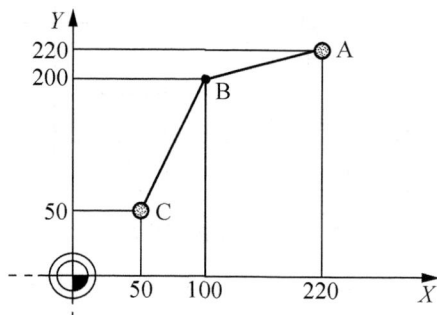

图 4.10　G00 快速点定位和 G01 直线插补指令

(2) 机床数据中规定每个坐标轴快速移动速度的最大值，一个坐标轴运行时就以此速度快速移动。如果快速移动同时在两个轴上执行，则移动速度为两个轴可能的最大速度。

(3) 用 G00 快速点定位时，在地址 F 下设置的进给率无效。

(4) G00 模态有效，直到被 G 功能组中其他的指令(G01、G02、G03、…)取代为止。

例 4.4：实现如图 4.10 所示的从 *A* 点到 *B* 点的快速移动，其程序段如下。

绝对编程：

N0010 G90 G00 X100.0 Y200.0;

相对编程：

N0010 G91 G00 X-120.0 Y-20.0;

4．直线插补指令 G01

1) 指令格式

G01 X_ Y_ Z_ F_;

其中：X、Y、Z——刀具移动目标点的绝对坐标值；

　　　F——进给速度，单位为 mm/r。

2) 说明

(1) 刀具以直线从起始点移动到目标位置，按地址 F 下设置的进给速度运行。所有的坐标轴可以同时运行，如图 4.10 所示。

(2) G01 模态有效，直到被 G 功能组中其他的指令(G00、G02、G03、…)取代为止。

例 4.5：实现如图 4.10 所示，从 *B* 点到 *C* 点的直线插补运动，其程序段如下。

绝对编程：

N0030 G90 G01 X50.0 Y50.0 F100;

相对编程：

N0030 G91 G01 X-50.0 Y-150.0 F100;

4.3　数控加工工艺知识

4.3.1　数控铣床的加工范围

铣削加工是机械加工中最常用的加工方法之一，它主要包括平面铣削和轮廓铣削，也可以对零件进行钻、扩、铰、镗、锪加工及螺纹加工等。数控铣削主要适合于下列几类零件的加工。

1. 平面类零件

目前在数控铣床上加工的绝大多数零件属平面类零件。由于平面类零件的各个加工面是平面或可以展开成平面，所以它是数控铣削加工对象中最简单的一类零件，如图 4.11 所示，由二轴联动三轴控制数控铣床加工即可。

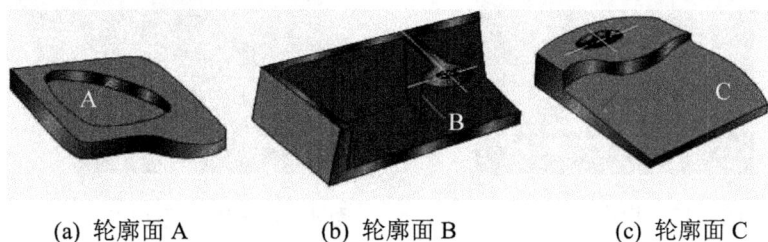

(a) 轮廓面 A　　　　(b) 轮廓面 B　　　　(c) 轮廓面 C

图 4.11　平面类零件

2. 变斜角类零件

加工面与水平面的夹角呈连续变化的零件称为变斜角类零件。这类零件多为飞机零件，如飞机上的整体梁、框、缘条与肋等；此外还有检验夹具与装配型架等也属于变斜角类零件。图 4.12 所示是飞机上的一种变斜角梁缘条，该零件的上表面在第 2 肋至第 5 肋的斜角 α 从 3°10′ 均匀变化为 2°32′，从第 5 肋至第 9 肋再均匀变化为 1°20′，从第 9 肋到第 12 肋又均匀变化为 0°。

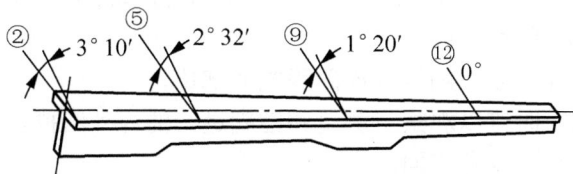

图 4.12　变斜角类零件

变斜角类零件的变斜角加工面不能展开为平面，但在加工中，加工面与铣刀圆周接触的瞬间为一条线。最好采用四坐标或五坐标数控铣床摆角加工，在没有上述机床时，可采用三坐标数控铣床，进行两轴半坐标近似加工。

3．曲面类零件

加工面为空间曲面的零件称曲面类零件，如叶片、模具、螺旋桨等。曲面类零件不能展开为平面，加工时加工面与铣刀始终为点接触。加工曲面类零件一般采用球头铣刀在三轴数控铣床上加工。当曲面较复杂、通道较狭窄、会伤及毗邻表面及需刀具摆动时，要采用四轴或五轴铣床。图 4.13 所示为模具型腔零件。

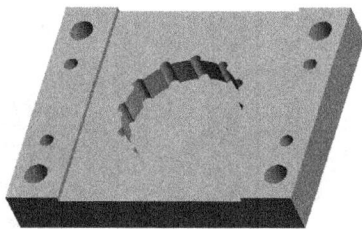

4．精度要求高的零件

针对数控铣床加工精度较高、尺寸稳定的特点，对加工精度要求较高的中小批量零件，选择数控铣床加工容易获得所要求的尺寸精度和形状位置精度，并可得到很好的互换性。

5．孔及螺纹加工

孔及螺纹加工可以采用定尺寸孔加工刀具进行钻、扩、铰、锪、镗削等加工，也可以采用铣刀铣削不同尺寸的孔。图 4.14 所示为模板孔系加工。

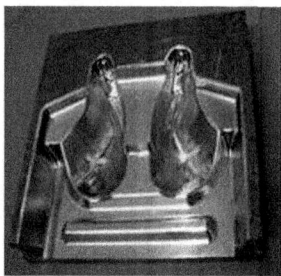

图 4.13　模具型腔零件　　　　图 4.14　模板孔系加工

4.3.2　数控铣削的工艺性分析

数控铣削加工工艺性分析是编程前的重要工艺准备工作之一，根据加工实践，数控铣削加工工艺分析所要解决的主要问题大致可归纳为以下几个方面。

1．选择并确定数控铣削加工部位及工序内容

在选择数控铣削加工内容时，应充分发挥数控铣床的优势和关键作用。主要选择的加工内容如下。

(1) 工件上的曲线轮廓，特别是由数学表达式给出的非圆曲线与列表曲线等曲线轮廓。

(2) 已给出数学模型的空间曲面。

(3) 形状复杂、尺寸繁多、划线与检测困难的部位。

(4) 用通用铣床加工时难以观察、测量和控制进给的内外凹槽。

(5) 以尺寸协调的高精度孔和面。

(6) 能在一次安装中顺带铣出来的简单表面或形状。

(7) 用数控铣削方式加工后，能成倍提高生产率，大大减轻劳动强度的一般加工内容。

2. 零件图样的工艺性分析

根据数控铣削加工的特点，对零件图样进行工艺性分析时，应主要分析与考虑以下一些问题。

1) 零件图样尺寸分析

由于加工程序是以准确的坐标点来编制的，因此，各图形几何元素间的相互关系应明确，如相切、相交、垂直和平行等。各种几何元素的条件要充分，应没有引起矛盾的多余尺寸或者影响工序安排的封闭尺寸等。例如，零件在用同一把铣刀、同一个刀具半径补偿值编程加工时，由于零件轮廓各处尺寸公差带不同，如在图 4.15 中，就很难同时保证各处尺寸在尺寸公差范围内。这时一般采取的方法是：兼顾各处尺寸公差，在编程计算时，改变轮廓尺寸并移动公差带，改为对称公差，采用同一把铣刀和同一个刀具半径补偿值加工。如图 4.15 所示，括号内的尺寸，其公差带均做了相应改变，计算与编程时用括号内尺寸来进行。

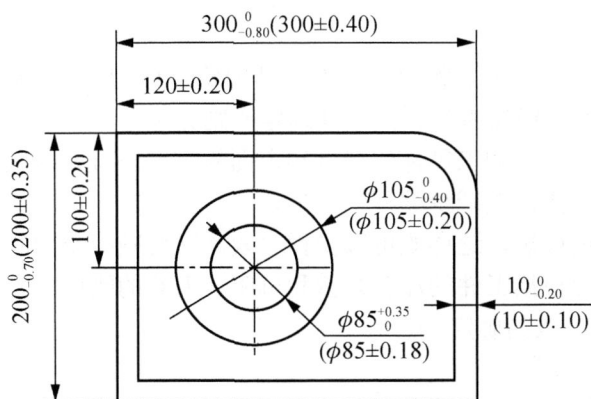

图 4.15　零件尺寸公差带的调整

2) 型腔内壁圆弧的尺寸应一致

型腔加工时内壁圆弧尺寸的大小往往限制刀具的尺寸。

(1) 型腔内壁圆弧半径 R 对加工的影响。

当工件的被加工轮廓高度 H 较小，型腔内壁转接圆弧半径 R 较大时，则可采用刀具切削刃长度 L 较小，直径 D 较大的铣刀加工。这样，底面 A 的走刀次数较少，表面质量较好，因此，工艺性较好。反之铣削工艺性则较差。

通常，当 $R<0.2H$ 时，则属工艺性较差。

(2) 型腔内壁与底面间的圆弧半径 r 对加工的影响。

铣刀直径 D 一定时，工件的内壁与底面间的圆弧半径 r 越小，铣刀与铣削平面接触的最大直径 $d=D-2r$ 也越大，铣刀端刃铣削平面的面积越大，则加工平面的能力越强，因而，铣削工艺性越好。反之，工艺性越差。

当底面铣削面积大，转接圆弧半径 r 较大时，先用一把 r 较小的铣刀加工，再用符合要求 r 的刀具加工，分两次完成切削。

总之，零件型腔内壁圆弧半径尺寸的大小和一致性，影响加工能力、加工质量和换刀次数。因此，转接圆弧半径尺寸大小要合理，半径尺寸尽可能一致，至少要求半径尺寸分组靠拢，以改善铣削工艺性。

3. 保证基准统一

有些工件需要在铣削完一面后，再重新安装铣削的另一面，由于数控铣削时，不能使用通用铣床加工时常用的试切方法来接刀，因此，最好采用统一基准定位。

4. 分析零件的变形情况

工件铣削时的变形，影响加工质量。可采用常规方法如粗、精加工分开及对称去余量法等，也可采用热处理的方法，如对钢件进行调质处理，对铸铝件进行退火处理等。加工薄板时，切削力及薄板的弹性退让极易产生切削面的振动，使薄板厚度尺寸公差和表面粗糙度难以保证，这时，应考虑合适的工件装夹方式。

总之，零件的加工工艺取决于零件的结构形状、尺寸和技术要求等。

5. 零件的加工路线

1) 加工路线的确定原则

在数控加工中，刀具刀位点相对于零件运动的轨迹称为加工路线。加工路线的确定与工件的加工精度和表面粗糙度直接相关，其确定原则如下。

* 加工路线应保证被加工零件的精度和表面粗糙度，且效率较高。
* 使数值计算简便，以减少编程工作量。
* 应使加工路线最短，这样既可减少程序段，又可减少空刀时间。
* 加工路线还应根据工件的加工余量和机床、刀具的刚度等具体情况确定。

2) 轮廓铣削加工路线的确定

(1) 切入、切出方法选择。

采用立铣刀侧刃铣削轮廓类零件时，为减少接刀痕迹，保证零件表面质量，铣刀的切入和切出点应选在零件轮廓曲线的延长线上，如图 4.16 所示 A—B—C—D—E—F，而不应沿法向直接切入零件，以避免加工表面产生刀痕，保证零件轮廓光滑。

铣削内轮廓表面时，如果切入和切出无法外延，则切入与切出应尽量采用圆弧过渡，如图 4.17 所示。在无法实现时铣刀可沿零件轮廓的法线方向切入和切出，但需将其切入、切出点选在零件轮廓两几何元素的交点处。

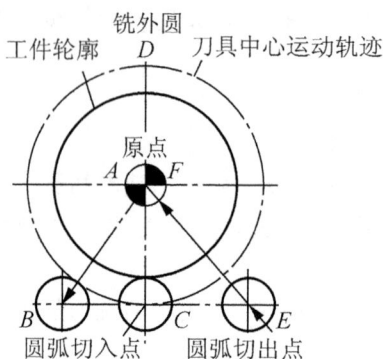

图 4.16　外轮廓切入、切出　　　　图 4.17　内轮廓切入、切出

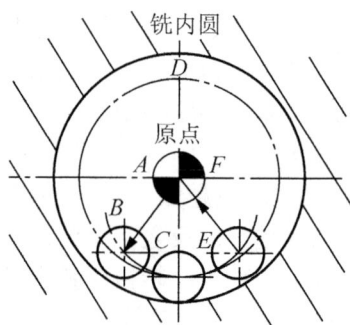

(2) 凹槽切削方法选择。

加工凹槽切削方法有三种，即行切法，如图 4.18(a)所示、环切法如图 4.18(b)所示和先行切最后环切法如图 4.18(c)所示。三种方案中，图 4.18(a)所示方案最差，图 4.18(c)所示方案最好。

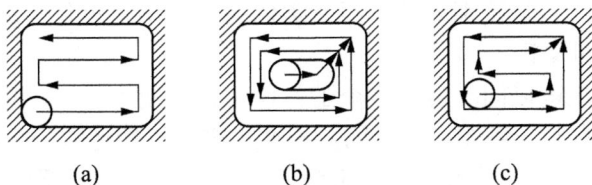

图 4.18　凹槽切削方法

① 轮廓铣削加工应避免刀具的进给停顿。在轮廓加工过程中，在工件、刀具、夹具、机床系统弹性变形平衡的状态下，进给停顿时，切削力减小，会改变系统的平衡状态，刀具会在进给停顿处的零件表面留下刀痕，因此在轮廓加工中应避免进给停顿。

② 顺铣和逆铣对加工影响。在铣削加工中，采用顺铣还是逆铣方式是影响加工表面粗糙度的重要因素之一。逆铣时切削力 F 的水平分力 F_X 的方向与进给运动 V_f 方向相反，顺铣时切削力 F 的水平分力 F_X 的方向与进给运动 V_f 的方向相同。铣削方式的选择应视零件图样的加工要求，工件材料的性质、特点以及机床、刀具等条件综合考虑。通常，由于数控机床传动采用滚珠丝杠结构，其进给传动间隙很小，顺铣的工艺性就优于逆铣。

如图 4.19(a)所示为采用顺铣切削方式，图 4.19(b)所示为采用逆铣切削方式。

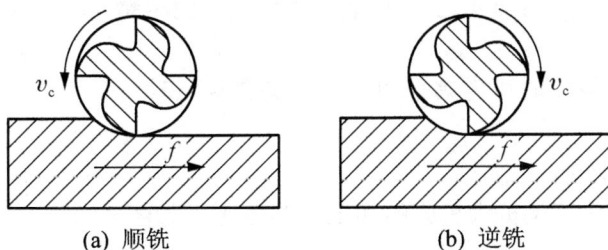

(a) 顺铣　　　　　　　(b) 逆铣

图 4.19　顺铣和逆铣切削方式

同时，为了降低表面粗糙度值，提高刀具耐用度，对于铝镁合金、钛合金和耐热合金等材料，尽量采用顺铣加工。但如果零件毛坯为黑色金属锻件或铸件，表皮硬而且余量一般较大，这时采用逆铣较为合理。

4.3.3　数控铣床的工艺装备

数控铣床的工艺装备较多，这里主要分析夹具和刀具。

1．数控铣床的夹具

数控机床主要用于加工形状复杂的零件，但所使用夹具的结构往往并不复杂，数控铣床夹具的选用可首先根据生产零件的批量来确定。对单件、小批量、工作量较大的模具加工来说，一般可直接在机床工作台面上通过调整实现定位与夹紧，然后通过加工坐标系的设定来确定零件的位置。

1) 常用夹具种类

数控铣削加工常用的夹具大致有下列几种。

- 万能组合夹具：适用于小批量生产或研制时的中、小型工件在数控铣床上进行铣加工。

- 专用铣切夹具：是特别为某一项或类似的几项工件设计制造的夹具，一般在批量生产或研制时采用。

- 多工位夹具：可以同时装夹多个工件，可减少换刀次数，也便于一面加工，一面装卸工件，有利于缩短准备时间，提高生产率，较适宜于中批量生产。

- 气动或液压夹具：适用于生产批量较大，采用其他夹具又特别费工、费力的工件。能减轻工人劳动强度和提高生产率，但此类夹具结构较复杂，造价往往较高，而且制造周期较长。

- 真空夹具：适用于有较大定位平面或具有较大可密封面积的工件。

除上述几种夹具外，数控铣削加工中也经常采用虎钳、分度头和三爪夹盘等通用夹具。

2) 数控铣削夹具的选用原则

在选用夹具时，通常需要考虑产品的生产批量，生产效率，质量保证及经济性等，选用时可参照下列原则。

- 在生产量小或研制时，应广泛采用万能组合夹具，只有在组合夹具无法解决工件装夹时才可放弃，如图 4.20 所示为万向平口钳。

- 小批或成批生产时可考虑采用专用夹具，但应尽量简单。

- 在生产批量较大时可考虑采用多工位夹具和气动；液压夹具。

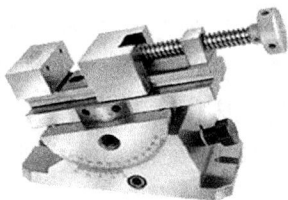

图 4.20　万向平口钳

3) 数控铣床的附件

数控铣床的附件作用是扩大机床的加工工艺范围，如图 4.21 所示的分度头。

2．刀具

数控铣床上所采用的刀具要根据被加工零件的材料、几何形状、表面质量要求、热处理状态、切削性能及加工余量等，选择刚性好、耐用度高的刀具。常见刀具与加工类型如图 4.22 所示。

图 4.21　分度头

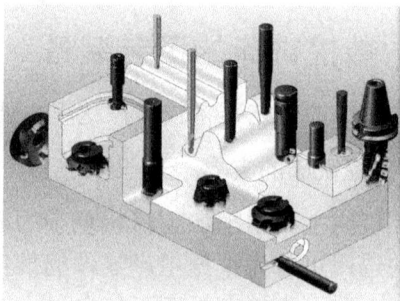

图 4.22　常见刀具与加工类型

1）常用铣刀的用途

被加工零件的几何形状是选择刀具类型的主要依据。

- 铣小平面或台阶面时一般采用通用铣刀，如图 4.23 所示。

图 4.23　加工台阶面铣刀

- 铣键槽时，为了保证槽的尺寸精度，一般用两刃键槽铣刀，如图 4.24 所示。

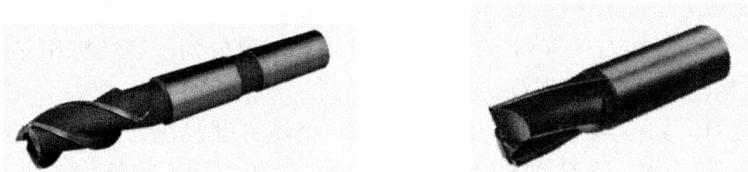

图 4.24　加工槽类铣刀

- 孔加工时，可采用钻头、镗刀等孔加工类刀具，如图 4.25 所示。

图 4.25　孔加工刀具

- 铣较大平面时，为了提高生产效率和提高加工表面粗糙度，一般采用刀片镶嵌式盘形铣刀，如图 4.26～图 4.28 所示。

图 4.26　可转位阶梯面铣刀　　　图 4.27　可转位面铣刀　　　图 4.28　可转位锥柄面铣刀

- 加工曲面类零件时，为了保证刀具切削刃与加工轮廓在切削点相切，而避免刀刃与工件轮廓发生干涉，一般采用球头刀，粗加工用两刃铣刀，半精加工和精加工

用四刃铣刀，如图 4.29 所示。

图 4.29　加工曲面类铣刀

2) 铣刀结构选择

铣刀一般由刀片、定位元件、夹紧元件和刀体组成。由于刀片在刀体上有多种定位与夹紧方式，刀片定位元件的结构又有不同类型，因此铣刀的结构形式有多种，分类方法也较多。选用时，主要可根据刀片排列方式。刀片排列方式可分为平装结构和立装结构两大类。

(1) 立装结构(刀片切向排列)。

立装结构铣刀，如图 4.30 所示，刀片只用一个螺钉固定在刀槽上，结构简单，转位方便。虽然刀具零件较少，但刀体的加工难度较大，一般需用五坐标加工中心进行加工。由于刀片采用切削力夹紧，夹紧力随切削力的增大而增大，因此可省去夹紧元件，增大了容屑空间。由于刀片切向安装，在切削力方向的硬质合金截面较大，因而可进行大切深、大走刀量切削，这种铣刀适用于重型和中量型的铣削加工。

(2) 平装结构(刀片径向排列)。

平装结构铣刀，如图 4.31 所示，刀体结构工艺性好，容易加工，并可采用无孔刀片(刀片价格较低，可重磨)。由于需要夹紧元件，刀片的一部分被覆盖，容屑空间较小，且在切削力方向上的硬质合金截面较小，故平装结构的铣刀一般用于轻型和中量型的铣削加工。

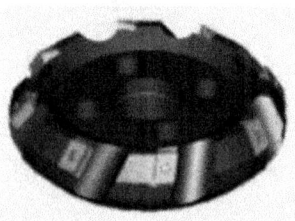

图 4.30　立装结构铣刀

图 4.31　平装结构铣刀

3) 铣刀的选择

铣刀类型应与工件的表面形状和尺寸相适应。加工较大的平面应选择面铣刀；加工凹槽、较小的台阶面及平面轮廓应选择立铣刀；加工空间曲面、模具型腔或凸模成形表面等多选用模具铣刀；加工封闭的键槽应选择键槽铣刀；加工变斜角零件的变斜角面应选用鼓形铣刀；加工各种直的或圆弧形的凹槽、斜角面、特殊孔等应选用成形铣刀。数控铣床上使用最多的是立铣刀和可转位面铣刀，因此，这里重点介绍立铣刀和面铣刀参数的选择。

(1) 立铣刀主要参数的选择。

立铣刀主切削刃的前角在法剖面内测量，后角在端剖面内测量，前、后角的标注如图 4.32 所示。前、后角都为正值，分别根据厂件材料和铣刀直径选取，其具体数值分别如表 4.3 和表 4.4 所示。

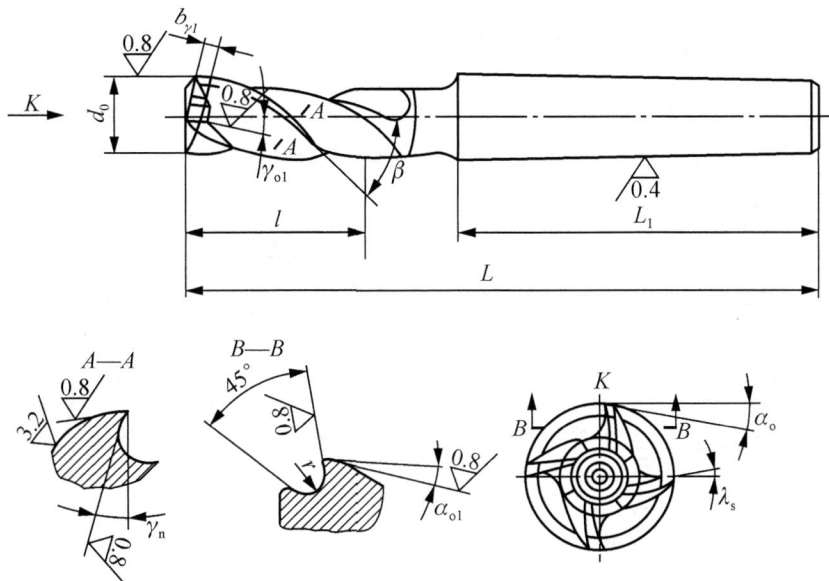

图 4.32　立铣刀的角度标注

表 4.3　立铣刀前角数值

工件材料		前　角	工件材料		前　角
钢	$\sigma_b <0.589\,\text{GPa}$	200	铸铁	$\leqslant 150\,\text{HBW}$	150
	$0.589\,\text{GPa}$ $< \sigma_b <0.981\,\text{GPa}$	150		$>150\,\text{HBW}$	100
	$\sigma_b >0.981\,\text{GPa}$	100			

表 4.4　立铣刀后角数值

铣刀直径 d_0 /mm	后　角	铣刀直径 d_0 /mm	后　角
$\leqslant 10$	250	>20	160
$>10\sim 20$	200		

立铣刀的尺寸参数如图 4.33 所示，推荐按下述经验选取数据。

- 刀具半径 R 应小于零件内轮廓面的最小曲率半径 ρ，一般取 $R =(0.8\sim 0.9)\rho$，零件的加工高度 $H \leqslant (1/4\sim 1/6)R$，以保证刀具具有足够的刚度。
- 对不通孔(深槽)，选取 $l = H +(5\sim 10)$，l 为刀具切削部分长度，H 为零件高度。
- 加工外形及通槽时，选取 $l = H + r +(5\sim 10)$，r 为端刃圆角半径。
- 粗加工内轮廓面时，如图 4.34 所示，铣刀最大直径 $D_{粗}$ 的计算式为：

$$D_{粗} = \frac{2\left(\delta \sin \dfrac{\varphi}{2} - \delta_1\right)}{1 - \sin \dfrac{\varphi}{2}} + D$$

式中： D ——轮廓的最小凹圆角直径；

δ ——圆角邻边夹角等分线上的精加工余量；

δ_1 ——精加工余量；

φ ——圆角两邻边的夹角。

● 加工肋时，刀具直径为 $D = (5 \sim 10)b$（b 为肋的厚度）。

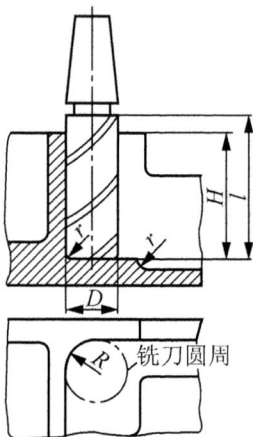

图 4.33 立铣刀的尺寸参数　　　　图 4.34 粗加工立铣刀直径计算

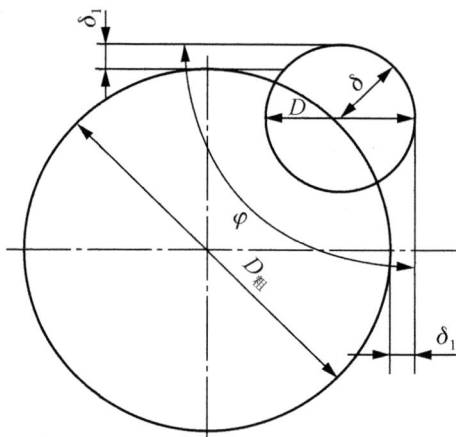

(2) 面铣刀主要参数的选择。

标准可转位面铣刀直径为 $\phi 16 \sim 630\text{mm}$，应根据侧吃刀量 a_e 选择适当的铣刀直径，尽量包容工件整个加工宽度，以提高加工精度和效率，减小相邻两次进给之间的接刀痕迹和保证铣刀寿命。可转位面铣刀有粗齿、细齿和密齿三种。粗齿铣刀容屑空间较大，常用于粗铣钢件；粗铣带断续表面的铸件和在平稳条件下铣削钢件时，可选用细齿铣刀；密齿铣刀的每齿进给量较小，主要用于加工薄壁铸件。

面铣刀几何角度的标注如图 4.35 所示。前角的选择原则与车刀基本相同，只是由于铣削时有冲击，故前角数值一般比车刀略小，尤其是硬质合金面铣刀，前角数值要更小一些。铣削强度和硬度都很高的材料可选用负前角。前角的数值主要根据工件材料和刀具材料来选择，其具体数值如表 4.5 所示。铣刀的磨损主要发生在后面上，因此适当加大后角，可减少铣刀磨损，常取 $\alpha_0 = 5^\circ \sim 12^\circ$。工件材料较软时取大值，工件材料较硬时取小值；粗齿铣刀取小值，细齿铣刀取大值。铣削时冲击力大，为了保护刀尖，硬质合金面铣刀的刃倾角常取 $\lambda_s = -5^\circ \sim 12^\circ$。只有在铣削低强度材料时，取 $\lambda_s = 5^\circ$。主偏角 k_γ 在 $45^\circ \sim 90^\circ$ 范围内选取，铣削铸铁常用 45°，铣削一般钢材常用 75°，铣削带凸肩的平面或薄壁零件时要用 90°。

3. 选择切削用量

如图 4.36 所示，铣削加工切削用量包括铣削背吃刀量和侧吃刀量、进给量和铣削速度。切削用量的大小对切削力、切削功率、刀具磨损、加工质量和加工成本均有显著影响。数控加工中选择切削用量，就是在保证加工质量和刀具寿命的前提下，充分发挥机床性能和刀具切削性能，使切削效率最高，加工成本最低。

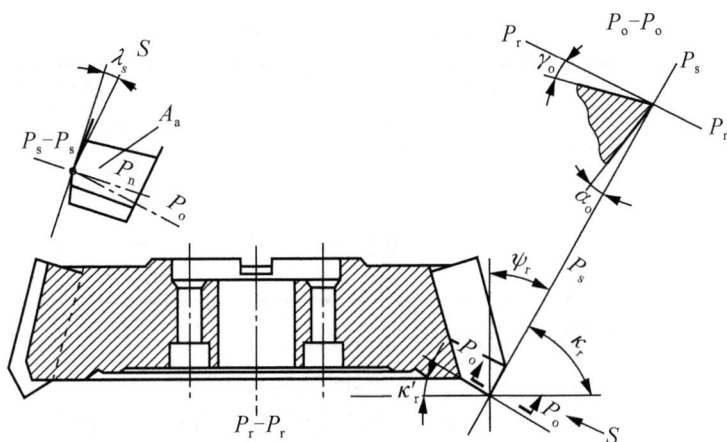

图 4.35　面铣刀几何角度标注

表 4.5　面铣刀的前角数值

工件材料 刀具材料	钢	铸　铁	黄铜、青铜	铝合金
高速钢	100～200	50～150	100	250～300
硬质合金	−150～150	−50～50	40～60	150

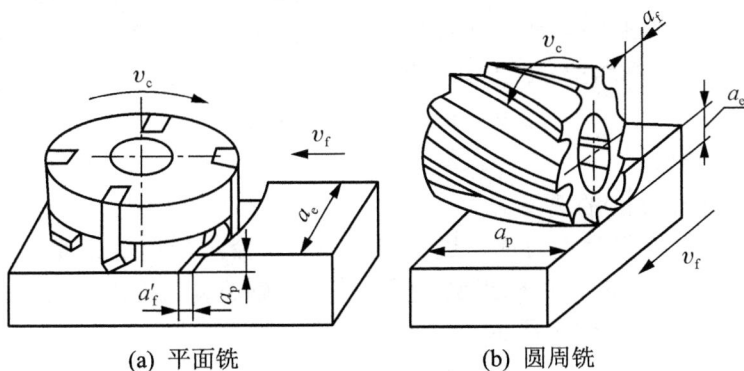

(a) 平面铣　　　　　　　(b) 圆周铣

图 4.36　铣削用量

为保证刀具寿命，铣削用量的选择原则是：先选取铣削背吃刀量和侧吃刀量，其次确定进给量，最后确定铣削速度。

1) 铣削背吃刀量 a_p 和侧吃刀量 a_e 的选择

铣削背吃刀量是指平行于铣刀轴线测得的切削层尺寸，平面铣削时，a_p 为切削层深度；而圆周铣削时，a_p 为被加工表面的宽度。侧吃刀量是指垂直于铣刀轴线测得的切削层尺寸，平面铣削时，a_e 为被加工表面宽度；而圆周铣削时，a_e 为切削层的深度。

背吃刀量或侧吃刀量的选取主要由加工余量和对表面质量的要求来决定。铣削背吃刀量可如表 4.6 所示。侧吃刀量粗加工时一般取 0.6～0.8 倍刀具的直径，精加工时由精加工余量确定。

新世纪高职高专课程与实训系列教材

表 4.6   铣削背吃刀量

刀具材料	高速钢铣刀		硬质合金铣刀	
加工阶段	粗　铣	精　铣	粗　铣	精　铣
铸铁	5～7	0.3～1	10～18	0.5～2
软钢	<5	0.3～1	<12	0.5～2
中硬钢	<4	0.3～1	<7	0.5～2
硬钢	<3	0.3～1	<4	0.5～2

2) 进给量 f (mm/r)与进给速度 v_f (mm/min)的选择

铣刀为多齿刀具，因此，进给量有几种不同的表达方式。

每齿进给量 f_z 铣刀每转过一个刀齿时，刀具沿进给运动方向的相对于工件的位移量称为每齿进给量(单位为 mm/z)；它是选择铣削进给速度的依据。每齿进给量的选择如表 4.7 所示。

表 4.7   每齿进给量的选择

刀具名称	高速钢铣刀		硬质合金铣刀	
工件材料	铸　铁	钢　件	铸　铁	钢　件
立铣刀	0.08～0.15	0.03～0.06	0.2～0.5	0.08～0.2
面铣刀	0.15～0.2	0.06～0.10	0.2～0.5	0.08～0.2

每转进给量 f 刀具转一周，刀具与工件沿进给运动方向的相对位移量(单位为 mm/r)。

进给速度 v_f 刀具沿进给运动方向的相对于工件的移动速度(单位为 mm/min)。

其进给速度 v_f、刀具转速 n、刀具齿数 Z 及进给量的关系为

$$v_f = nf = nZf_z \text{ (mm/min)}$$

式中：Z ——铣刀齿数。

3) 铣削速度 v_c(m/min)的选择

根据已经选定的铣削背吃刀量、进给量及刀具寿命选择切削速度。可用经验公式计算，也可根据生产实践经验，在机床说明书允许的切削速度范围内查阅有关切削用量手册选取。铣削速度的选择如表 4.8 所示。

表 4.8   铣削速度的选择

工件材料	刀具材料		工件材料	刀具材料	
	高速钢铣刀	硬质合金铣刀		高速钢铣刀	硬质合金铣刀
20 钢	20～45	150～250	黄铜	30～60	120～200
45 钢	20～35	80～220	铝合金	112～300	400～600
40Cr	15～25	60～90	不锈钢	16～25	50～100
HT150	14～22	70～100			

实际编程中，铣削速度确定后，还要计算出铣床主轴转速 n (r/min)，并填入程序单中。铣削速度计算公式为

$$v_c = \frac{\pi D n}{1000} \text{ (m/min)}$$

式中： D ——铣刀的直径，mm；

n ——铣床主轴的转速，r/min。

4.4 回到工作场景

【工作过程一】数控加工工艺分析

1．根据零件图样要求、确定毛坯及加工顺序

如图 4.1 所示的零件，不需要热处理，无硬度要求，上表面要加工，加工精度较高。

(1) 设零件毛坯尺寸为 300×300×55，上表面左下角点为工艺基准，用平口钳夹持 300×300 处，使工件高出钳口 20mm，一次装夹完成粗、精加工。

(2) 加工顺序。从左到右粗铣上表面，留 0.5mm 精加工余量，从左到右精铣上表面，达尺寸及精度要求。

2．选择工装及刀具

(1) 根据零件图样要求，选 XK5032A 型立式数控铣床。

(2) 工具选择。工件采用平口钳装夹，试切法对刀，把刀偏值输入相应的刀具参数中。

(3) 量具选择。轮廓尺寸用游标卡尺、千分尺、角尺、万能量角器等测量，表面质量用表面粗糙度样板检测，另用百分表校正平口钳及工件上表面。

(4) 刃具选择。刀具选择如表 4.9 所示。

表 4.9　数控刀具明细表

零件图号	零件名称		材料	程序编号		车间		使用设备
	模板		45 钢					XK5032A 数控铣床
序号	刀具号	刀具名称	刀具图号	刀具			刀补地址		换刀方式	加工部位
				直径		长度	直径	长度	自动/手动	
				设定	补偿	设定				
1	T01	面铣刀		ϕ 125	0	0			手动	零件上表面
编制		审核		批准		年　月　日			共　页第　页	

3．确定切削用量

切削用量的具体数值应根据机床性能、相关的手册并结合实际经验用类比方法确定，如表 4.10 所示。

4．确定工件坐标系、对刀点和换刀点

确定以工件上表面左下角点为工件原点，建立工件坐标系。采用手动试切对刀方法，

把点 O 作为对刀点。数控加工工序卡如表 4.10 所示。

表 4.10　模柄零件数控加工工序卡

单位名称	××	产品名称	零件名称	零件图号
		××	模板	××
工序号	程序编号	夹具名称	使用设备	车间
	O4001	平口钳	XK5032A 数控铣	数控实训车间

工序简图:

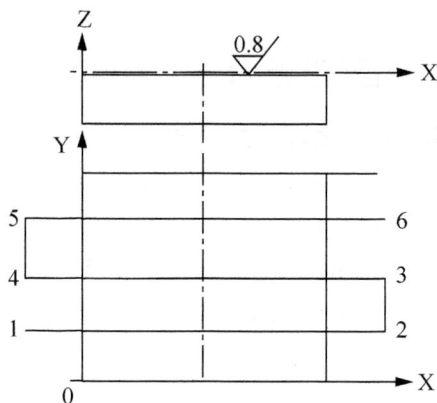

工步号	工步内容	刀具号	刀具规格 /mm	主轴转速 n/(r/min)	进给速度 f/(mm/r)	背吃刀量 a_p/mm	备注
1	装夹						手动
2	对刀,上表面左下角点			500			手动
3	粗铣上表面留 0.5mm 精加工余量	T01	ϕ 125 面铣刀	800	200	1.5	自动
4	精铣上表面达尺寸及精度要求			1200	120	0.5	自动
编制	××	审核 ××	批准 ××	年 月 日		共 页	第 页

5. 基点运算

以工件上表面左下角点为工件原点为编程原点,基点值为绝对尺寸编程值。切削加工的基点计算值如表 4.11 所示。

表 4.11　切削加工的基点计算值

基 点	1	2	3	4	5	6
X	−70	370	370	−70	−70	370
Y	50	50	150	150	250	250

【工作过程二】程序编制

模板零件程序编制清单如下。

程　序	注　释
O4001	程序名(ϕ 125 面铣刀)
N10 G54 G90 G94 S800 M03 T01;	设定工件坐标系，主轴转速为 800r/min
N20 G00 X-70 Y50;	快速移动点定位
Z-1.5;	快速下降至 Z-1.5mm
N30 F200;	粗铣进给量 F=200mm/min
N40 G01 X370;	直线插补进给
Y150;	直线插补进给
X-70;	直线插补进给
Y150;	直线插补进给
X370;	直线插补进给
N50 G00 Z20;	快速抬刀
X-70 50;	快速移动点定位
Z-2;	快速下降至 Z-2mm
N60 S1200 M03 F120;	主轴转速为 1200r/min，精铣进给量 F=120mm/min
N70 G01 X370;	直线插补进给
Y150;	直线插补进给
X-70;	直线插补进给
Y150;	直线插补进给
X370;	直线插补进给
N80 G00 Z100;	快速抬刀
X0Y0;	快速移动点定位
N90 M05;	主轴停止
N100 M30;	程序结束，返回程序头

4.5　拓　展　实　训

实训 1　模板零件编程加工

(一)训练内容

某车间现准备加工一模板零件，工程图如图 4.37 所示，要求学生按小组独立完成型腔零件的铣削工艺与编程。

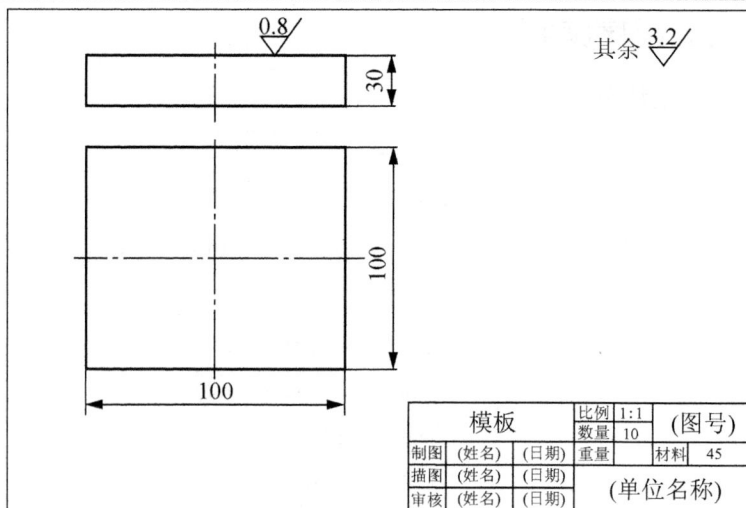

图 4.37　模板零件工程图

(二)训练目的

掌握数控铣程序的编制方法及步骤，学习数控铣基本编程指令的应用，掌握平面的加工工艺，能正确选择刀具及合理的切削用量，掌握利用行切法切平面。

(三)训练过程

步骤一：数控加工工艺分析。

(1) 根据零件图样要求、确定毛坯及加工顺序。

(2) 选择机床设备及刀具。

(3) 确定切削用量。

(4) 确定工件坐标系、对刀点和换刀点；

(5) 基点运算。

步骤二：加工程序编制。

编写零件铣削加工程序并写出加工程序清单。

(四)技术要点

(1) 工件坐标系的正确设置，能简化编程和计算。

(2) 刀具工艺参数的选择对加工质量的提高起关键作用。

(3) 加工工艺路线的确定也是影响加工质量的因素。

平面加工刀具及参数，如表 4.12 所示(供参考)。

表 4.12　平面加工刀具及参数

工步号	工步内容	刀具号	刀具规格 /mm	主轴转速 n/(r/min)	进给速度 f/(mm/min)
1	铣削上表面	T01	ϕ 120 面铣刀	800	400

实训 2　凸模零件编程加工

(一)训练内容

某车间现准备加工一个凸模零件，工程图如图 4.38 所示，要求学生按小组学习制定该零件外轮廓加工数控铣削工艺并编制加工程序。

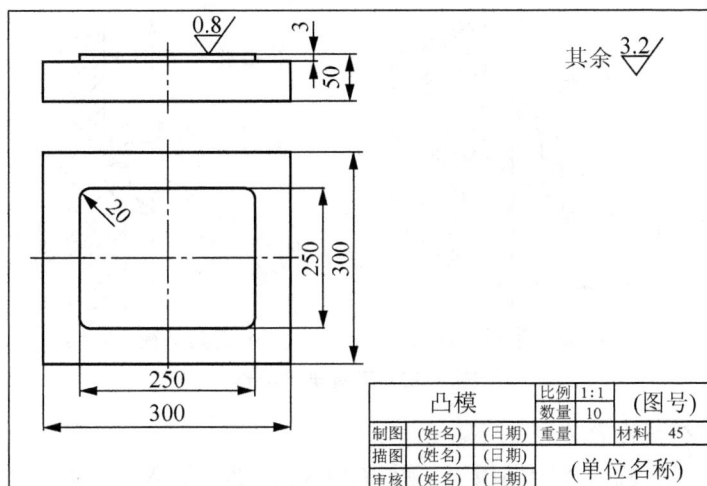

图 4.38　凸模零件工程图

(二)训练目的

进一步掌握数控程序的编制方法及步骤、学习 G02、G03、G17、G18、G19、G40、G41、G42 等基本编程指令的应用。

(三)训练过程

步骤一：基本编程指令学习。

1) 刀具半径补偿功能 G40、G41、G42

(1) 指令格式：

```
G41(G42) G01(G00) X_ Y_ Z_ D_;
G40 G01(G00) X_ Y_ Z_;
```

其中：G40——取消刀具半径补偿；

　　　G41——刀具半径左补偿，如图 4.39(a)所示；

　　　G42——刀具半径右补偿，如图 4.39(b)所示；

　　　X，Y，Z——刀补建立或取消的终点；

　　　D——刀补号码(D00～D99)，它代表了刀补表中对应的半径补偿值。

(2) 说明：

① 在数控铣床上进行轮廓的铣削加工时，由于刀具半径的存在，所以刀具中心轨迹和工件轮廓不重合。如果系统没有半径补偿功能，则只能按刀心轨迹进行编程，即在编程时事先加上或减去刀具半径，其计算相当复杂，计算量大，尤其当刀具磨损、重磨或换新刀后，刀具半径发生变化时，必须重新计算刀心轨迹，修改程序，这样既烦琐，又不利于保

证加工精度。当数控系统具备刀具半径补偿功能时,数控编程只需按工件轮廓进行,数控系统会自动计算刀心轨迹,使刀具偏离工件轮廓一个刀具半径值,即进行刀具半径补偿。

② G40、G41、G42 都是模态代码,可相互注销。

③ 需要注意的是,刀具半径补偿平面的切换必须在补偿取消方式下进行。

④ 刀具半径补偿的建立与取消只能用 G00 或 G01 指令,而不能是 G02 或 G03 指令。

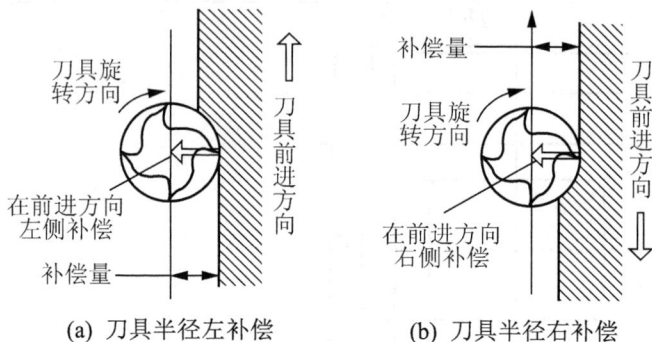

(a) 刀具半径左补偿　　　　　(b) 刀具半径右补偿

图 4.39　刀具半径补偿

(3) 刀具半径补偿设置方法如下。

① 参数设置。在机床控制面板上,按 OFFSET 键,进入工具补正界面,在所指定的寄存器号内输入刀具半径值即可。如使用刀具半径为 $R6mm$ 时的设置,如图 4.40 所示。

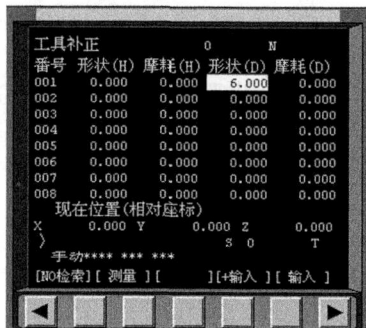

图 4.40　刀具半径补偿的设置

② 宏指令。用宏指令设定。以 $\phi12$ 的刀具为例,其设定程序为

```
G65 H01 P #100 Q6
G01 G41/ G42 X _ Y _ H #100 (D#100) F _
...
```

例 4.6:使用半径为 $R6mm$ 的刀具加工如图 4.41 所示的零件,加工深度为 3mm,加工程序编制如下。

```
O4002;
G54 G90 T01;          //进入 1 号加工坐标系,刀具号 T01 半径为 R6mm
G00 Z40;              //快速下刀
M03 S500;             //主轴启动
G01 X0 Y-50;          //到达 X,Y 坐标起始点
```

```
G01 Z-3 F100;                    //到达 Z 坐标起始点
G01 G41 X0 Y-10 D01;             //建立右偏刀具半径补偿
G01 Y43;                         //切入轮廓
G01 X29;                         //切削轮廓
G02 X61 Y18 R28;                 //切削轮廓
G03 X43 Y0 R18;                  //切削轮廓
G01 X-10;                        //切出轮廓
G01 G40 X-50;                    //撤销刀具半径补偿
G00 Z40;                         //Z 坐标退刀
M05;                             //主轴停
M30;                             //程序停
```

设置 G54：X=-500，Y=-410，Z=-321；D01=6。

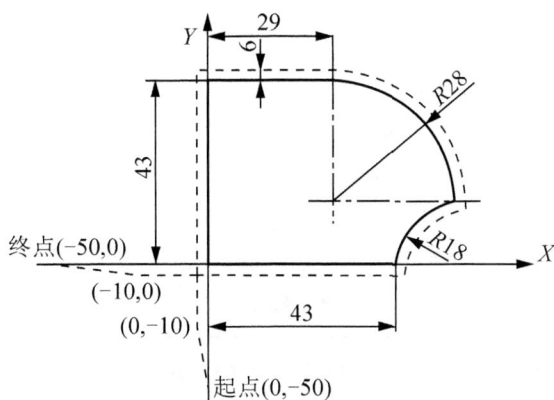

图 4.41　零件图样

2) 刀具长度偏置指令 G43、G44、G49

(1) 指令格式：

```
G43(G44) G01(G00) Z_ H_;
G49 G01(G00) Z_ H_;
```

其中：G49——取消刀具长度补偿；

G43——表示刀具长度正补偿；

G44——表示刀具长度负补偿；

X，Y，Z——刀补建立或取消的终点。

H——刀具长度补偿偏置号(H00—H99)，它代表了刀具表中对应的长度补偿值。

(2) 说明：

① 在加工中心、数控镗/铣床、数控钻床等刀具装在主轴上，由于刀具长度不同，装刀后刀尖所在位置不同，所以即使是同一把刀具，由于磨损、重磨变短，重装后刀尖位置也会发生变化。如果要用不同的刀具加工同一工件，则确定刀尖位置是十分重要的。为了解决这一问题，把刀尖位置都设在同一基准上，一般刀尖基准是刀柄测量线。编程时不用考虑实际刀具的长度偏差，只以这个基准进行编程，而刀尖的实际位置由 G43、G44 来修正。在加工中心上加工零件时，绝大多数时候要用到多把刀具，而且还要进行刀具自动交

换，这样就必须对每把刀具或除基准刀具之外的所有刀具进行 Z 向的长度补偿。

② G43、G44、G49 都是模态代码，可相互注销。用 G43(正向偏置)、G44(负向偏置) 指令设定偏置的方向。由输入的相应地址号 H 代码从刀具表(偏置存储器)中选择刀具长度偏置值。偏置号可用 H00～H99 来指定，偏置值与偏置号对应，可通过 MDI 功能预先设置在偏置存储器中。

③ 无论采用绝对方式编程还是增量方式编程，对于存放在 H 中的数值，在 G43 时是与 NC 程序中的 Z 轴坐标相加；在 G44 时则是从 NC 程序中长度补偿轴运动指令的终点坐标值中减去，计算后的坐标值成为终点坐标值。

3) 加工平面选择指令 G17/G18/G19

(1) 指令格式：

```
G17/G18/G19；
```

其中：G17——选择 XY 加工面加工；

G18——选择 XZ 加工面加工；

G19——选择 YZ 加工面加工。

(2) 说明：G17/G18/G19 用于加工时选择切削平面。

4) 圆弧插补 G02/G03

刀具沿圆弧轨迹从圆弧起始点移动到终点，G02 顺时针圆弧插补；G03 逆时针圆弧插补，如图 4.42 所示。

图 4.42　加工平面选择及 G02/G03 指令

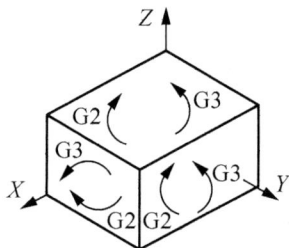

⚠ **判断：沿着第三轴的负方向看圆弧的旋转方向，顺时针方向为顺圆插补用 G02 指令，反之用 G03 指令。**

(1) 指令格式：

● 圆弧在 XY 加工面

```
G17 G02(G03) G90(G91) X_ Y_ Z_ I_ J_ K_ F_ ;    圆心和终点编程
G17 G02(G03) G90(G91) X_ Y_ Z_ R_ F_ ;          半径和终点编程
```

● 圆弧在 XZ 加工面

```
G18 G02(G03) G90(G91) X_ Y_ Z_ I_ J_ K_ F_ ;    圆心和终点编程
G18 G02(G03) G90(G91) X_ Y_ Z_ R_ F_ ;          半径和终点编程
```

● 圆弧在 YZ 加工面

```
G19 G02(G03) G90(G91) X_ Y_ Z_ I_ J_ K_ F_ ;    圆心和终点编程
G19 G02(G03) G90(G91) X_ Y_ Z_ R_ F_ ;          半径和终点编程
```

其中：X、Y、Z——圆弧终点的绝对坐标值；

I、J、K——圆弧起点到圆心点的矢量分量，正负同坐标轴方向；

R——圆弧半径。

(2) 说明：

● G02 和 G03 一直有效，直到被 G 功能组中其他的指令(G00、G01、…)取代为止。

● 当同一程序段中同时出现 I、K 和 R 时，以 R 为优先，I、K 无效。

- I、K 值中若为 0 时，可省略不写。
- 直线切削后面接圆弧切削，其 G 指令必须转换为 G02 或 G03，若再行直线切削时，则必须再转换为 G01 指令，这些是很容易被疏忽的。
- 当终点坐标与指定的半径值没有交于同一点时，会显示警示信息。
- R 数值前带"–"表明插补圆弧段大于 180°。

例 4.7：实现如图 4.43 所示，从 A 点到 B 点的圆弧插补运动，其程序段如下。

圆心坐标和终点坐标编程。

绝对编程：

N0050 G90 G17 G02 X20.0 Y90.0 I0 J70.0 F120

相对编程：

N0050 G91 G17 G02 X-70.0 Y70.0 I0 J70.0 F120

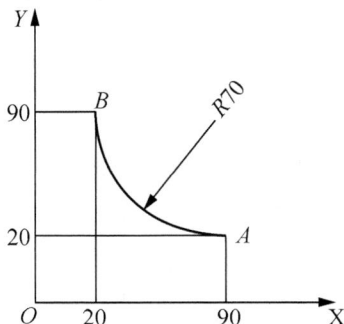

图 4.43   圆弧插补实例

终点和半径尺寸编程。

绝对编程：

N0050 G90 G17 G02 X20.0 Y90.0 R70.0 F120

相对编程：

N0050 G91 G17 G02 X-70.0 Y70.0 R70.0 F120

步骤二：数控加工工艺分析。

(1) 根据零件图样要求、确定毛坯及加工顺序。

图 4.38 所示零件，不需要热处理，无硬度要求，上表面要加工，加工精度较高。

① 设零件毛坯尺寸为 300×300×50，上表面中心点为工艺基准，用平口钳夹持 300×300 处，使工件高出钳口 20mm，一次装夹完成粗、精加工。

② 加工顺序。加工顺序及路线见工艺卡。

(2) 选择工装及刀具。

① 根据零件图样要求，选 XK5032A 型立式数控铣床。

② 工具选择。工件采用平口钳装夹，试切法对刀，把刀偏值输入相应的刀具参数中。

③ 量具选择。轮廓尺寸用游标卡尺、千分尺、角尺、万能量角器等测量，表面质量用表面粗糙度样板检测，另用百分表校正平口钳及工件上表面。

④ 刃具选择   刀具选择如表 4.13 所示。

(3) 确定切削用量。

切削用量的具体数值应根据机床性能、相关的手册并结合实际经验用类比方法确定，如表 4.14 所示。

(4) 确定工件坐标系、对刀点和换刀点。

确定以工件上表面中心点为工件原点，建立工件坐标系。采用手动试切对刀方法，把点 O 作为对刀点。数控加工工序卡如表 4.14 所示。

表 4.13　数控刀具明细表

零件图号	零件名称	材料	程序编号	车间	使用设备
	凸模	45 钢			XK5032A 数控铣

序号	刀具号	刀具名称	刀具图号	刀具 直径 设定	刀具 直径 补偿	刀具 长度 设定	刀补地址 直径	刀补地址 长度	换刀方式 自动/手动	加工部位
1	T01	立铣刀		$\phi 16$	20 8.2 8	0	D01 D02 D03		手动	零件外轮廓

编制		审核		批准		年　月　日	共　页　第　页

表 4.14　模柄零件数控加工工序卡片

单位名称	××	产品名称	零件名称	零件图号
		××	模板	××
工序号	程序编号	夹具名称	使用设备	车间
	O4003	平口钳	XK5032A 数控铣	数控实训车间

工序简图:

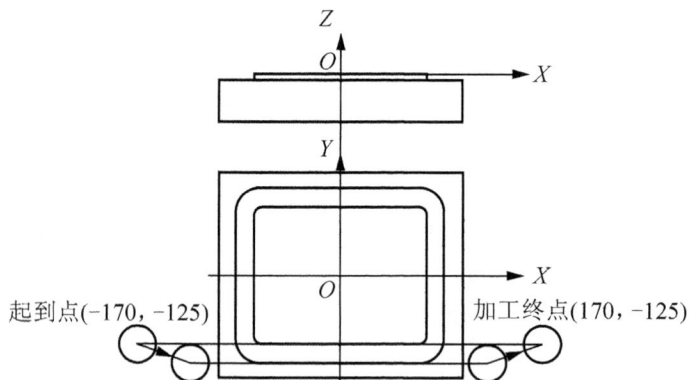

起到点(-170,-125)　　　　加工终点(170,-125)

工步号	工步内容	刀具号	刀具规格 /mm	主轴转速 n/(r/min)	进给速度 f/(mm/r)	背吃刀量 a_p/mm	备注
1	装夹						手动
2	对刀,上表面中心点			500			手动
3	粗铣外轮廓留 0.2mm 精加工余量	T01	$\phi 16$ 立铣刀	800	160	2.8	自动
4	精铣外轮廓达尺寸及精度要求			1200	100	0.2	自动

编制	××	审核	××	批准	××	年　月　日	共　页	第　页

（5）基点运算。

以工件上表面中心点为编程原点，基点值为绝对尺寸编程值。切削加工的基点计算值如表 4.15 所示。

表 4.15　切削加工的基点计算值

基　点	1	2	3	4	5	6
X	−170	−160	105	125	125	105
Y	−125	−125	−125	−105	105	125
基　点	7	8	9	10	11	12
X	−105	−125	−125	−105	160	170
Y	125	105	−105	−125	−125	−125

步骤三：程序编制。

模板零件程序编制清单如下。

程　序	注　释
04003	主程序名(φ16 圆柱立铣刀铣外轮廓)
N10 G54 G94 G40 S800 M03 T01;	设定工件坐标系，主轴正转转速为 800r/min，必要的初始化
N20 G00 X-170 Y-125 Z20;	
G01 Z-2.8 F160;	快速移动点定位
N30 G01 G42 D01 X-160;	直线插补切削至 Z-2.8mm
X105;	建立刀具半径左补偿进行粗铣，D01=20mm
G03 X125 Y105 R20;	直线插补切削
G01 Y105;	逆时针圆弧插补
G03 X105 Y125 R20;	直线插补切削
X-105;	逆时针圆弧插补
G03 X-125 Y105 R20;	直线插补切削
Y-105;	逆时针圆弧插补
G03 X-105 Y-125 R20;	直线插补切削
G01 X160;	逆时针圆弧插补
N40　G00 Z20;	直线插补切削
N50　G00 G40 X-170;	快速抬刀
G00 X-170 Y-125;	快速移动点定位，取消刀具半径补偿
G01 Z-2.8 F160;	快速移动点定位
N60　G01 G42 D02 X-160;	直线插补切削至 Z-2.8mm
X105;	建立刀具半径左补偿进行粗铣，D02=8.2mm
G03 X125 Y105 R20;	直线插补切削
G01 Y105;	逆时针圆弧插补
G03 X105 Y125 R20;	直线插补切削
X-105;	逆时针圆弧插补
G03 X-125 Y105 R20;	直线插补切削
Y-105;	逆时针圆弧插补
G03 X-105 Y-125 R20;	直线插补切削

G01 X160;	逆时针圆弧插补
N70　G00 Z20;	直线插补切削
N80　G00 G40 X-170;	快速抬刀
G00 X-170 Y-125;	快速移动点定位,取消刀具半径补偿
G01 Z-3 F100;	快速移动点定位
N90　S1200 M03;	直线插补切削至 Z-3mm
N100 G01 G42 D01 X-160;	精铣转速 1200r/min
X105;	建立刀具半径左补偿进行精铣,D01=20mm
G03 X125 Y105 R20;	直线插补切削
G01 Y105;	逆时针圆弧插补
G03 X105 Y125 R20;	直线插补切削
X-105;	逆时针圆弧插补
G03 X-125 Y105 R20;	直线插补切削
Y-105;	逆时针圆弧插补
G03 X-105 Y-125 R20;	直线插补切削
G01 X160;	逆时针圆弧插补
N110 G00 Z20;	直线插补切削
N120 G00 G40 X-170;	快速抬刀
G00 X-170 Y-125;	快速移动点定位,取消刀具半径补偿
G01 Z-3 F100;	快速移动点定位
N130 G01 G42 D03 X-160;	直线插补切削至 Z-3mm
X105;	建立刀具半径左补偿进行精铣,D03=8mm
G03 X125 Y105 R20;	直线插补切削
G01 Y105;	逆时针圆弧插补
G03 X105 Y125 R20;	直线插补切削
X-105;	逆时针圆弧插补
G03 X-125 Y105 R20;	直线插补切削
Y-105;	逆时针圆弧插补
G03 X-105 Y-125 R20;	直线插补切削
G01 X160;	逆时针圆弧插补
N140 G00 Z20;	直线插补切削
N150 G00 G40 X-170;	快速抬刀
G91 G28 Z0;	快速移动点定位,取消刀具半径补偿
N160 M05;	通过中间点返回参考点
N170 M30;	主轴停止
	程序结束返回程序头

工作实践常见问题解析

【问题1】零件粗糙，表面质量不高。

【答】零件粗糙，表面质量不高主要是切削用量选择不当造成的，铣削加工切削用量包括背吃刀量、侧吃刀量、切削速度和进给速度。应根据零件的表面粗糙度、加工精度要求、刀具及工件材料等因素，参考切削用量手册来选取。

【问题2】零件表面存在有接刀痕。

【答】零件表面存在有接刀痕主要原因是刀具横向进给时未考虑刀具的半径对接刀的影响，正确的做法是每次刀具的横向进给量应小于刀具半径。

【问题3】编程时忘记加刀具半径补偿。

【答】编程时由于对刀具半径补偿意义不理解，因此往往忽略补偿，造成零件报废。由于铣削编程都是按刀具中心点编程的，那么在实际加工过程中，由于刀具半径的作用，将对零件产生过切，因此必须在编程时增加刀具半径补偿，避免过切；刀具半径使用得当还能正确完成零件的粗精加工。

【问题4】刀具半径补偿方向判断错误。

【答】刀具半径补偿有两种，一是左补偿，二是右补偿。编程时必须正确使用，否则也会造成零件过切。刀具半径补偿方向如何判断呢，往往顺着走刀方向看，刀具在轮廓的左侧，编程时加左补偿 G41；顺着走刀方向看，刀具在轮廓的右侧，编程时加右补偿 G42。

4.6　习　　题

判断题

1. 立铣刀的刀位点是刀具中心线与刀具底面的交点。　　　　　　　　　　　　（　　）

2. 球头铣刀的刀位点是刀具中心线与球头球面交点。　　　　　　　　　　　　（　　）

3. 由于数控机床的先进性，因此任何零件均适合在数控机床上加工。　　　　　（　　）

4. 换刀点应设置在被加工零件的轮廓之外，并要求有一定的余量。　　　　　　（　　）

5. 为保证工件轮廓表面粗糙度，最终轮廓应在一次走刀中连续加工出来。　　　（　　）

选择题

1. 对数控铣床坐标轴最基本的要求是(　　　)轴控制。

　　 A. 2　　　　　 B. 3　　　　　 C. 4　　　　　 D. 5

2. 在编程中，为使程序简洁，减少出错几率，提高编程工作的效率，总是希望以(　　　)的程序段数实现对零件的加工。

　　　 A. 最少　　　 B. 较少　　　 C. 较多　　　 D. 最多

3. ISO 标准规定增量尺寸方式的指令为(　　　)。

　　　 A. G90　　　 B. G91　　　　 C. G92　　　　 D. G93

4. 进给功能字 F 后的数字表示(　　　)。

　　　 A. 每分钟进给量(mm/min)　　　　　　 B. 每秒钟进给量(mm/s)

　　　 C. 每转进给量(mm/r)　　　　　　　　 D. 螺纹螺距

5. 辅助功能 M03 代码表示(　　)。
   A. 程序停止　　　　　　　　　　　　B. 切削液开
   C. 主轴停止　　　　　　　　　　　　D. 主轴顺时转动

6. 偏置 XY 平面由(　　)指令执行。
   A. G17　　　B. G18　　　C. G19　　　D. G20

7. 取消刀具半径补偿的指令为(　　)。
   A. 049　　　B. G44　　　C. G40　　　D. G43

8. 通过刀具的当前位置来设定工件坐标系时用(　　)指令实现。
   A. G54　　　B. G55　　　C. G92　　　D. G52

9. 数控铣床是一种加工功能很强的数控机床，但不具有(　　)工艺手段。
   A. 镗削　　　B. 钻削　　　C. 螺纹加工　　D. 车削

10. 数控铣床的 G41/G42 指令是对(　　)进行补偿。
   A. 刀尖圆弧半径　　　　　　　　　　B. 刀具半径
   C. 刀具长度　　　　　　　　　　　　D. 刀具角度

操作题(编程题或实训题等)

某车间现准备加工一凸模零件，工程图如图 4.44 所示，请按图纸要求分小组独立完成下图的铣削工艺并编制该零件加工程序。请按如下步骤完成练习。

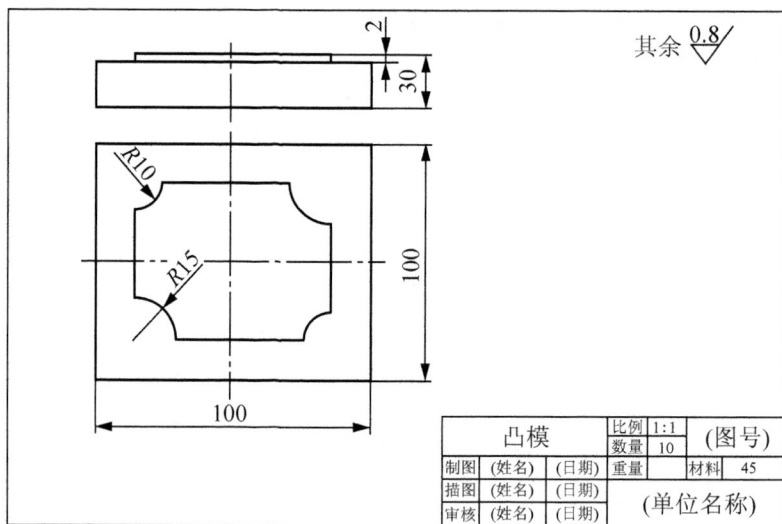

图 4.44　凸模零件工程图

步骤一：数控加工工艺分析。
① 根据零件图样要求、确定毛坯及加工顺序。
② 选择机床设备及刀具。
③ 确定切削用量。
④ 确定工件坐标系、对刀点和换刀点。
⑤ 基点运算。
步骤二：加工程序编制。
编写零件铣削加工程序并写出加工程序清单。
步骤三：上机仿真模拟加工该零件。

第5章　槽腔铣削加工与编程

本章要点

- 数控铣削编程的基础知识及其基本指令应用。
- 数控铣床加工实践知识。
- 槽腔铣削加工编程方法。

技能目标

- 能够熟练制定槽腔铣削加工工艺并能正确编制数控加工程序。
- 能够熟练应用 M98/M99、G51/G50、G51.1/G50.1、G52、G68/G69、F、S、M 等指令编程。
- 掌握数控铣床的操作方法。

5.1　工作场景导入

【工作场景】

某车间现准备生产若干件槽板零件，工程图如图 5.1 所示，请按图纸要求制定该零件4个槽的数控铣削工艺并编制加工程序。

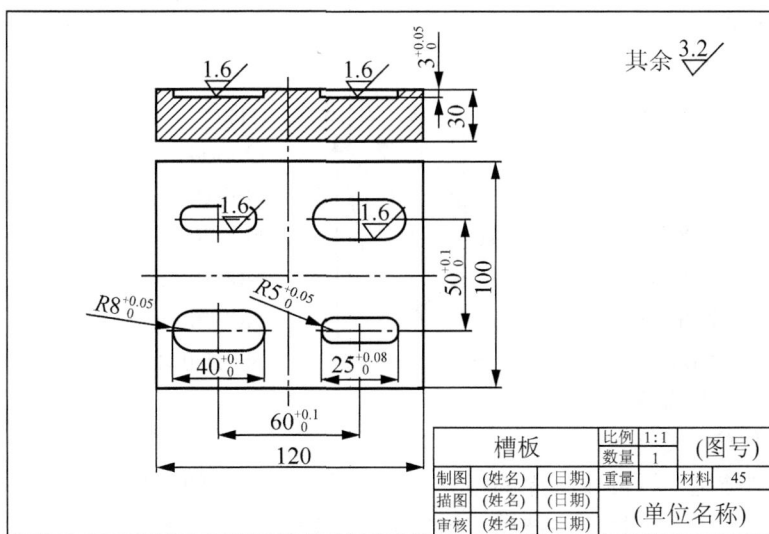

图 5.1　模具型腔零件工程图

【引导问题】

(1) 如何根据零件图样要求，选择零件毛坯，确定工艺方案及加工路线？

(2) 如何选用机床设备、刀具，确定切削用量？

(3) 如何确定工件坐标系、对刀点和换刀点？

(4) 编程时会用到哪些基本指令、代码？如何使用？

5.2 铣削编程基本指令

5.2.1 子程序调用指令

如果程序包含固定的顺序或多次重复的图形，这样的顺序或图形可以编成子程序在存储器中储存以简化编程，子程序可以由主程序调用。

1. 指令格式

1) 子程序调用指令 M98

在主程序中，调用子程序的程序段应包含如下内容。

M98 P××× ××××；

在这里，地址 P 后面所跟的数字中，后面的四位用于指定被调用的子程序的程序号，前面的三位用于指定调用的重复次数。

例 5.1：M98 P55001；调用 5001 号子程序，重复 5 次。

M98 P5002； 调用 5002 号子程序，重复 1 次。

子程序调用指令可以和运动指令出现在同一程序段中。

例 5.2：G90 G00 X30.0 Y50.0 Z55.0 M98 P45003；

该程序段指令 X、Y、Z 三轴以快速定位进给速度运动到指令位置，然后调用执行 4 次 O5003 号子程序。

例 5.3：从主程序中调用子程序。

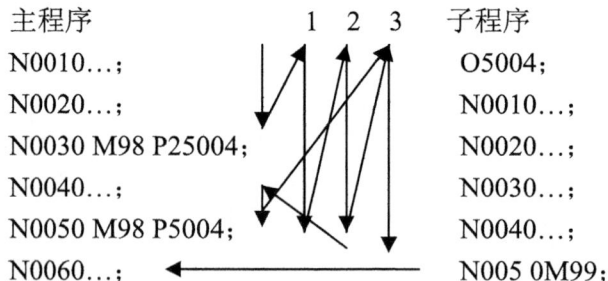

主程序	1 2 3	子程序
N0010…；		O5004；
N0020…；		N0010…；
N0030 M98 P25004；		N0020…；
N0040…；		N0030…；
N0050 M98 P5004；		N0040…；
N0060…；		N005 0M99；

也可从子程序中调用子程序。

2) 返回主程序指令 M99

在子程序的结尾，返回主程序的指令 M99 是必不可少的。M99 可以不必出现在一个单独的程序段中，作为子程序的结尾，这样的程序段也是可以的。

例 5.4：G90 G00 X50.0 Y50.0 M99；

2. 说明

子程序的构成。

```
O××××；      子程序号
…；
…；
…；        子程序内容
…；
M99；         返回主程序
```

一个完整的子程序由子程序号、程序内容、返回主程序指令 M99 组成。

当主程序调用子程序时，它被认为是一级子程序，子程序调用可以嵌套 4 级如下所示。

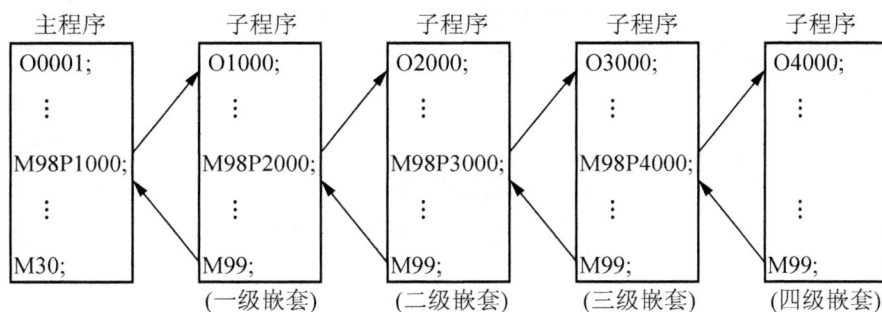

主程序	子程序	子程序	子程序	子程序
O0001；	O1000；	O2000；	O3000；	O4000；
⋮	⋮	⋮	⋮	⋮
M98P1000；	M98P2000；	M98P3000；	M98P4000；	
⋮	⋮	⋮	⋮	⋮
M30；	M99；	M99；	M99；	M99；
	（一级嵌套）	（二级嵌套）	（三级嵌套）	（四级嵌套）

调用指令可以重复地调用子程序最多 999 次。

3. 特殊用法

1) 指定主程序中的顺序号作为返回的目标

当子程序结束时，如果用 P 指定一个顺序号，则控制不返回到调用程序段之后的程序段，而返回到由 P 指定的顺序号的程序段。但是，如果主程序运行于存储器方式以外的方式时，P 被忽略。

这个方法返回到主程序的时间比正常返回时间长。

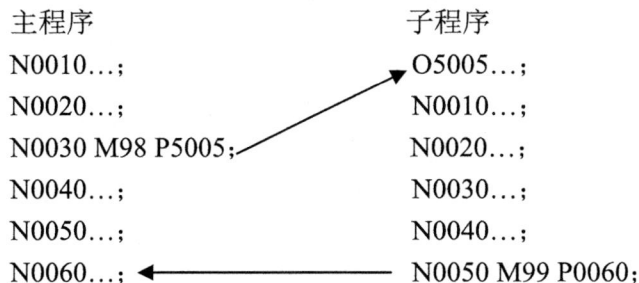

```
        主程序                   子程序
        N0010…；                 O5005…；
        N0020…；                 N0010…；
        N0030 M98 P5005；        N0020…；
        N0040…；                 N0030…；
        N0050…；                 N0040…；
        N0060…；                 N0050 M99 P0060；
```

2) 在主程序中使用 M99

如果在主程序中执行 M99，控制返回到主程序的开头，例如把/M99 放置在主程序的适当位置，并且在执行主程序时设定跳过任选程序段开关为断开，则执行 M99。当 M99 执行时控制返回到主程序的开头，然后，从主程序的开头重复执行。

如果跳过任选程序段开关接通时，/M99 程序段被跳过，控制进到下个程序段，继续执行。

如果/M99Pn 被指令，控制不返回到主程序的开始，而到顺序号 n。在这种情况下，返回到顺序号 n 需要较长的时间。

$$N0010\cdots;$$
$$N0020\cdots;$$
$$N0030\cdots;$$
$$N0040\cdots;$$
$$N0050\cdots;$$

跳过任选程序段断开 —— /N0060 M99 P0030   跳过任选程序段接通

$$N0070\cdots;$$
$$N0080\ M02;$$

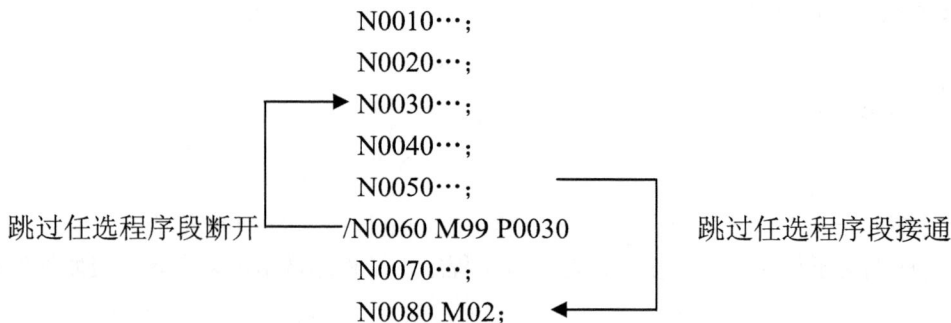

例 5.5：如图 5.2 所示零件，选择 ϕ8mm 的键槽铣刀加工，半径补偿号 D01，试编写该图加工程序。

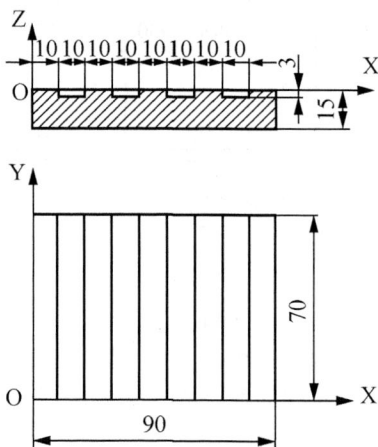

图 5.2　槽加工子程序

```
O0010                              主程序
N10 G54 G90 G17 G21 G40;           程序初始化
N20 S800 M03;                      开主轴正转
N30 G00 X-5 Y-10 M08;              快速点定位
N40 Z-3;                           下刀到切深
N50 M98 P45006;                    调用子程序
N60 G90 G00 Z100;                  提刀
N70 X0 Y0;                         回坐标原点
N80 M05;                           停主轴
N90 M30;                           程序结束
O5006;                             子程序
N10 G91 G00 X20;                   定位
N20 G41 G01 X5 D01 F100;           建立刀具半径左补偿
N30 Y90;                           加工
N40 X-10;
N50 Y-90;
N60 G40 G01 X5;                    撤销刀补
N70 M99;                           返回主程序
```

5.2.2　比例缩放指令

零件编程时图形形状相同，尺寸不同时，可用比例缩放指令简化编程。比例缩放可以在程序中指定，也可以用参数指定比例，如图 5.3 所示。

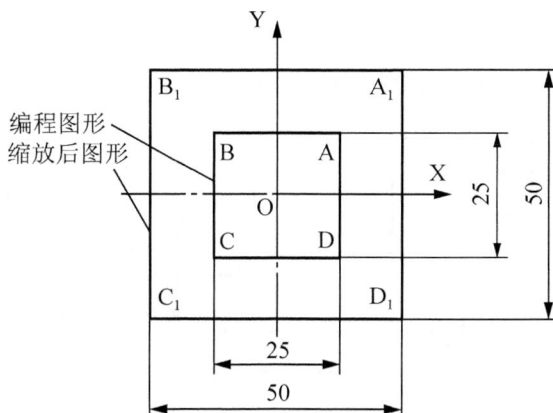

图 5.3　等比例缩放

1. 指令格式

(1) 沿所有轴以相同的比例放大或缩小，如图 5.3 所示。

编程格式：

```
G51 X_ Y_ Z_ P_;
G50;
```

其中：G51——建立比例指令；

　　　　G50——取消比例缩放指令；

　　　　X、Y、Z——比例缩放中心坐标值的绝对值指令；

　　　　P——缩放比例。

例 5.6：如图 5.3 所示的矩形 ABCD，若以 O(0，0)为中心，放大 2 倍，试编写放大图形 $A_1B_1C_1D_1$ 的加工程序(加工深度 3mm，选择 ϕ10mm 的立铣刀加工，半径补偿号 D01)。

```
O0020                                    主程序
N10 G54 G90 G17 G21 G40 G50;            程序初始化
N20 S800 M03;                           开主轴正转
N30 G00 X-25 Y-40;                      快速点定位
N40 Z-3;                                下刀到切深
N50 G51 X0 Y0 P2000;                    比例缩放指令
N60 M98 P5007;                          调用子程序
N70 G50;                                撤销比例缩放
N80 G00 Z100;                           提刀
N90 X0 Y0;                              回坐标原点
N100 M05;                               停主轴
N110 M30;                               程序结束
O5007                                   子程序
N10 G41 G01 X-25 Y-30 D01 F130;         建立刀具半径左补偿
```

```
N20 Y25;                          加工
N30 X25;
N40 Y-25;
N50 X-30;
N60 G40 X-40;                     撤销刀补
N70 M99;                          返回主程序
```

(2) 沿各轴以不同的比例放大或缩小，如图 5.4 所示。

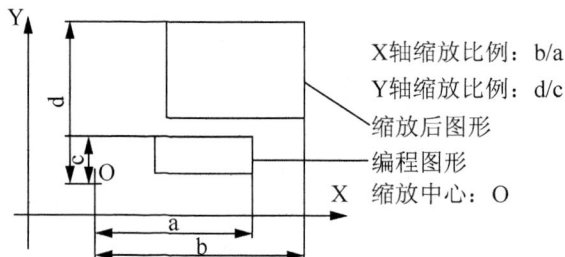

图 5.4　各轴按不同比例缩放

编程格式：

```
G51 X_ Y_ Z_ I_ J_ K_ ;
G50;
```

其中：X、Y、Z——比例缩放中心坐标值的绝对值指令；

　　　I、J、K——X、Y 和 Z 各轴对应的缩放比例。

例 5.5：如图 5.4 所示的图形，如缩放中心点坐标 O(30，10)，X 轴缩放比例为 b/a 为 2，Y 轴缩放比例为 d/c 为 1.6，则缩放程序为

```
G51 X30 Y10 I2 J1.6
```

执行该程序，系统将按① c 尺寸自动计算出放大图形；② d 尺寸，从而获得 X 方向放大 2 倍，Y 方向放大 1.6 倍的图形。

⚠ **注意**：必须在单独的程序段内指定 G51，在图形放大或缩小之后，指定 G50 取消缩放方式。

2．说明

(1) 以相同比例沿所有轴放大或缩小。

如果执行缩放的坐标轴比例 P 未在程序 G51 X_Y_Z_P_ 中指定，则使用系统参数中设定的比例，如果省略 X、Y 和 Z，　则 G51 指令的刀具中心点位置作为缩放中心。

(2) 圆弧插补的比例缩放。

对圆弧插补的各轴指定不同的缩放比例，刀具也不画出椭圆轨迹。当各轴的缩放比不同，圆弧插补用半径 R 编程时，其插补的图形，如图 5.5 所示，其中 X 轴的比例为 2，Y 轴的比例为 1。

```
G90 G00 X0.0 Y100.0;
G51 X0.0 Y0.0 I2.0 J1.0;
```

```
G02 X100.0 Y0.0 R100.0 F200;
```

上述指令等效于下述指令。

```
G90 G00 X0.0 Y100.0;
G02 X200.0 Y0.0 R200.0 F200;
```

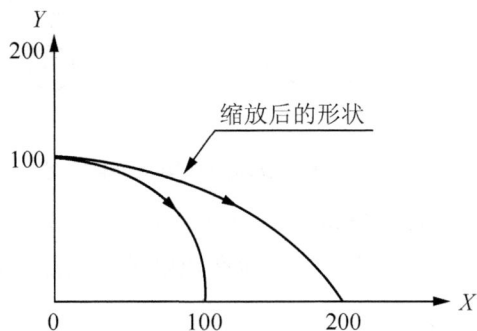

图 5.5　圆弧插补各轴按不同比例缩放

半径 R 的比例按 I 或 J 中的较大者缩放。

当各轴的缩放比例不同且插补圆弧用 I J K 编程时，其插补的图形如图 5.6 所示下例中 X 的比例为 2，Y 的比例为 1。

```
G90 G00 X0.0 Y100.0;
G51 X0.0 Y0.0 I2.0 J1.0;
G02 X100.0 Y0.0 I0.0 J-100.0 F200;
```

上述指令等效于下指令。

```
G90 G00 X0.0 Y100.0;
G02 X200.0 Y0.0 I0.0 J-100.0 F200;
```

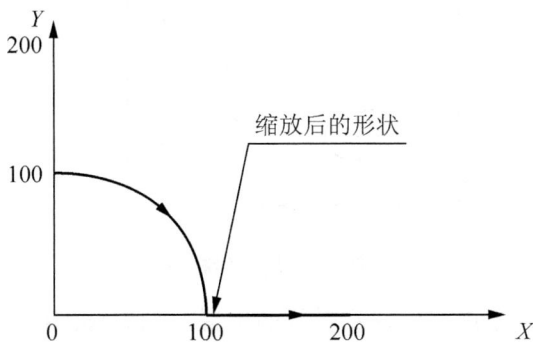

图 5.6　圆弧插补各轴按不同比例缩放

此时，终点不在半径上，包括直线段。

(3) 比例缩放对刀具半径补偿和刀具长度补偿不起作用，如图 5.7 所示。

(4) 在固定循环中，比例缩放对 Z 轴的移动，深孔钻循环 G83、G73 的切入值 Q 和返回值 d，精镗循环 G75，背镗循环 G87 中 X 轴和 Y 轴的偏移值 Q，手动运行时移动距离无效。

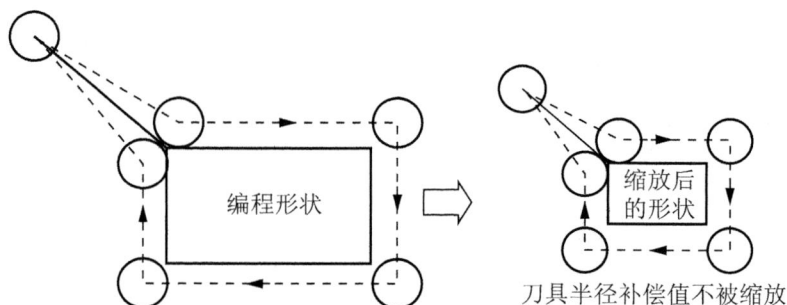

图 5.7 比例缩放对刀具半径补偿无效

(5) 在缩放状态下不能执行返回参考点 G27～G30 等指令，不能执行坐标系 G52～G59、G92 等指令，若必须执行这些 G 代码应在取消缩放功能后指定。

5.2.3 局部坐标系指令

如果工件在不同位置有重复出现的形状或结构，可把这一部分形状或结构编写成子程序，主程序在适当的位置调用，即可加工出相同的形状和结构，从而简化编程。而编写子程序时不可能用工件坐标系，而必须重新建立一个子程序的坐标系，这种在工件坐标系中建立的子坐标系称为局部坐标系。

如图 5.8 所示，加工四个矩形槽，用子程序编程，方便快捷，工件坐标系 XOY 设置在工件上表面中心；而子程序坐标系，局部坐标系则应设置在槽中心，即 O_1、O_2、O_3、O_4 点上，子程序中基点坐标是相对于局部坐标系而言，其坐标值计算方便、快捷。

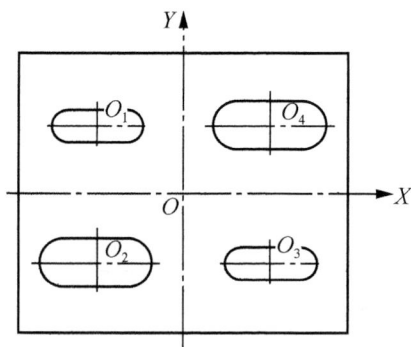

图 5.8 局部坐标系

通过编程将工件坐标系原点偏移到需要的位置，如偏移到局部坐标系原点上，使工件坐标系与局部坐标系重合。

1. 指令格式

坐标系偏移

```
G52 X_ Y_ Z_;
```

取消坐标系偏移
```
G52 X0 Y0 Z0;
```

其中，X、Y、Z——为工件坐标系中 X、Y、Z 轴方向偏移值(或局部坐标系原点在工件坐标系中的坐标值)。

例 5.8：将图 5．8 中工件坐标系分别偏移到槽 1 和槽 2 几何中心上，并将刀具移动到局部坐标系原点处。

```
O0030
N10 G54 G00 X0 Y0;        刀具移动到工件坐标系原点 O 点处
N20 G52 X-30 Y25 Z0;      将工件坐标系偏移到 X-30 Y25 处
N30 G00 X0 Y0;            在局部坐标系中，刀具移动到 X0 Y0 处，即槽 1 几何中心点
N40 G52 X-30 Y-25 Z0;     将工件坐标系偏移到 X-30 Y-25 处
N50 G00 X0 Y0;            在局部坐标系中，刀具移动到 X0 Y0 处即槽 2 几何中心点
N60 G52 X0 Y0 Z0;         取消坐标系偏移
N70 G00 X0 Y0;            刀具移动到工件坐标系原点 O 点处
```

2．说明

(1) 坐标系偏移指令要求为一个独立程序段。

(2) 坐标系偏移指令可以对所有坐标轴零点进行偏移。

(3) 后面的偏移指令取代先前的偏移指令。

(4) 坐标系偏移指令有多种，如 G54、G55 等。

5.3　数控加工实践知识

5.3.1　机床操作面板认识

如图 5.9 所示为 FANUC 0i TONMAC 数控铣操作面板。

图 5.9　TONMAC 数控铣操作面板

1．MDI 键盘说明

图 5.9 所示为 FANUC 0i 系统的 CRT 界面(左半部分)和 MDI 键盘(右半部分)。MDI 键

盘用于程序编辑、参数输入等功能。MDI 键盘上各个键的功能列于表 5.1。

表 5.1　MDI 键盘上各个键的功能

MDI 软键	功　能
PAGE PAGE	软键 PAGE 实现左侧 CRT 中显示内容的向上翻页；软键 PAGE 实现左侧 CRT 显示内容的向下翻页
↑ ← ↓ →	移动 CRT 中的光标位置。软键 ↑ 实现光标的向上移动；软键 ↓ 实现光标的向下移动；软键 ← 实现光标的向左移动；软键 → 实现光标的向右移动
O N G X Y Z M S T F H EOB	实现字符的输入，单击 SHIFT 键后再单击字符键，将输入右下角的字符。例如：点击 OP 键，将在 CRT 的光标所处位置输入"O"字符，单击软键 SHIFT 后再单击 OP 键，将在光标所处位置处输入 P 字符；软键中的"EOB"将输入"；"号表示换行结束
7 8 9 4 5 6 1 2 3 - 0 .	实现字符的输入，例如：点击软键 5 将在光标所在位置输入"5"字符，单击软键 SHIFT 后再单击软健 5，将在光标所在位置处输入"]"
POS	在 CRT 中显示坐标值
PROG	CRT 将进入程序编辑和显示界面
OFFSET SETTING	CRT 将进入参数补偿显示界面
SYS-TEM	本软件不支持
MESS-AGE	本软件不支持
CUSTOM GRAPH	在自动运行状态下将数控显示切换至轨迹模式
SHIFT	输入字符切换键
CAN	删除单个字符
INPUT	将数据域中的数据输入到指定的区域
ALTER	字符替换
INSERT	将输入域中的内容输入到指定区域
DELETE	删除一段字符
HELP	本软件不支持
RESET	机床复位

2. 面板操作按钮

FANUC 0i TONMAC 数控铣操作面板，如图 5.9 下部所示，各个键的功能列于表 5.2。

表 5.2　面板操作按钮的功能

按　钮	名　字	功能说明
接通	接通	开电源

按　钮	名　字	功能说明
断开	断开	关电源
循环启动	循环启动	程序运行开始；系统处于"自动运行"或"MDI"位置时按下有效，其余模式下使用无效
进给保持	进给保持	程序运行暂停，在程序运行过程中，按下此按钮运行暂停。按"循环启动"　恢复运行
跳步	跳步	此按钮被按下后，数控程序中的注释符号"/"有效
单段	单段	此按钮被按下后，运行程序时每次执行一条数控指令
空运行	空运行	系统进入空运行状态
锁定	锁定	锁定机床
选择停	选择停	单击该按钮，"M01"代码有效
急停	急停	按下急停按钮，使机床移动立即停止，并且所有的输出如主轴的转动等都会关闭
机床复位	机床复位	复位机床
+X	X 正方向按钮	手动状态下，单击该按钮将向 X 轴正方向进给
-X	X 负方向按钮	手动状态下，单击该按钮将向 X 轴负方向进给
+Y	Y 正方向按钮	手动状态下，单击该按钮将向 Y 轴正方向进给
-Y	Y 负方向按钮	手动状态下，单击该按钮将向 Y 轴负方向进给
+Z	Z 正方向按钮	手动状态下，单击该按钮将向 Z 轴正方向进给
-Z	Z 负方向按钮	手动状态下，单击该按钮将向 Z 轴负方向进给
停止	停止	主轴停止
正转	正转	主轴正转
反转	反转	主轴反转
方式选择	编辑	进入编辑模式，用于直接通过操作面板输入数控程序和编辑程序
	自动	进入自动加工模式
	MDI	进入 MDI 模式，手动输入并执行指令
	手动	手动方式，连续移动
	手轮	手轮移动方式
	快速	手动快速模式
	回零	回零模式
	DNC	进入 DNC 模式，输入输出资料
	示教	本软件不支持

按　钮	名　字	功能说明
	主轴速率修调	将光标移至此旋钮上后，通过单击鼠标的左键或右键来调节主轴倍率
	进给速率修调	调节运行时的进给速度倍率
	手轮轴选择	在手轮模式时选择进给轴方向
	手轮轴倍率	将光标移至此旋钮上后，通过单击鼠标的左键或右键来调节手轮步长。X1、X10、X100 分别代表移动量为 0.001mm、0.01mm、0.1mm
	手轮	将光标移至此旋钮上后，通过单击鼠标的左键或右键来转动手轮

5.3.2　启动和关闭机床

1．激活机床

单击【接通】按钮█打开电源。

检查【急停】按钮是否松开至█状态，若未松开，单击【急停】按钮█(实际操作时按箭头方向旋转)，将其松开。

2．机床回参考点

检查操作面板上机床操作模式选择旋钮是否指向【回零】█，则已进入回原点模式；若不在回零状态则调节旋钮指向回零模式，转入回零模式。

在回原点模式下，单击█，此时 Z 轴将回原点，Z 轴回原点灯变亮█，CRT 上的 Z 坐标变为"0.000"。同样，再分别单击█，█，此时 X 轴，Y 轴将回原点，X 轴，Y 轴回原点灯变亮，█。此时 CRT 界面如图 5.10 所示。

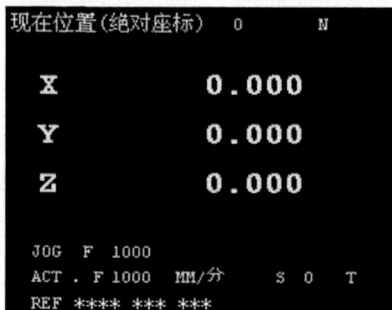

```
现在位置(绝对座标)    O        N

  X           0.000

  Y           0.000

  Z           0.000


 JOG  F  1000
 ACT . F 1000   MM/分     S  0  T
 REF **** *** ***
```

图 5.10　机床回零界面显示

5.3.3　编辑程序及程序输入

1．导入数控程序

数控程序可以通过记事本或写字板等编辑软件输入并保存为文本格式(*.txt 格式)文件，也可直接用 FANUC 0i 系统的 MDI 键盘输入。

模式选择旋钮置于【编辑】档，此时已进入编辑状态。单击 MDI 键盘上的 按钮，CRT 界面转入编辑页面。再按菜单软键【操作】，在出现的下级子菜单中按软键 ，在弹出的对话框(见图 5.11)中选择所需的 NC 程序，单击【打开】按钮，按菜单软键 READ，转入如图 5.12 所示界面，单击 MDI 键盘上的数字/字母键，输入"O×"(×为任意不超过 4 位的数字)，按软键 EXEC；则数控程序被导入并显示在 CRT 界面上。

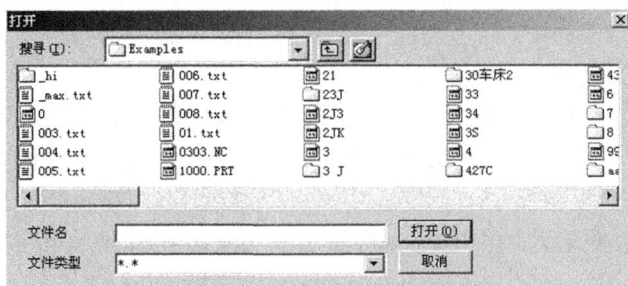

图 5.11　"打开"对话框

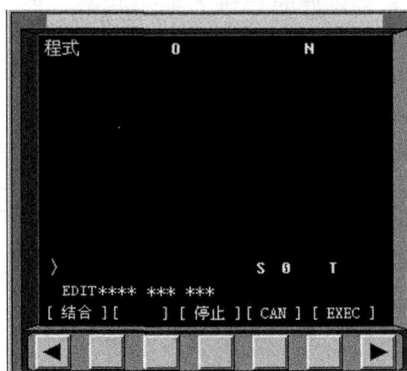

图 5.12　程序输入界面

2．数控程序管理

1) 显示数控程序目录

模式选择旋钮置于【编辑】档，此时已进入编辑状态。点击 MDI 键盘上的 按钮，CRT 界面转入编辑页面。按菜单软键 LIB，数控程序名列表显示在 CRT 界面上，如图 5.13 所示。

2) 选择一个数控程序

经过导入数控程序操作后，单击 MDI 键盘上的 按钮，CRT 界面转入编辑页面。利用 MDI 键盘输入"O×"(×为数控程序目录中显示的程序号)，按 键开始搜索，搜索到后"Ox"显示在屏幕首行程序号位置，NC 程序将显示在屏幕上。

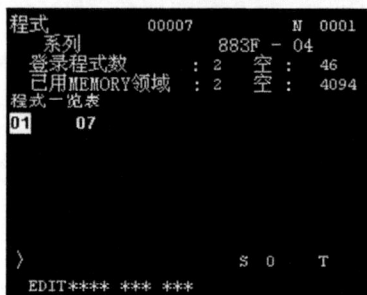

图 5.13　列表显示界面

3) 删除一个数控程序

模式选择旋钮置于【编辑】档，此时已进入编辑状态。利用 MDI 键盘输入"O×"(×为要删除的数控程序在目录中显示的程序号)，按 DELETE 键，程序即被删除。

4) 新建一个 NC 程序

模式选择旋钮置于【编辑】档，此时已进入编辑状态。单击 MDI 键盘上的 PROG 按钮，CRT 界面转入编辑页面。利用 MDI 键盘输入"O×"(×为程序号，但不能与已有程序号重复)按 INSERT 键，CRT 界面上将显示一个空程序，可以通过 MDI 键盘开始程序输入。输入一段代码后，按 INSERT 键则数据输入域中的内容将显示在 CRT 界面上，用回车换行键 EOB/E 结束一行的输入后换行。

5) 删除全部数控程序

模式选择旋钮置于【编辑】档，此时已进入编辑状态。单击 MDI 键盘上的 PROG 按钮，CRT 界面转入编辑页面。利用 MDI 键盘输入"O-9999"，按 DELETE 键，全部数控程序即被删除。

3．数控程序处理

模式选择旋钮置于【编辑】档，此时已进入编辑状态。单击 MDI 键盘上的 PROG 按钮，CRT 界面转入编辑页面。选定了一个数控程序后，此程序显示在 CRT 界面上，可对数控程序进行编辑操作。

1) 移动光标

按 PAGE 和 PAGE 键用于翻页，按方位键 ↑ ↓ ← → 移动光标。

2) 插入字符

先将光标移到所需位置，单击 MDI 键盘上的数字/字母键，将代码输入到输入域中，按 INSERT 键，把输入域的内容插入到光标所在代码后面。

3) 删除输入域中的数据

按 CAN 键用于删除输入域中的数据。

4) 删除字符

先将光标移到所需删除字符的位置，按 DELETE 键，删除光标所在的代码。

5) 查找

输入需要搜索的字母或代码；按 ↓ 键开始在当前数控程序中光标所在位置后搜索。代码可以是一个字母或一个完整的代码，例如："N0010"，"M"等。如果此数控程序中有所搜索的代码，则光标停留在找到的代码处；如果此数控程序中光标所在位置后没有所搜索的代码，则光标停留在原处。

6) 替换

先将光标移到所需替换字符的位置，将替换成的字符通过 MDI 键盘输入到输入域中，按■■键，把输入域的内容替代光标所在处的代码。

4．保存程序

编辑好程序后需要进行保存操作。

模式选择旋钮置于【编辑】档，此时已进入编辑状态。按菜单软键【操作】，在下级子菜单中按菜单软键 Punch，在弹出的对话框中输入文件名，选择文件类型和保存路径，单击【保存】按钮，如图 5.14 所示。

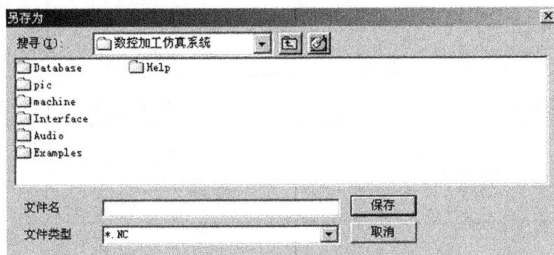

图 5.14　【另存为】对话框

5.3.4　数控铣床安全操作规程

为了正确合理地使用数控铣床，保证机床的正常运转，必须制定比较完善的数控铣床操作规程，通常包括以下内容。

(1) 机床通电后，检查各开关、按钮、按键是否正常、灵活，机床有无异常现象。

(2) 检查电压、气压、油压是否正常，有手动润滑的部位先要进行手动润滑。

(3) 检查各坐标轴是否回参考点，限位开关是否可靠；若某轴在回参考点前已在参考点位置，则应先将该轴沿负方向移动一段距离后，再手动回参考点。

(4) 机床开机后应空运转 5 分钟以上，使机床达到热平衡状态。

(5) 装夹工件时应定位可靠，夹紧牢固，所用螺钉、压板是否妨碍刀具运动，以及零件毛坯尺寸是否有误。

(6) 数控刀具选择正确，夹紧牢固，刀具应根据程序要求，依次装入刀库。

(7) 首件加工应采用单段程序切削，并随时注意调节进给倍率控制进给速度。

(8) 试切削和加工过程中，更换刀具后，一定要重新对刀。

(9) 加工结束后应清扫机床并加防锈油。

(10) 停机时应将各坐标轴停在中间位置。

5.3.5　数控铣床日常维护及保养

(1) 保持机床良好的润滑状态，定期检查、清洗自动润滑系统，增加或更换油脂、油液，使丝杠、导轨等各运动部位始终保持良好的润滑状态，以减小机械磨损。

(2) 经常进行机械精度的检查调整，以减少各运动部件之间的装配精度。

(3) 经常清扫。周围环境对数控机床影响较大，如粉尘会被电路板上静电吸引，而产生短路现象；油、气、水过滤器、过滤网太脏，会发生压力不够、流量不够、散热不好，造成机、电、液部分的故障等。数控铣床日常维护内容如表 5.3 所示。

表 5.3　数控铣床日常维护内容

序　号	检查周期	检查部位	检查要求
1	每天	机床导轨面	清除切屑及脏物，导轨面有无划伤
2	每天	导轨润滑油箱	检查油标、看油量是否充足，检查油泵能否定时起动供油及停止
3	每天	主轴润滑恒温油箱	工作正常，油量充足并能调节温度范围
4	每天	压缩空气压力	检查气动控制系统有无问题
5	每天	机床液压系统	油箱、液压泵有无异常，压力指示是否正常，管路及各接头有无泄漏
6	每天	各种电气柜散热通风装置	各电气柜冷却风扇工作正常，风道过滤网无堵塞
7	每天	防护装置	机床防护罩有无松动
8	每半年	滚珠丝杠	清洗丝杠，涂上新润滑脂
9	不定期	切削液箱	检查液面高度，经常清洗过滤器等
10	不定期	排屑器	经常清理切屑
11	不定期	调整主轴驱动带松紧程度	按机床说明书调整
12	不定期	检查各轴导轨上镶条	按机床说明书调整

(4) 尽量少开数控柜和强电柜的门。车间空气中一般都含有油雾、潮气和灰尘。一旦它们落在数控装置内的电路板或电子元器件上，就容易引起元器件间绝缘电阻下降，并导致元器件的损坏。

(5) 定时清理数控装置的散热通风系统。散热通风口过滤网上灰尘积聚过多，会引起数控装置内温度过高(一般不允许超过 55°)，致使数控系统工作不稳定，甚至发生过热报警。

(6) 经常监视数控装置电网电压。数控装置允许电网电压在额定值的±10%范围内波动。如果超过此范围就会造成数控系统不能正常工作，甚至引起数控系统内某些元器件损坏。为此，需要经常监视数控装置的电网电压。电网电压质量差时，应加装电源稳压器。

注意：数控机床长期不用时也应定期进行维护保养，至少每周通电空运行一次，每次不少于 1 小时，特别是在环境温度较高的雨季更应如此，利用电子元器件本身的发热来驱散数控装置内的潮气，保证电子部件性能的稳定可靠。

5.4 回到工作场景

【工作过程一】数控加工工艺分析

1. 根据零件图样要求、确定毛坯及加工顺序

如图 5.1 所示的零件，不需要热处理，无硬度要求，4 个槽要加工，加工精度较高。

(1) 设零件毛坯尺寸为 120×100×30，上表面中心点为工艺基准，用平口钳夹持 120×100 处，使工件高出钳口 10mm，一次装夹完成粗、精加工。

(2) 加工顺序。该零件主要加工 4 个槽，槽的形状一样，可编写一个子程序，调用 4 次对槽进行加工。

槽 2、槽 4 尺寸比槽 1、槽 3 尺寸大 1.5 倍，可采用比例缩放，然后调用子程序加工。子程序坐标系(局部坐标系)建立在槽的几何中心上，工件坐标系建立在工件几何中心上，用坐标系偏移指令将工件坐标系原点偏移到局部坐标系原点上再调用子程序，加工各个槽。其中单个槽加工工艺如下。

(1) 圆弧切入、切出。槽加工与内轮廓加工类似无法沿轮廓延长线方向切入、切出，一般都沿法向切入、切出，也可沿槽内轮廓切向切入、切出。具体做法是沿内轮廓设置一过渡圆弧切入和切出工件轮廓，图 5.15 所示为加工槽时设置圆弧切入、切出路径。

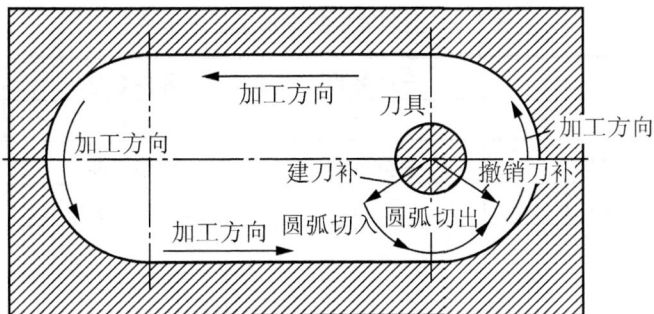

图 5.15 槽加工时圆弧切入、切出路径

(2) 铣削路径。铣削凹槽时仍采用行切和环切相结合的方式进行铣削，以保证能完全切除槽中余量。本课题由于凹槽宽度较小，铣刀沿轮廓加工一圈即可把槽中余量全部切除，故不需采用行切方式切除槽中多余余量。对于每一个槽，根据其尺寸精度、表面粗糙度要求，分为粗、精两道加工路线；粗加工时，留 0.2mm 左右精加工余量，再精加工至尺寸。

2. 选择工装及刀具

(1) 根据零件图样要求，选 XK5032A 型立式数控铣床。

(2) 工具选择。工件采用平口钳装夹，试切法对刀，把刀偏值输入相应的刀具参数中。

(3) 量具选择。轮廓尺寸、槽间距用游标卡尺测量，深度尺寸用深度游标卡尺测量，表面质量用表面粗糙度样板检测，另用百分表校正平口钳及工件上表面。

(4) 刀具选择。刀具选择如表 5.4 所示。

表 5.4　数控刀具明细表

零件图号	零件名称		材料	程序编号		车间		使用设备
	模板		45 钢					XK5032A 数控铣

序号	刀具号	刀具名称	刀具图号	刀具			刀补地址		换刀方式	加工部位
				直径		长度	直径	长度	自动/手动	
				设定	补偿	设定				
1	T01	面铣刀		ϕ 125	0				手动	零件上表面
2	T02	键槽铣刀		ϕ 8	4.2		D01	H01	手动	槽1、槽3
3	T03	立铣刀		ϕ 8	4		D02	H02	手动	槽1、槽3
4	T04	键槽铣刀		ϕ 12	5.2		D03	H03	手动	槽2、槽4
5	T05	立铣刀		ϕ 12	5		D04	H04	手动	槽2、槽4
编制		审核		批准		年　月　日　共　页　第　页				

3．确定切削用量

切削用量的具体数值应根据机床性能、相关的手册并结合实际经验用类比方法确定，如表 5.5 所示。

表 5.5　型腔零件数控加工工序卡片

单位名称	××	产品名称	零件名称	零件图号
		××	型腔	××
工序号	程序编号	夹具名称	使用设备	车间
	O0040	平口钳	XK5032A 数控铣	数控实训车间

工序简图：

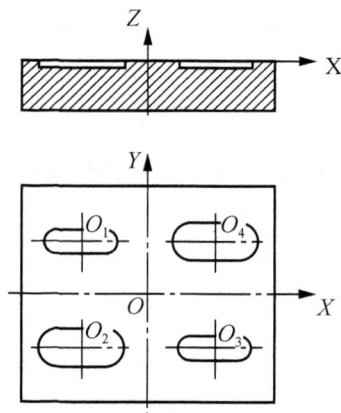

工步号	工步内容	刀具号	刀具规格/mm	主轴转速 n/(r/min)	进给速度 f/(mm/r)	背吃刀量 a_p/(mm)	备注
1	装夹						手动
2	对刀，上表面中心点			500			手动
3	粗铣上表面留 0.5mm 精加工余量	T01	ϕ125 面铣刀	800	200	1.5	自动
4	精铣上表面达尺寸及精度要求			1200	120	0.5	自动
5	粗铣槽 1、槽 3 留 0.2mm 精加工余量	T02	ϕ8 键槽铣刀	500	150	3	自动
6	精铣槽 1、槽 3 达尺寸及精度要求	T03	ϕ8 立铣刀	800	100	3	自动
7	粗铣槽 2、槽 4 留 0.2mm 精加工余量	T04	ϕ12 键槽铣刀	500	150	3	自动
8	精铣槽 2、槽 4 达尺寸及精度要求	T05	ϕ12 立铣刀	800	100	3	自动
编制	××	审核	××	批准	××	年 月 日	共 页 第 页

4．确定工件坐标系、对刀点和换刀点

确定以工件上表面中心点为工件原点，建立工件坐标系。采用手动试切对刀方法，把点 O 作为对刀点。数控加工工序卡如表 5.5 所示。

5．基点运算

以工件上表面的中心点为编程原点，槽加工时分别以槽的中心点为局部坐标系原点，下面按槽 1 来计算基点，编写子程序，槽 1 如图 5.16 所示，切削加工的基点计算值如表 5.6 所示。

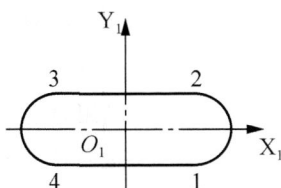

图 5.16　槽 1 局部坐标系

表 5.6　切削加工的基点计算值

基　点	1	2	3	4
X	7.5	7.5	−7.5	−7.5
Y	−5	5	5	−5

【工作过程二】程序编制

型腔零件程序编制清单如下。

主程序	注　释
O0040	主程序名
N10　G54 G90 G00 S800 M03 T01;	主轴安装 T01 号刀具，粗铣上表面，留余量 0.5mm
N20　G00 X-140 Y0;	
N30　　Z5;	快进至 X-140，Y0 处
N40　G01 Z0.5 F200;	快进至 Z5 处
N50　　X140;	工进至 Z0.5 处
N60　M00;	粗铣工件上表面
N70　S1200 M03;	程序暂停
N80　G01 Z0 F120;	精铣转速 1200
N90　　X-140;	工进至 Z0 表面
N100 G00 Z200 M05;	精铣上表面
N110 M00;	快速抬刀至 Z200 处，主轴停止
N120 T02;	程序暂停
N130 M03 S500 F150;	手动换 T02 刀具
N140 G52 X-30 Y25;	主轴正转
N150 G43 G00 Z50 H01;	选用 O_1 点为局部坐标系，
N160 D01 M98 P5008;	建立刀具长度补偿
N170 G52 X30 Y-25;	调用子程序 05002，粗铣 1# 键槽，D01=4.2mm
N180 D01 M98 P5008;	选用 O_3 点为局部坐标系
N190 M05;	调用子程序 05002，粗铣 3# 键槽，D01=4.2mm
N200 M00;	主轴停止
N210 T04;	程序暂停
N220 M03 S500 F150;	手动换 T04 刀具
N230 G52 X-30 Y-25;	主轴正转
N240 G43 G00 Z50 H03;	选用 O_2 点为局部坐标系
N250 G51 X0 Y0 I1.5 J1.5	建立刀具长度补偿
N260 D03 M98 P5008;	坐标缩放
N270 G50;	调用子程序 05002，粗铣 2# 键槽，D03=5.2mm
N280 G52 X30 Y25;	取消坐标缩放
N290 G51 X0 Y0 I1.5 J1.5	选用 O_4 点为局部坐标系
N300 D03 M98 P5008;	坐标缩放
N310 G50;	调用子程序 05002，粗铣 4# 键槽，D03=5.2mm

N320　G52 X0 Y0;	取消坐标缩放
N330　M00;	取消局部坐标系
N340　T03;	程序暂停
N350　M03 S800 F100;	手动换 T03 刀具
N360　G52 X-30 Y25;	主轴正转
N370　G43 G00 Z50 H02;	选用 O₁ 点为局部坐标系
N380　D02 M98 P5008;	建立刀具长度补偿
N390　G52 X30 Y-25;	调用子程序 05002，精铣 1#键槽，D02=4mm
N400　D02 M98 P5008;	选用 O₃ 点为局部坐标系
N410　M05;	调用子程序 05002，精铣 3#键槽，D01=4mm
N420　M00;	主轴停止
N430　T05;	程序暂停
N440　M03 S800 F100;	手动换 T05 刀具
N450　G52 X-30 Y-25 ;	主轴正转
N460　G43 G00 Z50 H04;	选用 O₂ 点为局部坐标系
N470　G51 X0 Y0 I1.5 J1.5	建立刀具长度补偿
N480　D04 M98 P5008;	坐标缩放
N490　G50;	调用子程序 05002，精铣 2#键槽，D03=5mm
N500　G52 X30 Y25;	取消坐标缩放
N510　G51 X0 Y0 I1.5 J1.5;	选用 O₄ 点为局部坐标系
N520　D04 M98 P5008;	坐标缩放
N530　G50;	调用子程序 05002，精铣 4#键槽，D03=5mm
N540　G52 X0 Y0;	取消坐标缩放
N550　M05;	取消局部坐标系
N560　M30;	主轴停止
	主程序结束

05008	子程序名
N10　GOO X7.5 YO Z100 M03;	刀具快速定位
N20　　Z5 M08;	快进工件上表面 Z5 处
N30　G01 Z-3;	下刀到槽底
N40　G41 X5 Y-2.5;	建立刀具半径左补偿
N50　G03 X7.5 Y-5 R2.5;	开始铣削键槽，沿 R2.5 圆弧逆时针切入
N60　　Y5 R5;	逆时针铣键槽

```
N70   G01 X-7.5;                              铣键槽
N80   G03 Y-5 R5;                             铣键槽左侧半圆弧
N90   G01 X7.5;                               铣键槽结束
N100  G03 X7.5 Y0 R2.5;                       沿 R2.5 圆弧线切出
N110  G40 G01 X0 Y0;                          取消刀具半径左补偿
N120  G49 G00 Z200 M09 M05;                   快速抬刀，取消刀具长度补偿
N130  M99;                                    子程序结束
```

5.5 拓 展 实 训

实训 1 型腔零件编程加工

(一)训练内容

某车间现准备加工一型腔零件，工程图如图 5.17 所示。要求学生按小组完成下列任务。

(1) 独立完成型腔零件的铣削工艺与编程。

(2) 数控铣床的操作训练。

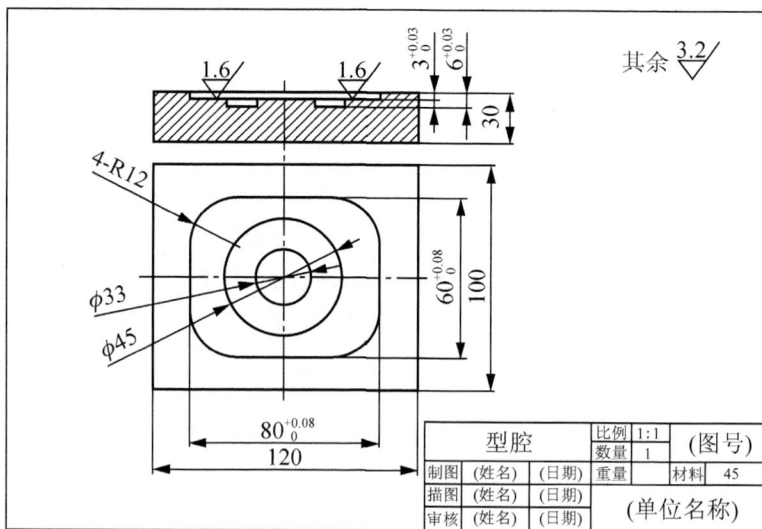

图 5.17 型腔零件工程图

(二)训练目的

(1) 掌握内型腔的加工工艺，能正确选择刀具及合理的切削用量，掌握利用行切法切内型腔，能对岛内型腔进行加工。

(2) 熟悉数控仿真系统和数控铣操作面板，能正确开关数控系统和机床，能在仿真和

机床中输入和编辑程序，了解数控铣操作规程，了解数控铣维护和保养要求。

(三)训练过程

步骤一：数控加工工艺分析。

(1) 根据零件图样要求、确定毛坯及加工顺序。

(2) 选择机床设备及刀具。

(3) 确定切削用量。

(4) 确定工件坐标系、对刀点和换刀点。

(5) 基点运算。

步骤二：程序编制。

编写零件铣削加工程序并写出加工程序清单。

步骤三：加工实训。

(1) 上机熟悉数控仿真系统和数控铣操作面板。

(2) 启动和关闭数控系统和机床。

(3) 输入和编辑程序。

(四)技术要点

(1) 工件坐标系的正确设置，能简化编程和计算。

(2) 刀具工艺参数的选择对加工质量的提高起关键作用。

(3) 利用行切法切矩形内型腔。

(4) 正确输入和编辑程序。

型腔零件加工刀具及参数，如表 5.7 所示(供参考)。

表 5.7　型腔零件加工刀具及参数

工步号	工步内容	刀具号	刀具规格/mm	主轴转速 n/(r/min)	进给速度 f/(mm/min)
1	铣削上表面	T01	ϕ 120 面铣刀	800	400
2	铣槽	T02	ϕ 10 键槽铣刀	500	150

实训 2　槽腔零件编程加工

(一)训练内容

某车间现准备加工一槽腔零件，工程图如图 5.18 所示。要求学生按小组学习下列任务。

(1) 槽腔零件的铣削工艺与编程。

(2) 数控铣床的操作。

(二)训练目的

(1) 掌握槽腔零件的加工工艺，能正确选择刀具及合理的切削用量，进一步掌握数控程序的编制方法及步骤，学习 G51.1/G50.1，G68/G69 等基本编程指令的应用。

(2) 熟悉数控仿真系统和数控铣操作面板，能正确开关数控系统和机床，能在仿真和机床中输入和编辑程序，了解数控铣操作规程，了解数控铣维护和保养要求。

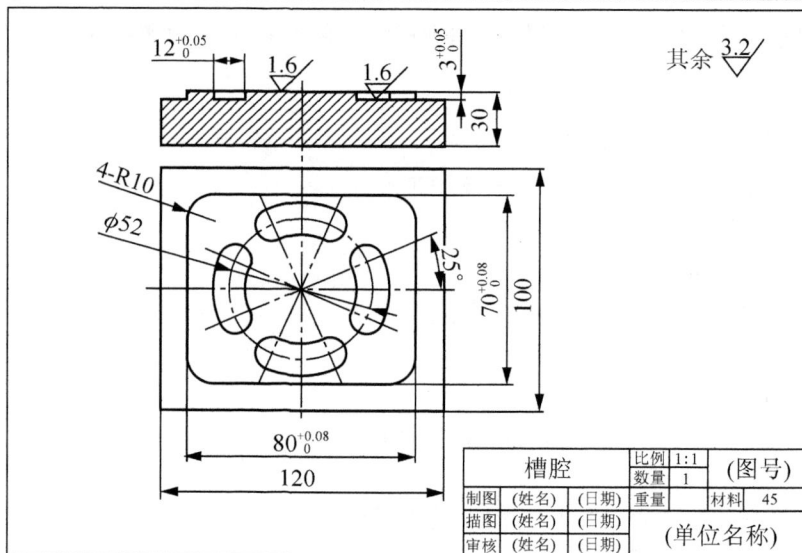

图 5.18 槽腔零件工程图

(三)训练过程

步骤一：编程基本指令学习。

1) 可编程镜像指令 G50.1、G51.1

(1) 指令格式：

```
G51.1 X_ Y_ ;
G50.1 X_ Y_ ;
```

其中：G51.1——建立可编程镜像指令；

G50.1——取消可编程镜像指令；

X、Y——指定镜像的对称点位置和对称轴，用 G51.1 指定镜像的对称点位置和对称轴；用 G50.1 指定镜像的对称轴，不指定对称点。

(2) 说明：用可编程镜像指令，可实现坐标轴的对称加工，如图 5.19 所示。

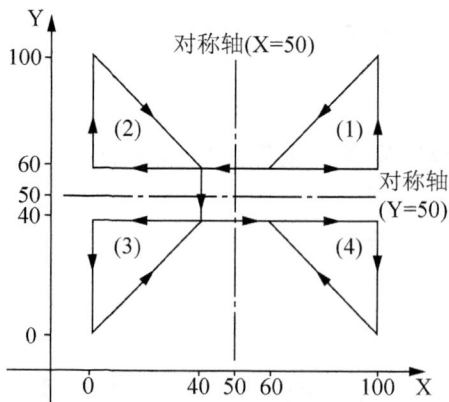

图 5.19 用 G51.1 编程镜像

例 5.9：编写图 5.20 所示零件的镜像加工指令格式。

图 5.19 中：

图型(1)为编程图型，其余为关于坐标轴和点对称后的镜像图形。

图型(2)的对称轴与 Y 轴平行，并与 X 轴在 X=50 处相交，则镜像程序为

G51.1 X50

图型(3)关于点(50，50) 对称，则镜像程序为

G51.1 X50 Y50

图型(4)的对称轴与 X 轴平行，并与 Y 轴在 Y=50 处相交，则镜像程序为

G51.1 Y50

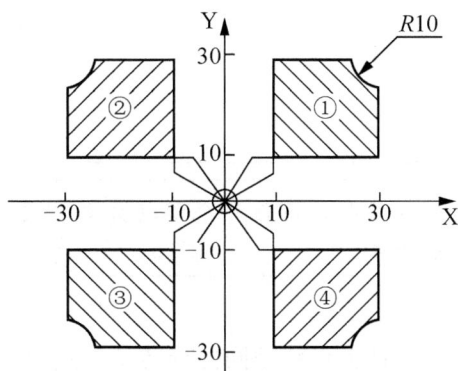

图 5.20　用 G51 镜像程序举例

2) 可编程镜像指令 G51、G50

指令格式：

```
G51 X_ Y_ Z_ I_ J_ K_;
G50;
```

其中：G51——建立可编程镜像指令；

G50——取消可编程镜像指令；

X、Y、Z——镜像中心点坐标值的绝对值指令；

I、J、K——X、Y 和 Z 各轴对应的镜像轴，取负值。

例 5.10：编写图 5.20 所示零件的镜像加工程序。

主程序	注释
O0050	
N10 G54 G90 G17 M03 S800;	
N20 G00 X0 Y0;	
N30 Z50;	
N40 M98 P5009;	加工①
N50 G51 X0 Y0 I-1 J1;	Y 轴镜像，镜像位置为 X=0
N60 M98 P5009;	加工②
N70 G50;	取消 Y 轴镜像
N80 G51 X0 Y0 I-1 J-1;	X 轴、Y 轴镜像，镜像位置为(0，0)
N90 M98 P5009;	加工③
N100 G50;	取消 X、Y 轴镜像

```
N110 G51 X0 Y0 I1 J-1;                        X 轴镜像
N120 M98 P5009;                               加工④
N130 G50;                                     取消 X 轴镜像
N140 M05;
N150 M30;
O5009                                         子程序
N10 G91 G41 G00 X10.0 Y4.0 D01;
N20 Y1.0;
N30 Z-45.0;
N40 G01 Z-8.0 F100;
N50 Y25.0;
N60 X10.0;
N70 G03 X10.0 Y-10.0 R10.0;
N80 G01 Y-10.0;
N90 X-25.0;
N100 G00 Z8.0;
N110 G40 X-5.0 Y-10.0;
N120 M99;
```

⚠️ **注意**：当执行关于某一轴镜像时，圆弧指令旋转方向相反；刀具半径补偿偏置方向相反；坐标系旋转角相反。

3) 坐标系旋转指令

用坐标系旋转指令可加工工件上形状相同并旋转了一定角度的图形，如图 5.21 所示。如果工件的形状由许多相同的图形组成，则可将图形单元编成子程序，然后在主程序中用旋转指令调用，这样可简化编程，省时省存储空间。

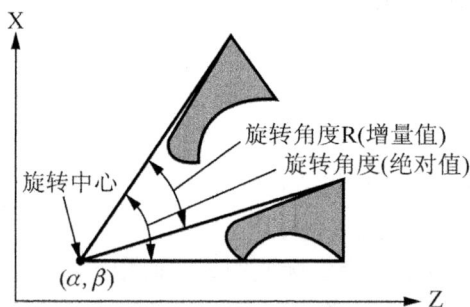

图 5.21 坐标系旋转

(1) 指令格式：

G68 α_ β_ R_;
      G69;

其中：G68——建立坐标系旋转指令；

       G69——取消坐标系旋转指令；

       α、β——在 G68 后面用于指定旋转中心，与 G17 G18 G19 指令相应的 X、Y 和 Z 中两个坐标的绝对值指令。

       R——坐标系旋转角度，逆时针旋转表示角度位移正值。

(2) 说明：

● 在建立坐标系旋转指令前，必须用 G17、G18 或 G19 指定坐标平面，平面选择代码不能在坐标系旋转方式中指定。

● 当用 G68 编程时，若程序中未指定 α、β 时，则认为刀具位置是旋转中心。

● 当用 G68 编程时，若程序中未编制 R 值，则系统参数值被认为是角度位移值。

● 坐标系旋转取消指令 G69 可以指定在其他指令的程序段中。

● 在坐标系旋转之后，执行刀具半径补偿和刀具长度补偿操作。

> ⚠ 注意：在坐标系旋转方式中，与返回参考点有关代码 G27、G28、G29、G30 和与坐标系有关的代码 G52 到 G59～G92 等不能指定，如果需要这些 G 代码，必须在取消坐标系旋转方式以后才能指令。
>
> 坐标系旋转取消指令 G69 以后的第一个移动指令，必须用绝对值指定，如果用增量值指令将不执行正确的移动。

例 5.11：如图 5.22 所示的旋转变换功能程序。

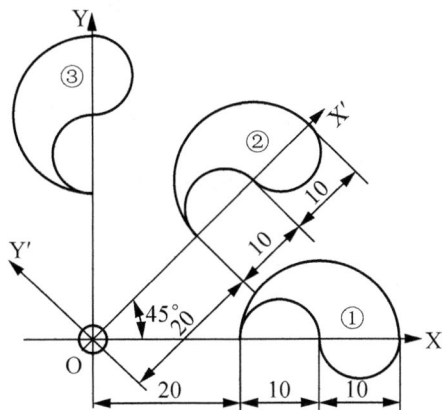

图 5.22　旋转变换功能

主程序	注释
O0060	
N10 G54 G90 G59 G17;	
N20 S1000 M03;	
N30 M98 P5010;	加工图形①
N40 G68 X0 Y0 R45;	坐标旋转 45°
N50 M98 P5010;	加工图形②
N60 G69;	取消坐标旋转
N70 G68 X0 Y0 R90;	坐标旋转 90°
M80 M98 P5010;	加工图形③
N90 G69;	取消坐标旋转
N100 M05;	
N110 M30;	
子程序	
O5010	
N100 G90 G01 X20 Y0 F100;	

```
N110 G02 X30 Y0 R5;
N120 G03 X40 Y0 R5;
N130 G03 X20 Y0 R10;
N140 G00 X0 Y0;
N150 M99;
```

例 **5.12**：将图 5.23 所示矩形 ABCD 缩小 1 倍并旋转 45 度形成矩形 abcd，图形深 3mm，缩放中心点(300，150)，旋转中心点(200，100)试用比例缩放和坐标系旋指令编写图 abcd 的铣削加工程序。

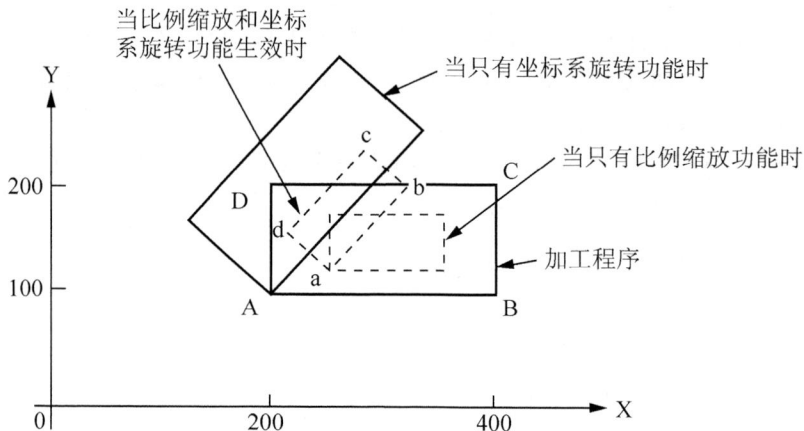

图 5.23　比例缩放和坐标系旋转

```
O0070
N10 G92 X0 Y0 Z100;
N20 G90 G40 G59 G50 G17;
N30 S800 M03;
N40 G00 X400;
N50 Z-3;
N60 G51 X300 Y150 P500;
N70 G68 X200 Y100 R45;
N80 G42 G00 X400 Y80 D01;
N90 G01 Y200 F150;
N100 X200;
N110 Y100;
N120 X420;
N130 G40 X450;
N140 G00 Z100;
N150 G69;
N160 G50;
N170 G00 X0 Y0;
N180 M05;
N190 M30;
```

⚠ **注意**：CNC 的数据处理顺序是从程序镜像到比例缩放和坐标系旋转，应按该顺序指定指令，取消时按相反顺序，在比例缩放或坐标系旋转方式时，不能指定 G50.1 或 G51.1。

步骤二：数控加工工艺分析。

1. 根据零件图样要求、确定毛坯及加工顺序

图 5.18 所示零件，不需要热处理，无硬度要求，4 个槽要加工，加工精度较高。

(1) 设零件毛坯尺寸为 120×100×30，上表面中心点为工艺基准，用平口钳夹持 120×100 处，使工件高出钳口 15mm，一次装夹完成粗、精加工。

(2) 加工顺序。

该零件主要加工 4 个槽，槽的形状一样，可编写一个子程序，调用 4 次对槽进行加工。

槽 2、槽 4，可采用坐标旋转，然后调用子程序加工；槽 3，可采用镜像，然后调用子程序加工，工件坐标系建立在工件几何中心上表面中心点处。其中单个槽加工工艺如下。

① 圆弧切入、切出。槽加工与内轮廓加工类似无法沿轮廓延长线方向切入、切出，一般都沿法向切入、切出，也可沿槽内轮廓切向切入、切出。本例由于槽尺寸较小，采用沿法向切入、切出，具体做法是按图 5.24 所示槽 1 基点位置。先在槽外对刀具定位到点 (20，-10)，移动刀具到点 1 加入刀具半径右补偿，然后垂直下刀到切深，沿内轮廓点 1-2-3-4-5 加工圆弧，完成后垂直提刀，返回坐标原点，取消刀具半径右补偿，结束加工。

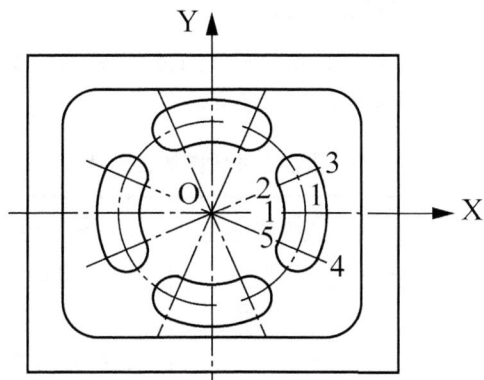

图 5.24　槽 1 基点位置

② 铣削路径。铣削凹槽时仍采用行切和环切相结合的方式进行铣削，以保证能完全切除槽中余量。本课题由于凹槽宽度较小，铣刀沿轮廓加工一圈即可把槽中余量全部切除，故不需采用行切方式切除槽中多余余量。对于每一个槽，根据其尺寸精度、表面粗糙度要求，分为粗、精两道加工路线；粗加工时，留 0.2mm 左右精加工余量，再精加工至尺寸。

2. 选择工装及刀具

(1) 根据零件图样要求，选 XK5032A 型立式数控铣床。

(2) 工具选择。工件采用平口钳装夹，试切法对刀。

(3) 量具选择。轮廓尺寸、槽间距用游标卡尺测量，深度尺寸用深度游标卡尺测量，表面质量用表面粗糙度样板检测，另用百分表校正平口钳及工件上表面。

(4) 刀具选择。刀具选择如表 5.8 所示。

表 5.8　数控刀具明细表

零件图号		零件名称		材料	程序编号	车间		使用设备
		模板		45 钢				XK5032A 数控铣

序号	刀具号	刀具名称	刀具图号	刀具				刀补地址		换刀方式	加工部位
				直径		长度		直径	长度	自动/手动	
				设定	补偿	设定					
1	T01	面铣刀		ϕ125	0					手动	零件上表面
2	T02	键槽铣刀		ϕ8	4.2 4			D01 D02	H01	手动	槽
编制		审核		批准			年　月　日		共　　页第　　页		

3．确定切削用量

切削用量的具体数值应根据机床性能、相关的手册并结合实际经验用类比方法确定，如表 5-8 所示。

4．确定工件坐标系、对刀点和换刀点

确定以工件上表面中心点为工件原点，建立工件坐标系。采用手动试切对刀方法，把点 O 作为对刀点。数控加工工序卡如表 5.9 所示。

表 5.9　槽腔零件数控加工工序卡

单位名称	××		产品名称	零件名称	零件图号
			××	槽腔	××
工序号	程序编号		夹具名称	使用设备	车间
	O0080		平口钳	XK5032A 数控铣	数控实训车间

工序简图：

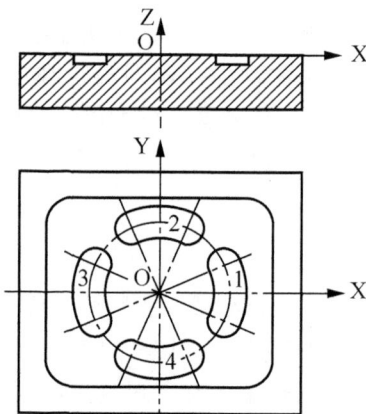

续表

工步号	工步内容	刀具号	刀具规格 /mm	主轴转速 n/(r/min)	进给速度 f/(mm/r)	背吃刀量 a_p/(mm)	备注
1	装夹						手动
2	对刀，上表面中心点			500			手动
3	粗铣上表面留 0.5mm 精加工余量	T01	ϕ125 面铣刀	800	200	1.5	自动
4	精铣上表面达尺寸及精度要求			1200	120	0.5	自动
5	粗铣槽留 0.2mm 精加工余量	T02	ϕ8 键槽铣刀	500	150	3	自动
6	精铣槽达尺寸及精度要求			800	100	3	自动
编制	××	审核 ××	批准 ××	年 月 日		共 页	第 页

5. 基点运算

以工件上表面的中心点为编程原点，下面按槽 1 来计算基点，编写子程序，切削加工的基点计算值如表 5.10 所示，槽 1 基点位置如图 5.24 所示。

表 5.10 切削加工的基点计算值

基 点	1	2	3	4	5
X	20	18.125	29.002	29.002	18.125
Y	0	8.452	13.524	-13.524	-8.452

步骤三：程序编制。

槽腔零件程序编制清单如下。

主程序	注 释
O0080	主程序名
N10 G54 G90 G00 S800 M03 T01;	主轴安装 T01 号刀具，粗铣上表面，留余量 0.5mm
N20 G00 X-140 Y0;	快进至 X-140，Y0 处
N30 Z10;	快进至 Z10 处
N40 G01 Z0.5 F200;	工进至 Z0.5 处
N50 X140;	粗铣工件上表面
N60 M00;	程序暂停
N70 S1200 M03;	精铣转速 1200
N80 G01 Z0 F120;	工进至 Z0 表面
N90 X-140;	精铣上表面
N100 G00 Z200 M05;	快速抬刀至 Z200 处，主轴停止
N110 M00;	程序暂停
N120 T02;	手动换 T02 刀具

N130 M03 S500 F150;	主轴正转

N130 M03 S500 F150;   主轴正转
N140 G90 G17 G59 G40 G50.1;   程序初始化
N150 G00 X0 Y0;   快速点定位
N160 G43 G00 Z10 H01;   建立刀具长度补偿
N170 M98 P5011;   调用子程序05004，粗精铣1#槽
N180 G68 X0 Y0 R90;   坐标旋转90°
N190 M98 P5011;   调用子程序05004，粗精铣2#槽
N200 G69;   取消坐标旋转
N210 G51.1 X0;   建立镜像
N220 M98 P5011;   调用子程序05004，粗精铣3#槽
N230 G50.1 X0;   取消镜像
N240 G68 X0 Y0 R270;   坐标旋转270°
N250 M98 P5011;   调用子程序05004，粗精铣4#槽
N260 G69;   取消坐标旋转
N270 G49 G00 Z200;   取消刀具长度补偿
N280 M05;   主轴停止
N290 M30;   主程序结束

05011   子程序名
N10 S500 M03;   开主轴
N20 G00 X20 Y-10;   刀具快速定位
N30 G00 G42 Y0 D01;   建立刀具半径右补偿，开始铣削键槽，D01=4.2mm
N40 G01 Z-2.8 F150 M08;   下刀到槽底
N50 G03 X18.125 Y8.452 R20; 粗铣槽
N60 G02 X29.002 Y13.524 R5;
N70 G02 X29.002 Y-13.524 R32;
N80 G02 X18.125 Y-8.452 R5;
N90 G03 X20 Y0 R20;
N100 G00 Z10;   铣键槽结束
N110 G40 G00 X20 Y-10;   快速抬刀
N120 S800 M03;   取消刀具半径右补偿
N130 G00 X20 Y-10;   开主轴
N140 G00 G42 Y0 D02;   刀具快速定位

```
N150 G01 Z-3 F100;                    建立刀具半径右补偿，开始铣削键槽，D02=4mm
N160 G03 X18.125 Y8.452 R20;          下刀到槽底
N170 G02 X29.002 Y13.524 R5;          粗铣槽
N180 G02 X29.002 Y-13.524 R32;
N190 G02 X18.125 Y-8.452 R5;
N200 G03 X20 Y0 R20;                  铣键槽结束
N210 G00 Z10 M09;                     快速抬刀
N220 G40 G00 X0 Y0;                   取消刀具半径右补偿
N230 M99;                             子程序结束
```

步骤四：操作训练。

(1) 上机熟悉数控仿真系统和数控铣操作面板。

(2) 启动和关闭数控系统和机床。

(3) 输入和编辑程序。

工作实践常见问题解析

【问题1】深度尺寸较大的凹槽如何加工。

【答】当凹槽深度较深时，需分层多次铣削才能完成，编程难度增加。此时可通过不断更改 Z 方向深度尺寸，运行同一程序加工；也可以通过设置参数(变量)，使用循环指令编程加工。此外，对于铣键槽这类典型的铣削动作，还可以用参数(变量)方式编制出几何形状的子程序，在加工中按需要调用，并对子程序中设定的参数(变量)随时赋值，就可以加工出大小或形状不同的工件轮廓及不同深度的凹槽。FANUC 系统用户也可以用变量编制用户宏程序加工。

【问题2】槽腔类零件用什么刀加工，如何保证加工质量。

【答】

(1) 矩形槽、环形槽粗加工用键槽铣刀，精加工时则应选能垂直下刀的立铣刀或用键槽铣刀替代。

(2) 加工矩形槽、环形槽时，通过设置刀具半径值来控制轮廓粗加工、半精加工、精加工余量；用精铣刀半精加工结束后应该注意及时测量尺寸修调半径值。

(3) 粗加工中间多余部分材料可选直径较大的铣刀，用行切法铣削以提高效率。

(4) 精加工时，进给速度主要是通过调节进给倍率实现，以提高表面加工质量。

【问题3】槽腔加工刀具切入、切出位置的设置。

【答】槽加工与内轮廓加工与外轮廓不同，它无法沿轮廓延长线方向切入、切出，因此加工时，一般都沿法向切入、切出槽腔中，也可沿槽内轮廓切向切入、切出槽腔中，具体要根据零件槽腔尺寸来决定，尺寸小时，多采用法向切入、切出；尺寸大时，多沿槽内轮廓切向切入、切出，需在切入、切出点沿切向设计一条引导圆弧。

【问题4】建立和撤销镜像、缩放、坐标旋转的次序问题。

【答】在对零件进行编程加工时，由于零件的特点，有时需对零件采用坐标变换指令加工，建立坐标变换的次序是镜像、缩放、坐标旋转，撤销时的次序是撤消坐标旋转、撤销缩放、撤销镜像。

5.6 习 题

判断题

1. 被加工零件轮廓上的内转角尺寸是要尽量统一。　　　　　　　　　　（　　）
2. 曲面加工程序编写时，步长越小越好。　　　　　　　　　　　　　　（　　）
3. G68 指令只能在平面中旋转坐标系。　　　　　　　　　　　　　　　（　　）
4. 执行镜像指令后程序中刀具半径补偿方向不变。　　　　　　　　　　（　　）
5. 程序中镜像、缩放、坐标旋转指令的撤销次序是坐标旋转、缩放、镜像。（　　）

选择题

1. M98 P0100200 是调用_____程序。
   A. 010　　　　B. O0200　　　C. 0100200　　　D. P010
2. 有些零件需要在不同的位置上重复加工同样的轮廓形状，应采用_____。
   A. 比例加工功能　　　　　　B. 镜像加工功能
   C. 旋转功能　　　　　　　　D. 子程序调用功能
3. 刀具补偿包括长度补偿和(　　)补偿。
   A. 径向　　　　B. 直径　　　　C. 轴向　　　　D. 以上均错
4. (　　)符号的意义为"复位"。
   A. DEL　　　　B. COPY　　　C. RESET　　　D. AuTo
5. 在 XY 平面上，某圆弧圆心为(0，0)，半径为 80，如果需要刀具从(80，0)沿该圆弧到达(0，80)点程序指令为(　　)。
   A. G02 X0. Y80.0 I80.0 F300　　　　　B. G03 X0. Y80.0 I-80.0 F300
   C. G02 X80. Y0. J80.0 F300　　　　　D. G03 X80.0Y0. J-80.0 F300
6. 下列(　　)指令不能取消刀具补偿。
   A. G49　　　　B. G40　　　　C. H00　　　　D. G42
7. 偏置 XY 平面由(　　)指令执行。
   A. G17　　　　B. G18　　　　C. G19　　　　D. G20
8. 下列哪一个指令不能设立工件坐标系(　　)。
   A. G54　　　　B. G92　　　　C. G55　　　　D. G91

操作题(编程题或实训题等)

某车间现准备加工一槽板零件，工程图如图 5.25 所示，请按图纸要求分小组独立完成下图的铣削工艺并编制该零件加工程序。请按如下步骤完成练习。

步骤一：数控加工工艺分析

① 根据零件图样要求、确定毛坯及加工顺序。

② 选择机床设备及刀具。

③ 确定切削用量。

④ 确定工件坐标系、对刀点和换刀点。

⑤ 基点运算。

步骤二：加工程序编制

编写零件铣削加工程序并写出加工程序清单。

步骤三：上机仿真模拟加工该零件

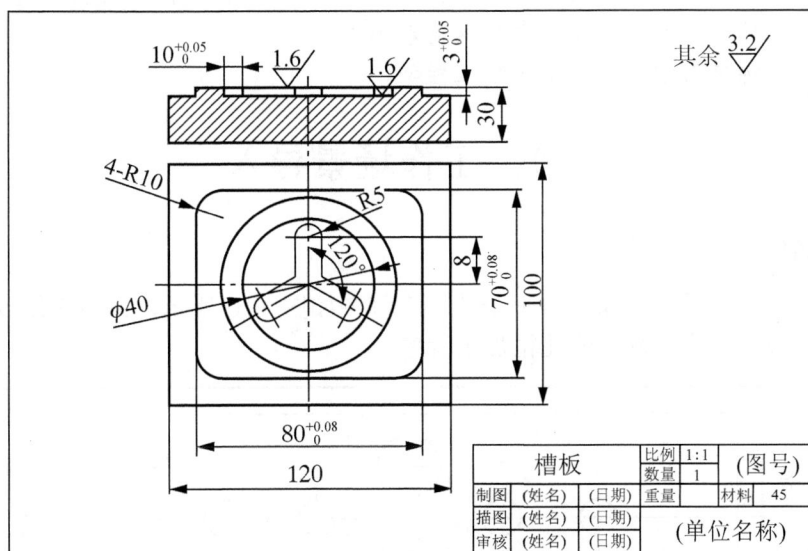

图 5.25　槽板零件工程图

第6章 孔板零件铣削加工与编程

本章要点

- 固定循环功能及指令应用。
- 数控铣手动对刀、参数的设定及自动加工。
- 孔板零件的数控编程方法。

技能目标

- 能够熟练地制定简单孔类零件数控加工工艺并能正确编制数控加工程序。
- 能够准确手动对刀、设置参数及自动加工。
- 能够熟练应用 G73～G89 等编程指令。

6.1 工作场景导入

【工作场景】

现准备在一孔板零件上加工若干个孔，工程图如图 6.1 所示，请按图纸要求制定该零件孔加工数控铣削工艺并编制该孔精加工程序。

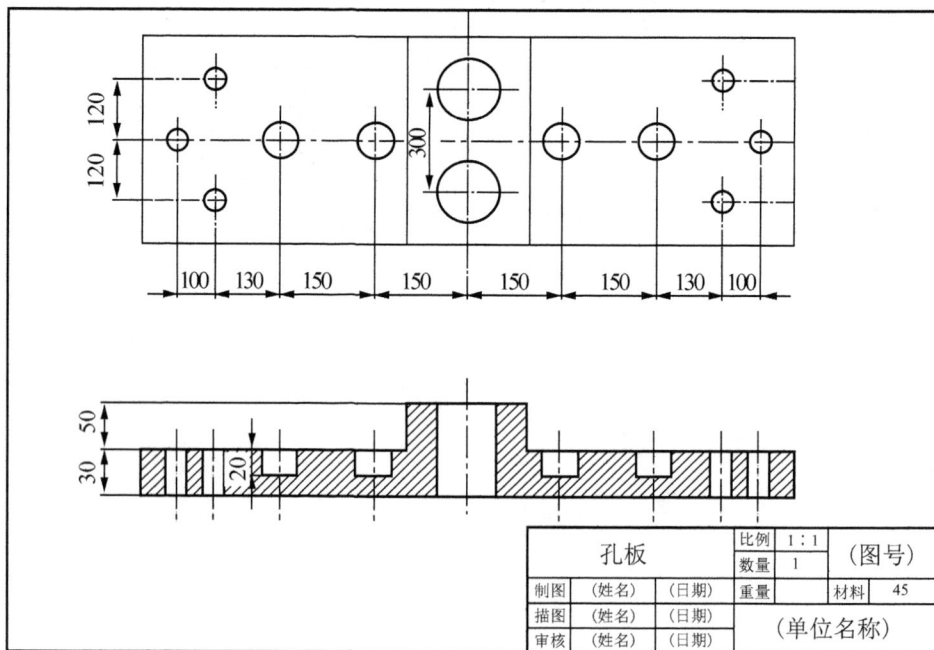

图 6.1 孔板零件工程图

【引导问题】

(1) 如何根据零件图样要求、选择零件毛坯，确定工艺方案及加工路线？

(2) 如何选用机床设备、刀具，确定其切削用量？

(3) 如何确定工件坐标系、对刀点和换刀点？

(4) 编程时会用到哪些基本指令、代码？如何使用？

6.2　数控编程基础知识

6.2.1　常用固定循环指令

1. 固定循环的基本动作

(1) 操作 1：在 XY 平面定位。

(2) 操作 2：Z 向快速进给到 R 平面。

(3) 操作 3：孔的切削加工。

(4) 操作 4：孔底动作。

(5) 操作 5：返回到 R 平面。

(6) 操作 6：返回到起始点。

上述基本动作如图 6.2 所示。

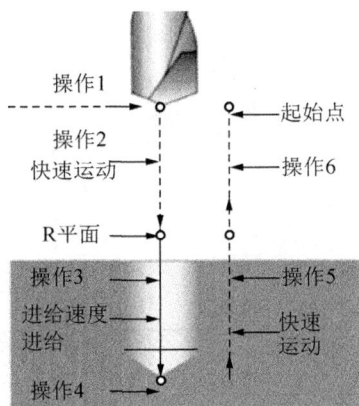

图 6.2　基本动作

2. 固定循环通用指令格式

```
G90 /G91 G98/G99 G73～G89 X__ Y__ Z__ R__ Q__ P__ F__ K __;
```

其中：G90 /G91——绝对坐标编程或增量坐标编程；

G98——返回起始点；

G99——返回 R 平面；

G73～G89——孔加工方式，如钻孔加工、高速深孔钻加工、镗孔加工等。

X、Y——孔的位置坐标；

Z——孔底坐标；G91 方式时，为 R 面到孔底的增量距离；在 G90 方式时，为孔底的绝对坐标；

R——安全面(R 面)的坐标。G91 方式时，为起始点到 R 面的增量距离；在 G90 方式时，为 R 面的绝对坐标；R 平面到工件表面一般取 2～5mm；

Q——每次切削深度；

P——孔底的暂停时间；

F——切削进给速度；

K——重复加工次数。

固定循环由 G80 或 01 组 G 代码撤销。

3. 常用固定循环指令

1) 钻孔循环指令 G81 与钻孔循环指令 G82

(1) 指令格式：

```
G81 X__ Y__ Z__ R__ F__;
G82 X__ Y__ Z__ R__ P__ F__;
```

(2) 说明：

① G81 指令用于正常钻孔，切削进给执行到孔底，然后刀具从孔底快速移动退回。G82 动作类似于 G81，切削进给执行到孔底，进给暂停并保持旋转状态，使孔底更光滑。G82 一般用于扩孔和沉头孔加工。

② 动作过程如图 6.3 所示。

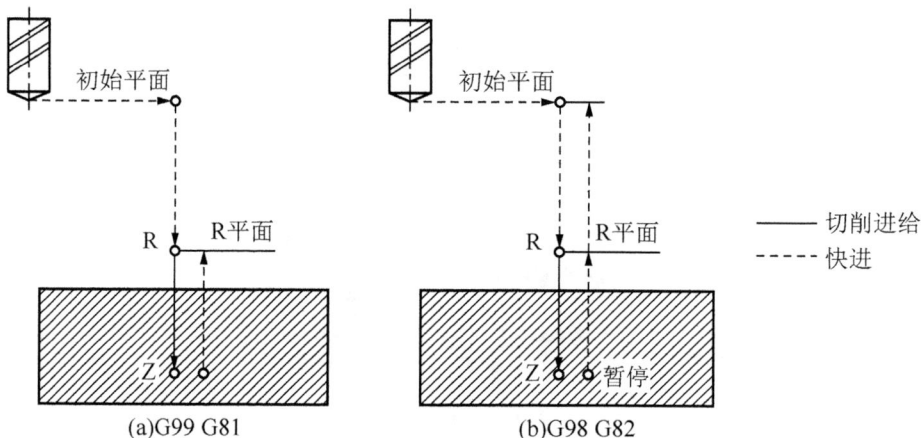

图 6.3　G81/G82 动作图

例 6.1：如图 6.4 所示零件，要求用 G81 加工所有的孔。

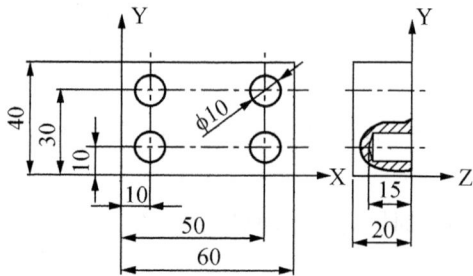

图 6.4　孔加工

孔加工程序如下。

```
N02 T01 M06;                    选用 T01 号刀具(φ10 钻头)
   N04 G90 S1000 M03;           启动主轴正转 1000r/min
   N06 G00 X0. Y0. Z30. M08;
   N08 G81 G99 X10. Y10. Z-15. R5 F20;  在(10，10)位置钻孔，孔的深度为 15mm，
                                参考平面高度为 5mm，钻孔加工循环结束返回参考平面
   N10 X50;                     在(50，10)位置钻孔(G81 为模态指令，直到 G80 取消
                                为止)
   N12 Y30;                     在(50，30)位置钻孔
   N14 X10;                     在(10，30)位置钻孔
   N16 G80;                     取消钻孔循环
   N18 G00 Z30;
   N20 M30;
```

2) 高速深孔钻循环指令 G73 与深孔钻循环指令 G83

(1) 指令格式：

```
G73 X__  Y__  Z__  R__  Q__  F__;
G83 X__  Y__  Z__  R__  Q__  F__;
```

(2) 说明：

① G73 指令通过 Z 轴方向的间断进给可以较容易地实现断屑与排屑。指令中的 Q 值是指每一次的加工深度(均为正值)。d 值由机床系统指定，无须用户指定。

② G83 指令同样通过 Z 轴方向的间断进给来实现断屑与排屑的目的。但与 G73 指令不同的是，刀具间隙进给后快速退回到 R 点，再快速进给到 Z 向距上次切削孔底平面 d 处，从该点处快进变成切削进给，切削进给距离为 Q+d。此种方式多用于加工深孔。

③ 动作过程如图 6.5 所示。

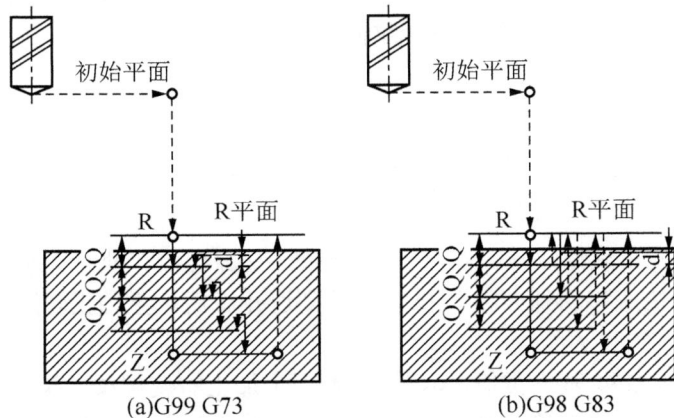

(a)G99 G73　　　　　　　　　(b)G98 G83

图 6.5　G73/G83 动作图

3) 精镗孔循环指令 G76 与反镗孔循环指令 G87

(1) 指令格式：

```
G76 X__  Y__  Z__  R__  P__  Q__  F__
G87 X__  Y__  Z__  R__  Q__  F__
```

(2) 说明:

① G76 指令主要用于精密镗孔加工。执行 G76 循环时,刀具以切削进给方式加工到孔底,实现主轴准停(定向停止)、刀具沿刀尖的反向偏移 Q 值,保证刀具不划伤孔的表面,然后快速退出。

② 执行 G87 循环,刀具在平面内定位后,主轴准停,刀具向刀尖相反方向偏移 Q,然后快速移动到孔底(R 点),在这个位置刀具按原偏移量反向移动相同的 Q 值,主轴正转并以切削进给方式加工到 Z 平面,主轴再次准停,并沿刀尖相反方向偏移 Q,快速提刀至初始平面并按原偏移量返回到定位点,主轴开始正转,循环结束,由于 G87 循环刀尖无须在孔中经工件表面退出,故加工表面质量较好,所以本循环常用于精密孔的镗削加工。该循环不能用 G99 进行编程。

③ 动作过程如图 6.6 所示。

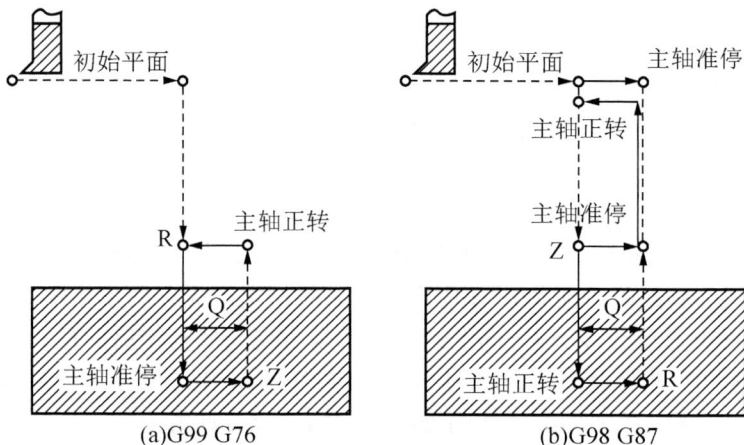

图 6.6　G76/G87 动作图

4) 攻右螺纹循环指令 G84 与攻左螺纹循环指令 G74

(1) 指令格式:

```
G84  X__  Y__  Z__  R__  F__;
G74  X__  Y__  Z__  R__  F__;
```

(2) 说明:

① G74 循环为左旋螺纹攻丝循环,用于加工左旋螺纹。执行该循环时,主轴反转,在平面快速定位后快速移动到 R 点,执行攻丝到达孔底后,主轴正转退回到 R 点,完成攻丝动作。

② G84 动作与 G74 基本类似,只是 G84 用于加工右旋螺纹。执行该循环时,主轴正转,在平面快速定位后快速移动到 R 点,执行攻丝到达孔底后,主轴反转退回到 R 点,完成攻丝动作。

③ 攻丝时进给量 F 的指定应根据不同的进给模式指定。当采用 G94 模式时,进给量 F=导程×转速。当采用 G95 模式时,进给量 F=导程。

④ 在指定 G74 前,应先使主轴反转。另外,在 G74 与 G84 攻丝期间,进给倍率、进给保持均被忽略。

⑤ 动作过程如图 6.7 所示。

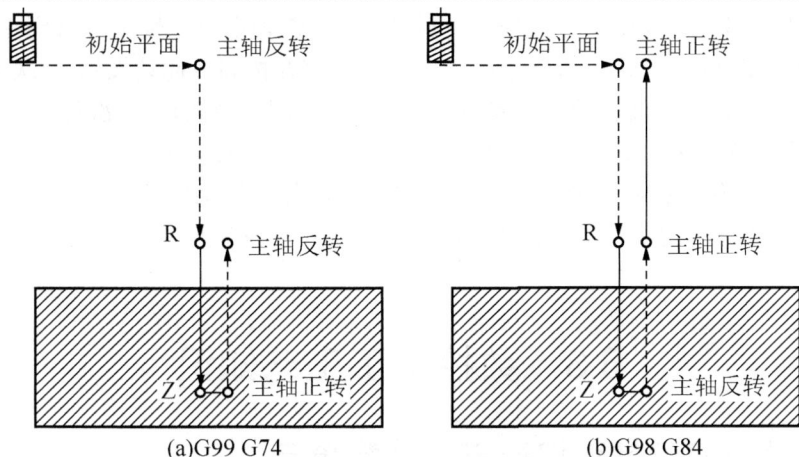

图 6.7　G74/G84 动作图

例 6-2： 对图 6.4 中的 4 个孔进行攻螺纹，攻螺纹深度 10mm，其数控加工程序为

```
N02 T01 M06;                     选用 T02 号刀具(φ10 丝锥。螺距为 2mm)
N04 G90 S150 M03;                启动主轴正转 1000r/min
N06 G00 X0. Y0. Z30. M08;
N08 G84 G99 X10. Y10. Z-10. R5 F300;  在(10,10)位置攻螺纹，螺纹的深度为
                                 10mm，参考平面高度为 5mm，螺纹加工循环结束返
                                 回参考平面，进给速度 F=(主轴转速)150×(螺纹螺
                                 距)2=300
N10 X50;                         在(50,10)位置攻螺纹(G84 为模态指令，直到
                                 G80 取消为止)
N12 Y30;                         在(50,30)位置攻螺纹
N14 X10;                         在(10,30)位置攻螺纹
N16 G80;                         取消攻螺纹循环
N18 G00 Z30;
N20 M30;
```

6.2.2　孔加工固定循环使用的注意事项

(1) 固定循环指令之前，必须先使用 S 和 M 代码指令主轴旋转。

(2) 固定循环模态下，包含 X、Y、Z、A、R 的程序段将执行固定循环，如果一个程序段不包含上列的任何一个地址，则在该程序段中将不执行固定循环，G04 中的地址 X 除外。另外，G04 中的地址 P 不会改变孔加工参数中的 P 值。

(3) 加工参数 Q、P 必须在固定循环被执行的程序段中被指定，否则指令的 Q、P 值无效。

(4) 有主轴控制的固定循环(如 G74、G76、G84 等)过程中，刀具开始切削进给时，主轴有可能还没有达到指令转速。这种情况下，需要在孔加工操作之间加入 G04 暂停指令。

(5) 01 组的 G 代码也起到取消固定循环的作用，请不要将固定循环指令和 01 组的 G 代码写在同一程序段中。

(6) 执行固定循环的程序段中指令了一个 M 代码，M 代码将在固定循环执行定位时被同时执行，M 指令执行完毕的信号在 Z 轴返回 R 点或初始点后被发出。使用 K 参数指令重复执行固定循环时，同一程序段中的 M 代码在首次执行固定循环时被执行。

(7) 固定循环模态下，刀具偏置指令 G45～G48 将被忽略(不执行)。

(8) 程序段开关置上位时，固定循环执行完 X、Y 轴定位、快速进给到 R 点及从孔底返回(到 R 点或到初始点)后，都会停止。也就是说需要按循环起动按钮 3 次才能完成一个孔的加工。3 次停止中，前面的两次是处于进给保持状态，后面的一次是处于停止状态。

(9) G74 和 G84 循环时，Z 轴从 R 点到 Z 点和 Z 点到 R 点两步操作之间如果按进给保持按钮的话，进给保持指示灯立即会亮，但机床的动作却不会立即停止，直到 Z 轴返回 R 点后才进入进给保持状态。另外 G74 和 G84 循环中，进给倍率开关无效，进给倍率被固定在 100%。

6.3　数控加工工艺知识

6.3.1　手动对刀及其数据计算和参数填写

在加工程序执行前，调整每把刀的刀位点，使其尽量重合某一理想基准点，这一过程称为对刀。对刀的目的是通过刀具或对刀工具确定工件坐标系与机床坐标系之间的空间位置关系，并将对刀数据输入到相应的存储位置。它是数控加工中最重要的工作内容，其准确性将直接影响零件的加工精度。对刀作分为 X 、Y 向对刀和 Z 向对刀。

1. 对刀方法

根据现有条件和加工精度要求选择对刀方法，可采用试切法、寻边器对刀、机内对刀仪对刀、自动对刀等。其中试切法对刀精度较低，加工中常用寻边器和 Z 向设定器对刀，效率高，能保证对刀精度。

2. 对刀工具

1) 寻边器

寻边器主要用于确定工件坐标系原点在机床坐标系中的 X、Y 值，也可以测量工件的简单尺寸。

寻边器有偏心式和光电式等类型，如图 6.8 所示。其中以偏心式较为常用。偏心式寻边器的测头一般为 10mm 和 4mm 两种的圆柱体，用弹簧拉紧在偏心式寻边器的测杆上。光电式寻边器的测头一般为 10mm 的钢球，用弹簧拉紧在光电式寻边器的测杆上，碰到工件时可以退让，并将电路导通，发出光讯号。通过光电式寻边器的指示和机床坐标位置可得到被测表面的坐标位置。

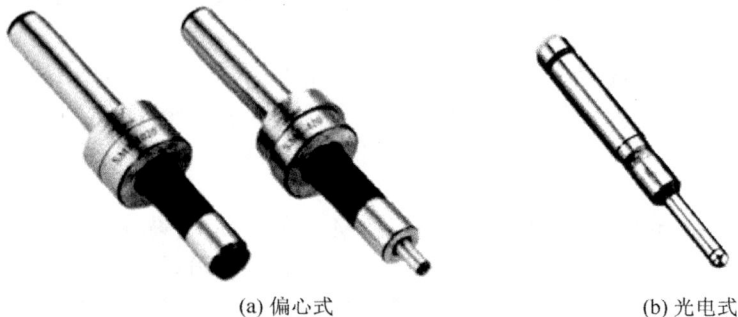

(a) 偏心式　　　　　　　　　　(b) 光电式

图 6.8　寻边器

2) Z 轴设定器

Z 轴设定器主要用于确定工件坐标系原点在机床坐标系的 Z 轴坐标，或者说是确定刀具在机床坐标系中的高度。

Z 轴设定器有光电式和指针式等类型，如图 6.9 所示。通过光电指示或指针判断刀具与对刀器是否接触，对刀精度一般可达 0.005mm。Z 轴设定器带有磁性表座，可以牢固地附着在工件或夹具上，其高度一般为 50mm 或 100mm。

(a)光电式　　　　　　　　　　　　(b)指针式

图 6.9　Z 轴设定器

3．对刀实例

以精加工过的零件毛坯，如图 6.10 所示，采用寻边器对刀，其详细步骤如下。

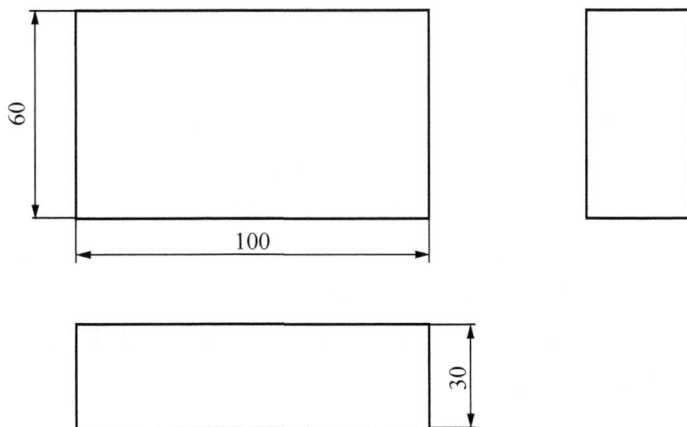

图 6.10　100x60x30 的毛坯

1) X、Y 向对刀

(1) 将工件通过夹具装在机床工作台上，装夹时，工件的四个侧面都应留出寻边器的测量位置。

(2) 快速移动工作台和主轴，让寻边器测头靠近工件的左侧。

(3) 改用手轮操作，让测头慢慢接触到工件左侧，直到目测寻边器的下部侧头与上固定端重合，将机床坐标设置为相对坐标值显示，按 MDI 面板上的按键 X，然后按 INPUT 键，此时当前位置 X 坐标值为 0。

(4) 抬起寻边器至工件上表面之上，快速移动工作台和主轴，让测头靠近工件右侧。

(5) 改用手轮操作，让测头慢慢接触到工件右侧，直到目测寻边器的下部侧头与上固定端重合，记下此时机械坐标系中的 X 坐标值，若测头直径为 10mm，则坐标显示为110.000。

(6) 提起寻边器，然后将刀具移动到工件的 X 中心位置，中心位置的坐标值 110.000/2=55，然后按下 X 键，按 INPUT 键，将坐标设置为 0，查看并记下此时机械坐标系中的 X 坐标值。此值为工件坐标系原点 W 在机械坐标系中的 X 坐标值。

(7) 同理可测得工件坐标系原点 W 在机械坐标系中的 Y 坐标值。

2) Z 向对刀

(1) 卸下寻边器，将加工所用刀具装上主轴。

(2) 准备一支直径为 10mm 的刀柄(用以辅助对刀操作)。

(3) 快速移动主轴，让刀具端面靠近工件上表面低于 10mm，即小于辅助刀柄直径。

(4) 改用手轮微调操作，使用辅助刀柄在工件上表面与刀具之间的地方平推，一边用手轮微调 Z 轴，直到辅助刀柄刚好可以通过工件上表面与刀具之间的空隙，此时的刀具断面到工件上表面的距离为一把辅助刀柄的距离，10mm。

(5) 在相对坐标值显示的情况下，将 Z 轴坐标"清零"，将刀具移开工件正上方，然后将 Z 轴坐标向下移动 10mm，记下此时机床坐标系中的 Z 值，此时的值为工件坐标系原点 W 在机械坐标系中的 Z 坐标值。

3) 将测得的 X、Y、Z 值输入到机床工件坐标系存储地址中(一般使用 G54～G59 代码存储对刀参数)

4．注意事项

在对刀作过程中须注意以下问题。

(1) 根据加工要求采用正确的对刀工具，控制对刀误差。

(2) 在对刀过程中，可通过改变微调进给量来提高对刀精度。

(3) 对刀时须小心谨慎，尤其要注意移动方向，避免发生碰撞危险。

(4) 对 Z 轴时，微量调节的时候一定要使 Z 轴向上移动，避免向下移动时使刀具、辅助刀柄和工件相碰撞，造成损坏刀具，甚至出现危险。

(5) 对刀数据一定要存入与程序对应的存储地址，防止因调用错误而产生严重后果。

5．刀具补偿值的输入和修改

根据刀具的实际尺寸和位置，将刀具半径补偿值和刀具长度补偿值输入到与程序对应的存储位置。

> ⚠ **注意**：补偿的数据正确性、符号正确性及数据所在地址正确性都将威胁到加工，从而导致撞车危险或加工报废。

6.3.2 自动加工

机床的自动运行也称为机床的自动循环。确定程序及加工参数正确无误后，选择自动加工模式，按下数控启动键运行程序，对工件进行自动加工。 程序自动运行操作如下。

(1) 按 PROG 键显示程序屏幕。

(2) 按地址键 O 以及用数字键输入要运行的程序号，并按 INSERT 键。

(3) 按【MEM：自动方式】。

(4) 按机床操作面板上的循环启动键 CYCLE START。所选择的程序会启动自动运行，启动键的灯会亮。当程序运行完毕后，指示灯会熄灭。

在中途停止或者暂停自动运行时，可以按下机床控制面板上的暂停键 FEED HOLD，暂停进给指示灯亮，并且循环指示灯熄灭。执行暂停自动运行后，如果要继续自动执行该程序，则按下循环启动键 CYCLE START，机床会接着之前的程序继续运行。

要终止程序的自动运行操作时，可以按下 MDI 面板上的 RESET 键，此时自动运行被终止，并进入复位状态。当机床在移动过程中，按下复位键 RESET 时，机床会减速直到停止。

6.3.3　数控机床程序传输与通信

1. 通过机床面板手动输入

在 EDIT 编辑方式下，选择 PROG 程序显示键，使用机床面板上的输入字符进行程序名和程序内容的输入。这种程序输入的方式仅限于简单程序的输入，输入速度慢，操作者的劳动强度高。

2. 通过 RS232 数据线通信传输程序

RS232 接口在数控机床上有 9 针或 25 针串口，其特点是简单，用一根 RS232C 电缆和电脑进行连接，实现在计算机和数控机床之间进行系统参数、PMC 参数、螺距补偿参数、加工程序、刀补等数据传输，完成数据备份和数据恢复，以及 DNC 加工和诊断维修。如图 6.11 所示为 9 针和 25 针插头外形。

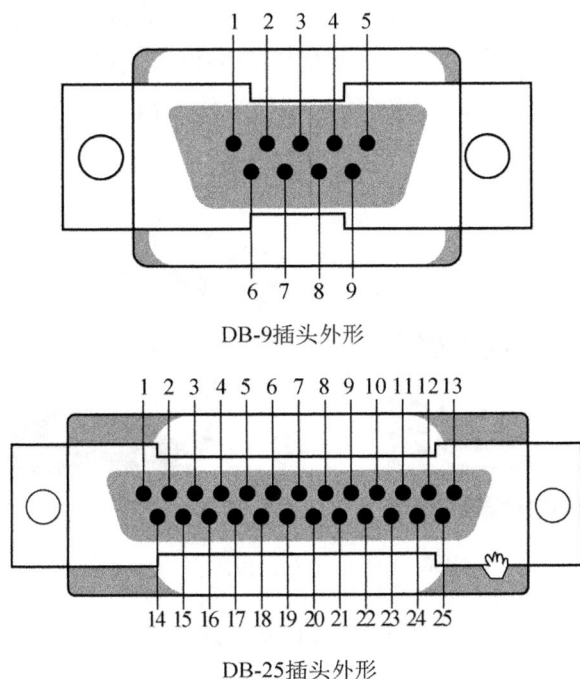

DB-9插头外形

DB-25插头外形

图 6.11　25 针和 9 针插头外形

FANUCO 系列接口连接如图 6.12 所示。

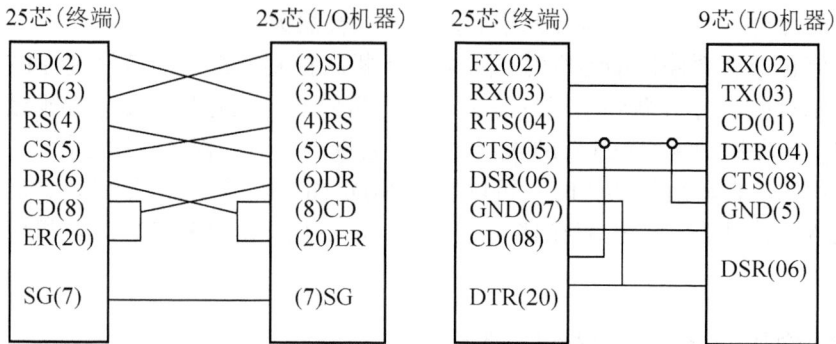

25芯(终端)	25芯(I/O机器)	25芯(终端)	9芯(I/O机器)
SD(2)	(2)SD	FX(02)	RX(02)
RD(3)	(3)RD	RX(03)	TX(03)
RS(4)	(4)RS	RTS(04)	CD(01)
CS(5)	(5)CS	CTS(05)	DTR(04)
DR(6)	(6)DR	DSR(06)	CTS(08)
CD(8)	(8)CD	GND(07)	GND(5)
ER(20)	(20)ER	CD(08)	DSR(06)
SG(7)	(7)SG	DTR(20)	

图 6.12　FANUCO 接口连接

3. CF 卡传输程序

对于简单的二维轮廓的零件，零件程序一般也比较短，可以通过机床操作面板把程序手动输到机床内进行加工，但是此种方法既费时又费力，而且非常容易出错。对于稍复杂一些的曲面，程序动辄就几百上千，此时手动输入则显得无能为力。借助 CF 卡就可以轻松解决程序传输的问题。

CF 卡传输程序时可有两种方式。

(1) 将程序一次传递完毕，送入机床内置的存储器中，随后调用程序进行加工，适用于较短的加工程序。

(2) 在程序传送的同时开动机床进行加工，这也就是通常所说的 DNC 联机加工。因为数控机床的内置存储器容量有限，一旦所用程序量超出存储器容量，前面的方法就不可行了，边传送边加工的方式就显示出它的优越性，使得程序量的大小不会受任何限制。CF卡及读卡器如图 6.13 所示。

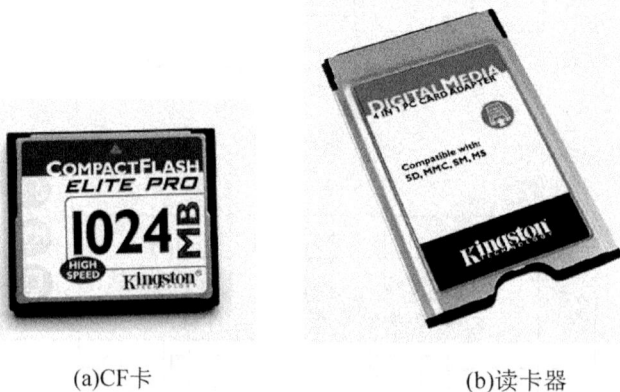

(a)CF卡　　　　　　　　　　(b)读卡器

图 6.13　CF 卡及读卡器

6.4　回到工作场景

【工作过程一】数控加工工艺分析

1．根据零件图样要求，确定毛坯及加工顺序

如图 6.1 所示的零件，不需要热处理，无硬度要求，须对板上 12 个直径不同、深度不同的孔进行加工。

(1) 设孔板零件毛坯已经使用平口钳装夹好，一次装夹完 12 个孔的粗、精加工。

(2) 加工顺序

1～6 号通孔的钻削→7～10 号盲孔的加工→11～12 号孔的镗削加工。

2．选择机床设备及刀具

根据零件图样要求，选数控立式升降台铣床型号为 CK5032C。

根据加工要求，选用 1 把直径为 10mm 的钻头，刀号 T01；选用 1 把直径为 20mm 的平底铣刀，刀号为 T02；选用 1 把直径为 95mm 的镗刀，刀号为 T03。把它们的刀偏长度补偿量和半径值输入相应的刀具参数中，刀具卡片如表 6.1 所示。

表 6.1　数控刀具明细表

零件图号	零件名称		材料	程序编号		车间		使用设备
	圆凸台		45 钢					立式升降台铣床型号为 CK5032C
序号	刀具号	刀具名称	刀具图号	刀具			刀补地址	换刀方式	加工部位
				直径		长度	直径	长度	自动/手动	
				设定	补偿	设定				
1	T01	钻头		ϕ 10	0		0	H01	手动	1—6 号孔
2	T02	键槽铣刀		ϕ 20	0		0	H02	手动	7—10 号盲孔
3	T03	镗刀		ϕ 95	0		0	H03	手动	11—12 号孔
编制		审核		批准		年　月　日		共　页第　页		

3．确定切削用量

切削用量的具体数值应根据机床性能、相关的手册并结合实际经验用类比方法确定，在此次加工中钻削选用 $F=120\text{mm/min}$，镗削选用 $F=50\text{mm/min}$。

4．确定工件坐标系、对刀点和换刀点

确定以工件的上表面中心为工件原点，建立工件坐标系。采用手动试切对刀方法。假设换刀点设置在机床坐标系下 X0、Y0、Z20 处，数控加工工序卡如表 6.2 所示。

表 6.2　孔类零件数控加工工序卡片

单位名称	××	产品名称	零件名称	零件图号
		××	孔类零件	××
工序号	程序编号	夹具名称	使用设备	车间
001	O0001	平口钳	数控立式升降台铣床 CK5032C	数控实训车间

工序简图：

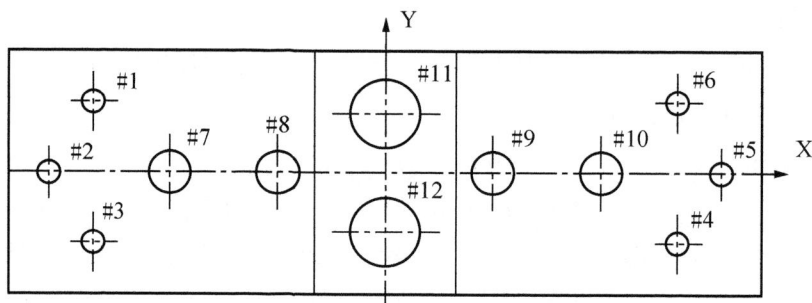

工步号	工步内容	刀具号	刀具规格 /mm	主轴转速 n/(r/min)	进给速度 f/(mm/min)	备注
1	装夹，安装 T01 刀具					手动
2	1—6 号通孔的钻削	T01	ϕ10	600	120	自动
3	换 T02 刀具					手动
4	7—10 号盲孔的加工	T02	ϕ20	600	120	自动
5	换 T03 刀具					手动
6	11—12 号孔的镗削加工	T03	ϕ95	300	50	自动
编制	××	审核 ×× 批准 ××	年 月 日			共　页 第　页

5．基点运算

以工件的上表面中心为工件原点，建立工件坐标系，采用绝对尺寸编程。切削加工的基点计算值如表 6.3 所示。

表 6.3　切削加工的基点计算值

基　点	1	2	3	4	5	6	7	8	9	10	11	12
x	−430	−530	−430	430	530	430	−300	−150	150	300	0	0
Y	120	0	−120	−120	0	120	0	0	0	0	150	−150
Z(加工深度)	−100	−100	−100	−100	−100	−100	−70	−70	−70	−70	−100	−100

【工作过程二】程序编制

孔精加工程序编制清单如下。

程　序	注　释
O0001	程序名
G54 G90 G00 X0 Y0 Z30 T01;	把 1 号刀手动装上主轴，G54 坐标系，绝对编程
G43 G00 Z5 H01;	长度补偿，补偿号为 H01
S600 M03;	主轴正转，转速为 600
G99 G81 X-430 Y120 Z-100 R-27 F120;	钻孔循环 G81 加工 1 号孔
X-530 Y0;	加工 2 号孔
G98 X-430 Y-120;	加工 3 号孔并返回到初始平面
G99 X 430;	加工 4 号孔
X530 Y0;	加工 5 号孔
G98 X430 Y120;	加工 6 号孔并返回到初始平面
G49 G00 Z20;	取消刀补，返回到机床坐标系的 Z20 位置
G00 X0 Y0;	返回到 X0，Y0 位置
M05;	主轴停止
M00;	选择停止，手动换 2 号刀
G54 G90 G00 X0 Y0 Z30 T02;	G54 坐标系，绝对编程
G43 G00 Z5 H02;	长度补偿，补偿号为 H02
S600 M03;	主轴正转，转速为 600
G99 G81 X-300 Y0 Z-70 R-27 F120;	加工 7 号孔
G98 X-150;	加工 8 号孔，返回到初始平面
G99 X150;	加工 9 号孔
G98 Y300;	加工 10 号孔，返回到初始平面
G49 G00 Z20;	取消刀具长度补偿，返回到机床坐标系的 Z20 位置
G00 X0 Y0;	返回到 X0，Y0 的位置
M05;	主轴停止
M00;	选择停止，手动换 3 号刀
G54 G90 G00 X0 Y0 Z30 T03;	G54 坐标系，绝对编程
G43 G00 Z5 H03;	长度补偿，补偿号为 H03
S300 M03;	主轴正转，转速为 300
G76 G99 X0 Y150 Z-100 R3 F50;	精镗孔循环加工 11 号孔
G98 Y-150;	加工 12 号孔，返回到初始平面
G49 G00 Z30;	取消刀具长度补偿，返回到机床坐标系的 Z30 位置
M05;	主轴停止
M30;	程序结束

6.5 拓 展 实 训

实训 1 孔类零件编程加工

(一)训练内容

现准备在一盘类零件上加工若干个孔，工程图如图 6.14 所示，学生按小组独立完成图 6.10 所示零件孔的铣削工艺与编程。

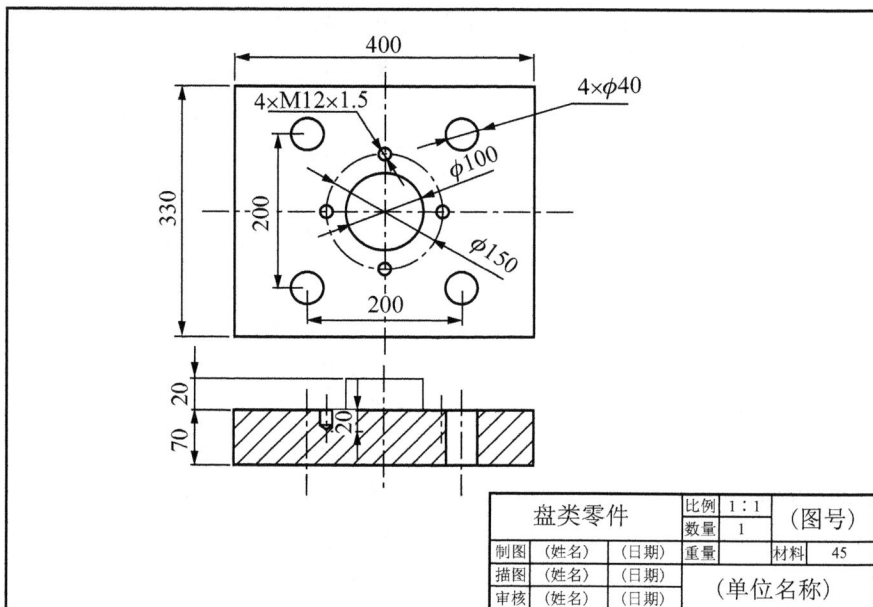

图 6.14 盘类零件工程图

(二)训练目的

掌握孔加工程序的编制方法及步骤，学习孔循环基本编程指令的应用。

(三)训练过程

步骤一：数控加工工艺分析。

(1) 根据零件图样要求、确定孔的加工顺序。

(2) 选择机床设备及刀具。

(3) 确定切削用量。

(4) 确定工件坐标系、对刀点和换刀点。

(5) 基点运算。

步骤二：程序编制。

编写孔的精加工程序并写出加工程序清单。

步骤三：操作训练。

(1) 熟悉数控仿真系统和数控铣操作面板。

(2) 学会对刀操作。

(3) 仿真验证。

(四)技术要点

(1) 注意孔加工的顺序。

(2) 注意刀具返回点的设置。

(3) 切削参数的设定。

盘类零件加工刀具及参数，如表 6.4 所示(供参考)。

表 6.4　盘类零件加工刀具及参数

工步号	工步内容	刀具号	刀具规格 /mm	主轴转速 n/(r/min)	进给速度 f/(mm/min)
1	铣削上表面	T01	ϕ100 面铣刀	800	400
2	钻 ϕ40 孔	T02	ϕ28 钻头	500	70
3	钻 M12 孔	T03	ϕ10.2 钻头	500	70
4	镗 ϕ40 孔	T04	ϕ40 镗刀	300	50
5	攻 M12 螺纹	T05	M12 丝锥	50	

实训 2　FANUC 系统 A 类宏程序应用

(一)训练内容

某车间现准备加工一孔类零件，工程图如图 6.15 所示，用宏程序和子程序功能顺序加工圆周等分孔。设圆心在 O 点，它在机床坐标系中的坐标为(X0，Y0)，在半径为 r 的圆周上均匀地钻几个等分孔，起始角度为 α，孔数为 n。以零件上表面为 Z 向零点。要求学生按小组编制出该零件的宏程序。

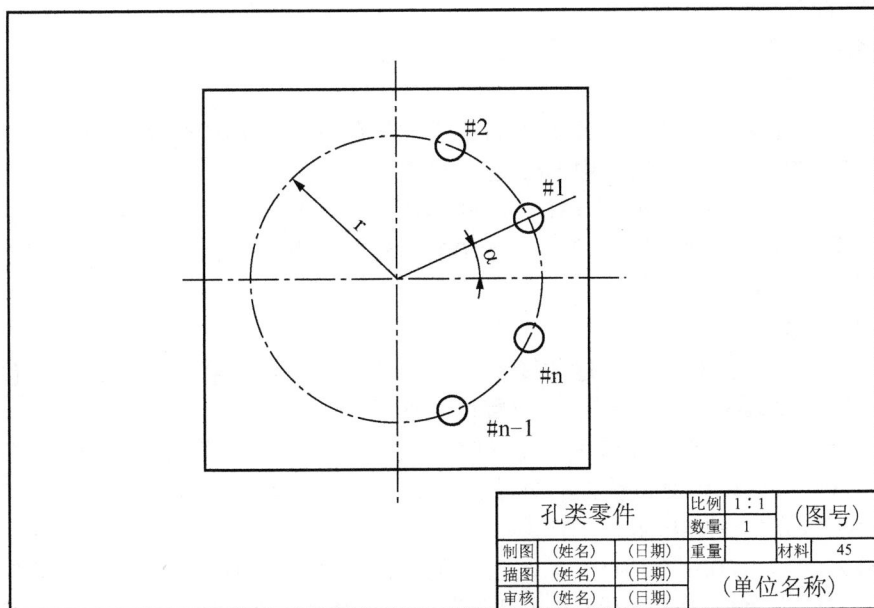

图 6.15　孔类零件工程图

(二)训练目的

使学生掌握 A 类宏程序的编制方法。

(三)训练过程

步骤一：宏程序基本知识学习。

用户宏功能是提高数控机床性能的一种特殊功能。使用中，通常把能完成某一功能的一系列指令像子程序一样存入存储器，然后用一个总指令代表它们，使用时只需给出这个总指令就能执行其功能。

用户宏功能主体是一系列指令，相当于子程序体。既可以由机床生产厂提供，也可以由机床用户自己编制。

宏指令是代表一系列指令的总指令，相当于子程序调用指令。

用户宏功能的最大特点是，可以对变量进行运算，使程序应用更加灵活、方便。

1. 变量

在常规的主程序和子程序内，总是将一个具体的数值赋给一个地址。为了使程序更具通用性、更加灵活，在宏程序中设置了变量，即将变量赋给一个地址。

1) 变量的表示

变量可以用"#"号和跟随其后的变量序号来表示：#i(i=1，2，3，…)

例：#5， #109， #501。

2) 变量的引用

将跟随在一个地址后的数值用一个变量来代替，即引入了变量。

例：对于 F#103，若#103=50 时，则为 F50。

对于 Z-#110，若#110=100 时，则为 Z-100。

对于 G#130，若#130=3 时，则为 G03。

3) 变量的类型

0MC 系统的变量分为公共变量和系统变量两类。

(1) 公共变量。

公共变量是在主程序和主程序调用的各用户宏程序内公用的变量。也就是说，在一个宏指令中的#i 与在另一个宏指令中的#i 是相同的。

公共变量的序号为：#100～#131；#500～#531。其中#100～#131 公共变量在电源断电后即清零，重新开机时被设置为"0"；#500～#531 公共变量即使断电后，它们的值也保持不变，因此也称为保持型变量。

(2) 系统变量。

系统变量定义为：有固定用途的变量，它的值决定系统的状态。系统变量包括刀具偏置变量，接口的输入/输出信号变量，位置信息变量等。

系统变量的序号与系统的某种状态有严格的对应关系。例如，刀具偏置变量序号为#01～#99，这些值可以用变量替换的方法加以改变，在序号 1～99 中，不用作刀偏量的变量可用作保持型公共变量#500～#531。

接口输入信号#1000～#1015，#1032。通过阅读这些系统变量，可以知道各输入口的情况。当变量值为"1"时，说明接点闭合；当变量值为"0"时，表明接点断开。这些变量的数值不能被替换。阅读变量#1032，所有输入信号一次读入。

2．宏指令 G65

宏指令 G65 可以实现丰富的宏功能，包括算术运算、逻辑运算等处理功能。

一般形式：　G65 Hm P#i Q#j R#k

式中：m——宏程序功能，数值范围 01～99。

　　　#i——运算结果存放处的变量名。

　　　#j——被操作的第一个变量，也可以是一个常数。

　　　#k——被操作的第二个变量，也可以是一个常数。

例如，当程序功能为加法运算时。

程序：P#100 Q#101 R#102······　含义为#100=#101+#102

程序：P#100 Q-#101 R#102······　含义为#100=-#101+#102

程序：P#100 Q#101 R15······　含义为#100=#101+15

3．宏功能指令

1) 算术运算指令

算术运算指令如表 6.5 所示。

表 6.5　算术运算指令

G 码	H 码	功　　能	定　　义
G65	H01	定义，替换	$\#i=\#j$
G65	H02	加	$\#i=\#j+\#k$
G65	H03	减	$\#i=\#j-\#k$
G65	H04	乘	$\#i=\#j\times\#k$
G65	H05	除	$\#i=\#j/\#k$
G65	H21	平方根	$\#i=\sqrt{\#j}$
G65	H22	绝对值	$\#i=|\#j|$
G65	H23	求余	$\#i=\#j-\mathrm{trunc}(\#j/\#k)\cdot\#k$
			trunc：丢弃小于 1 的分数部分
G65	H24	BCD 码→二进制码	$\#i=\mathrm{BIN}(\#j)$
G65	H25	二进制码→BCD 码	$\#i=\mathrm{BCD}(\#j)$
G65	H26	复合乘/除	$\#i=(\#i\times\#j)\div\#k$
G65	H27	复合平方根 1	$\#i=\sqrt{\#j^2+\#k^2}$
G65	H28	复合平方根 2	$\#i=\sqrt{\#j^2-\#k^2}$

(1) 变量的定义和替换 #i=#j。

编程格式：

```
G65 H01 P#i Q#j
```

例：G65 H01 P#101 Q1005；　(#101=1005)

　　G65 H01 P#101 Q-#112；　(#101=-#112)

(2) 加法：#i=#j+#k。

编程格式：

```
G65 H02 P#i Q#j R#k
```

例：G65 H02 P#101 Q#102 R#103；(#101=#102+#103)

(3) 减法：#i=#j-#k。

编程格式：

```
G65 H03 P#i Q#j R#k
```

例：G65 H03 P#101 Q#102 R#103；(#101=#102-#103)

(4) 乘法：#i=#j×#k。

编程格式：

```
G65 H04 P#i Q#j R#k
```

例：G65 H04 P#101 Q#102 R#103；(#101=#102×#103)

(5) 除法：#i=#j / #k。

编程格式：

```
G65 H05 P#i Q#j R#k
```

例：G65 H05 P#101 Q#102 R#103；(#101=#102/#103)

(6) 平方根：$\#i=\sqrt{\#j}$。

编程格式：

```
G65 H21 P#i Q#j
```

例：G65 H21 P#101 Q#102；($\#101=\sqrt{\#102}$)

(7) 绝对值：#i=│#j│。

编程格式：

```
G65 H22 P#i Q#j
```

例：G65 H22 P#101 Q#102；(#101=│#102│)

(8) 复合平方根1：$\#i=\sqrt{\#j^2+\#k^2}$。

编程格式：

```
G65 H27 P#i Q#j R#k
```

例：G65 H27 P#101 Q#102 R#103；($\#101=\sqrt{\#102^2+\#103^2}$)

(9) 复合平方根2：$\#i=\sqrt{\#j^2-\#k^2}$。

编程格式：

```
G65 H28 P#i Q#j R#k
```

例：G65 H28 P#101 Q#102 R#103($\#101=\sqrt{\#102^2-\#103^2}$)

2) 逻辑运算指令，如表6.6所示

表 6.6　逻辑运算指令

G 码	H 码	功　能	定　义
G65	H11	逻辑 "或"	#i=#j · OR · #k
G65	H12	逻辑 "与"	#i=#j · AND · #k
G65	H13	异或	#i=#j · XOR · #k

(1) 逻辑或：#i=#j OR #k。
编程格式：

```
G65 H11 P#i Q#j R#k
```

例：G65 H11 P#101 Q#102 R#103；(#101=#102 OR #103)

(2) 逻辑与：#i=#j AND #k。
编程格式：

```
G65 H12 P#i Q#j R#k
```

例 G65 H12 P#101 Q#102 R#103；(#101=#102 AND #103)

3) 三角函数指令，如表 6.7 所示

表 6.7　三角函数指令

G 码	H 码	功　能	定　义
G65	H31	正弦	#i=#j · SIN（#k）
G65	H32	余弦	#i=#j · COS（#k）
G65	H33	正切	#i=#j · TAN（#k）
G65	H34	反正切	#i=ATAN（#j/#k）

(1) 正弦函数 #i=#j×SIN(#k)。
编程格式：

```
G65 H31 P#i Q#j R#k (单位：度)
```

例：G65 H31 P#101 Q#102 R#103；(#101=#102×SIN(#103))

(2) 余弦 z 函数 #i=#j×COS(#k)。
编程格式：

```
G65 H32 P#i Q#j R#k (单位：度)
```

例：G65 H32 P#101 Q#102 R#103；(#101=#102×COS(#103))

(3) 正切函数：#i=#j×TAN#k。
编程格式：

```
G65 H33 P#i Q#j R#k (单位：度)
```

例：G65 H33 P#101 Q#102 R#103；(#101=#102×TAN(#103))

(4) 反正切：#i=ATAN(#j/#k)。

编程格式：

```
G65 H34 P#i Q#j R#k (单位：度，0°≤ #j ≤360°)
```

例：G65 H34 P#101 Q#102 R#103；(#101=ATAN(#102/#103))

4) 控制类指令，如表 6.8 所示

表 6.8　控制类指令

G 码	H 码	功　能	定　义
G65	H80	无条件转移	GO TO n
G65	H81	条件转移 1	IF # j=# k, GOTOn
G65	H82	条件转移 2	IF # j≠# k, GOTOn
G65	H83	条件转移 3	IF # j># k, GOTOn
G65	H84	条件转移 4	IF # j<# k, GOTOn
G65	H85	条件转移 5	IF # j≥# k, GOTOn
G65	H86	条件转移 6	IF # j≤# k, GOTOn
G65	H99	产生 PS 报警	PS 报警号 500+n 出现

(1) 无条件转移。

编程格式：

```
G65 H80 Pn (n 为程序段号)
```

例：G65 H80 P120；(转移到 N120)

(2) 条件转移 1：　#j EQ #k(=)。

编程格式：

```
G65 H81 Pn Q#j R#k (n 为程序段号)
```

例：G65 H81 P1000 Q#101 R#102

当#101=#102，转移到 N1000 程序段；若#101≠ #102，执行下一程序段。

(3) 条件转移 2：　#j NE #k(≠)。

编程格式：

```
G65 H82 Pn Q#j R#k (n 为程序段号)
```

例：G65 H82 P1000 Q#101 R#102

当#101≠ #102，转移到 N1000 程序段；若#101=#102，执行下一程序段。

(4) 条件转移 3：　#j GT #k (>)。

编程格式：

```
G65 H83 Pn Q#j R#k (n 为程序段号)
```

例：G65 H83 P1000 Q#101 R#102

当#101 > #102，转移到 N1000 程序段；若#101 ≤#102，执行下一程序段。

(5) 条件转移 4：　#j LT #k(<)。

编程格式：

G65 H84 Pn Q#j R#k (n 为程序段号)

例：G65 H84 P1000 Q#101 R#102

当#101 < #102，转移到 N1000；若#101 ≥ #102，执行下一程序段。

(6) 条件转移 5：#j GE #k(≥)。

编程格式：

G65 H85 Pn Q#j R#k (n 为程序段号)

例：G65 H85 P1000 Q#101 R#102

当#101 ≥ #102，转移到 N1000；若#101<#102，执行下一程序段。

(7) 条件转移 6 ：#j LE #k(≤)。

编程格式：

G65 H86 Pn Q#j Q#k (n 为程序段号)

例：G65 H86 P1000 Q#101 R#102

当#101 ≤ #102，转移到 N1000；若#101>#102，执行下一程序段。

4．使用注意

为保证宏程序的正常运行，在使用用户宏程序的过程中，应注意以下几点。

(1) 由 G65 规定的 H 码不影响偏移量的任何选择。

(2) 如果用于各算术运算的 Q 或 R 未被指定，则作为 0 处理。

(3) 在分支转移目标地址中，如果序号为正值，则检索过程是先向大程序号查找，如果序号为负值，则检索过程是先向小程序号查找。

(4) 转移目标序号可以是变量。

步骤二：数控加工工艺分析。

(1) 根据零件图样要求，确定毛坯及加工顺序。

如图 6.15 所示的零件，不需要热处理，无硬度要求，上表面要加工，加工精度较高。

① 零件毛坯尺寸为 100×100×50，上表面中心点为工艺基准，用平口钳夹持 100×100 处，使工件高出钳口 20mm，一次装夹完成粗、精加工。

② 加工顺序，加工顺序及路线见工艺卡。

(2) 选择工装及刀具。

① 按零件形状，选立式升降台铣床型号为 CK5032C。

② 工具选择，工件采用平口钳装夹，试切法对刀，把刀偏值输入相应的刀具参数中。

③ 量具选择，轮廓尺寸用游标卡尺、千分尺、角尺、万能量角器等测量，表面质量用表面粗糙度样板检测，另用百分表校正平口钳及工件上表面。

④ 刃具选择，刀具选择如表 6.9 所示。

(3) 确定切削用量。

切削用量的具体数值应根据机床性能、相关的手册并结合实际经验用类比方法确定，在此次加工中在 S500 的情况下 F=50mm/min。

(4) 确定工件坐标系、对刀点和换刀点。

表 6.9 数控刀具明细表

零件图号		零件名称		材料	程序编号		车间	使用设备
		孔类零件		45 钢				立式升降台铣床型号为 CK5032C
序号	刀具号	刀具名称	刀具图号	刀具			刀补地址		换刀方式	加工部位
				直径		长度	直径	长度	自动/手动	
				设定	补偿	设定				
1	T01	钻头		$\phi16$	8	0	D01		手动	零件外轮廓
编制		审核		批准			年 月 日		共 页 第 页	

确定以工件上表面中心点为工件原点，建立工件坐标系。采用手动试切对刀方法，把上表面中点作为对刀点。数控加工工序卡如表 6.10 所示。

表 6.10 孔类零件数控加工工序卡

单位名称	××	产品名称	零件名称	零件图号
		××	孔类零件	××
工序号	程序编号	夹具名称	使用设备	车间
	O9010	平口钳	CK5032C	数控实训车间

工序简图:

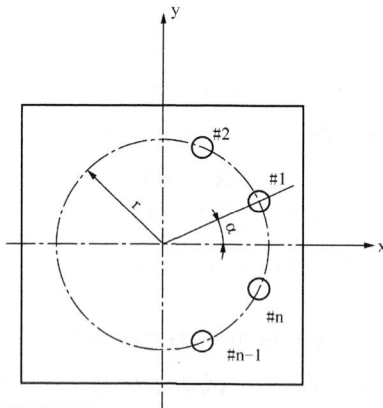

工步号	工步内容	刀具号	刀具规格 /mm	主轴转速 n/(r/min)	进给速度 f/(mm/r)		备注
1	装夹						手动
2	对刀，上表面中心点			500			手动
3	钻孔	T01	ϕ 16 钻头	500	50		手动
编制	××	审核	××	批准	××	年 月 日	共 页 第 页

步骤三：程序编制。

使用以下保持型变量

　　　　#502：半径 r；

　　　　#503：起始角度 α；

#504：孔数 n，当 n>0 时，按逆时针方向加工，当 n<0 时，按顺时针方向加工；

#505：孔底 Z 坐标值；

#506：R 平面 Z 坐标值；

#507：F 进给量

变量#500～#507 可在程序中赋值，也可由 MDI 方式设定。

使用以下变量进行操作运算：

#100：表示第 i 步钻第 i 孔的记数器；

#101：记数器的最终值(为 n 的绝对值)；

#102：第 i 个孔的角度位置 θ_i 的值；

#103：第 i 个孔的 X 坐标值；

#104：第 i 个孔的 Y 坐标值；

用户宏程序编制的钻孔子程序如下。

程　序	注　释
O9010	
N110　G65　H01　P#100　Q0	#100 = 0
N120　G65　H22　P#101　Q#504	#101 = ｜#504｜
N130　G65　H04　P#102　Q#100　R360	#102 = #100 ×360°
N140　G65　H05　P#102　Q#102　R#504	#102 = #102 / #504
N150　G65　H02　P#102　Q#503　R#102	#102 = #503 + #102 当前孔角度位置
	$\theta_i = \alpha + (360° \times i) / n$
N160　G65　H32　P#103　Q#502　R#102	#103 = #502 ×COS(#102) 当前孔的 X 坐标
N170　G65　H31　P#104　Q#502　R#102	#104 = #502 ×SIN(#102) 当前孔的 Y 坐标
	定位到当前孔(返回开始平面)
N180　G90　G00　X#103　Y#104	快速进到 R 平面
N190　G00　Z#506	加工当前孔
N200　G01　Z#505　F#507	快速退到 R 平面
N210　G00　Z#506	#100 = #100+1 孔计数
N220　G65　H02　P#100　Q#100　R1	当#100 < #101 时，向上返回到 130 程序段
N230　G65　H84　P-130　Q#100　R#101	子程序结束
N240　M99	

调用上述子程序的主程序如下。

程　序	注　释
O0010	
N10 G54 G90 G00 X0 Y0 Z20	
N15 M03 S500	进入加工坐标系
N20 M98 P9010	调用钻孔子程序，加工圆周等分孔
N30 Z20	抬刀
N40 G00 G90 X0 Y0	返回加工坐标系零点
N50 M30	程序结束

工作实践常见问题解析

【问题 1】G98 和 G99 的区别。

【答】G98 的方式表示返回初始平面，G99 的方式表示放回到 R 点平面。假设一个孔已经加工完毕，刀具要加工下一个孔，在两孔之间没有凸台等干涉的情况下，为了节省加工时间一般选用 G99。

【问题 2】M00 和 M01 的区别。

【答】M00 为程序无条件暂停指令。程序执行到此进给停止，主轴停转。M00 后，数控系统停止读入下一单节，以便进行手动操作。重新按下控制面板上的【循环启动】按钮后，再继续执行后面的程序段。在测量工件和排除切屑时经常使用。

M01 程序选择性暂停指令。与执行 M00 类似，不同的是只有按下机床操作面板上的【选择停止】按钮时，该指令才有效。M01 后，执行后的效果与 M00 相同，要重新启动程序同上。如果不按下机床操作面板上的"选择停止"按钮，则 M01 不起作用，程序继续执行后面的程序。

【问题 3】子程序结束一定要加 M99 吗？

【答】是的。当子程序借宿时，一定要加 M99 指令，这样程序才能从子程序跳到调用子程序的主程序的程序段。如果没有 M99 指令就回不到主程序。所以在子程序结尾加 M99 指令很重要。

【问题 4】主程序和子程序需要写在一个程序名中吗？

【答】主程序和子程序是两个不同的程序，是相互独立的所以需要分开，故不能写在一个程序名中。

6.6　习　　题

填空题

1. 铣床固定循环由(　　　)组成。
2. 在返回动作中，用 G98 指定刀具返回(　　　)；用 G99 指定刀具返回(　　　)。
3. 在指定固定循环之前，必须用辅助功能(　　　)使主轴(　　　)。
4. 在精铣内外轮廓时，为改善表面粗糙度，应采用(　　　)的进给路线加工方案。
5. 取消固定循环用(　　　)指令。

简答题

1. 请简述固定循环的基本动作，并画出动作图。
2. 请简述自动加工的操作过程。
3. 精镗循环指令 G76 的动作过程是什么？

操作题(编程题或实训题等)

现准备在一盘类零件上加工若干个孔，工程图如图 6.16 所示，请按图纸要求分小组独立完成下图的车削工艺并编制该零件精加工程序。请按如下步骤完成练习。

步骤一：

① 根据零件图样要求，确定孔加工顺序。
② 选择机床设备及刀具。
③ 确定切削用量。
④ 确定工件坐标系、对刀点和换刀点。
⑤ 基点运算。

步骤二：

编写孔加工程序并写出加工程序清单。

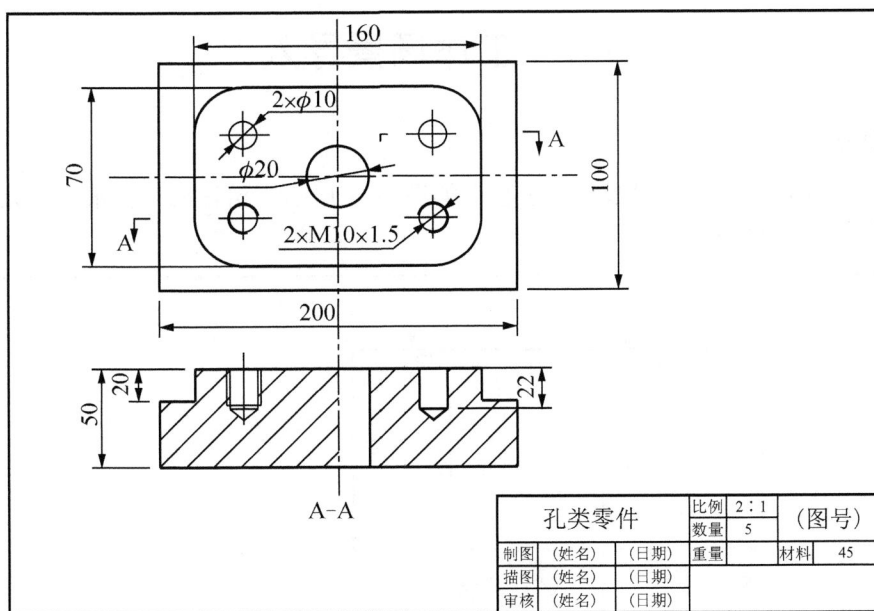

图 6.16　孔类零件工程图

第 7 章　加工中心加工与编程

本章要点

- 加工中心换刀指令应用。
- 加工中心工艺文件的编制方法。
- 加工中心零件的编程方法。
- 加工中心的操作。

技能目标

- 能熟练地编制加工中心的程序。
- 能够准确建立工件坐标系。
- 能够熟练应用 G00、G01、G02/G03、G94/G95、G96/G97、G98/G99、G54～G59、G17/G18/G19、G41/G42/G40、G43/G44/G49、F 、S、M 等编程指令。
- 会操作加工中心加工零件。

7.1　工作场景导入

【工作场景】

某车间现准备加工一凸模零件，工程图如图 7.1 所示，请按图纸要求制定该零件加工工艺并编制精加工程序。

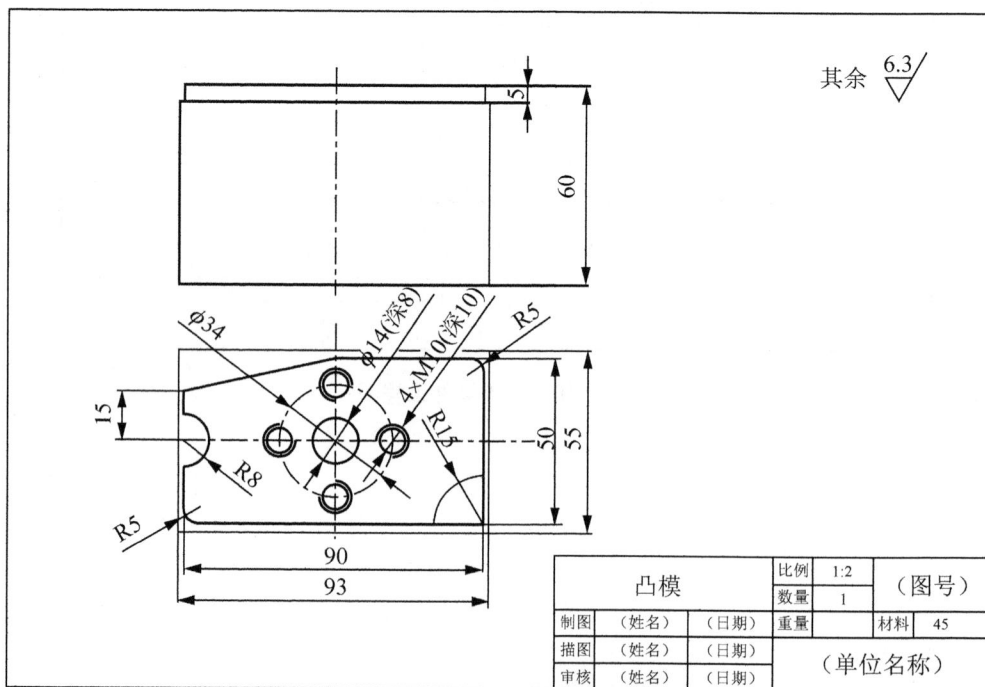

图 7.1　凸模零件

(1) 如何根据零件图样要求，选择零件毛坯，确定工艺方案及加工路线？

(2) 如何选用机床设备、刀具，确定切削用量？

(3) 如何确定工件坐标系、对刀点和换刀点？

(4) 编程时会用到哪些基本指令、代码？如何使用？

7.2　加工中心程序编制的基础

7.2.1　极坐标指令

1) 指令格式

G16;

G15;

其中：G16——极坐标系生效指令；

G15——极坐标系取消指令。

2) 说明

当使用极坐标指令后，坐标值以极坐标方式指定，即以极坐标半径和极坐标角度来确定点的位置。

(1) 极坐标半径。

当使用 G17、G18、G19 选择好加工平面后，用所选平面的第一轴地址来指定。

(2) 极坐标角度。

用所选平面的第二坐标地址来指定极坐标角度，极坐标的零度方向为第一坐标轴的正方向，逆时针方向为角度方向的正方向，如图 7.2 所示。

例 7.1：多边形加工编程。

...

G00 X50 Y0;

G90 G17 G16;　　　　　　　　绝对值编程，选择 XY 平面，极坐标生效

G01 X50 Y60;　　　　　　　　终点极坐标半径为 50mm，终点极坐标角度为 60 度

G15;　　　　　　　　　　　取消极坐标

...

(3) 极坐标系原点。

极坐标系原点指定方式有两种。

一种是以工件坐标系的零点作为极坐标原点；另一种是以刀具当前的位置作为极坐标系原点。

当以工件坐系零点作为极坐标系原点时，用绝对值编程方式来指定。如程序"G90 G17 G16"，极坐标半径值是指终点坐标到编辑原点的距离，角度值是指终点坐标与编程原点的连线与 X 轴的夹角。如图 7.3 所示，当以刀具当前位置作为极坐标系原点时，用增量值编程方式来指定。如程序"G91 G17 G16"，极坐标半径值是指终点到刀具当前位置的距离，角度值是指前一坐标原点与当前极坐标系原点的连线与当前轨迹的夹角。

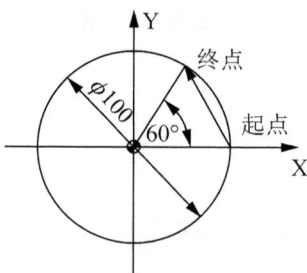

图 7.2 极坐标编程

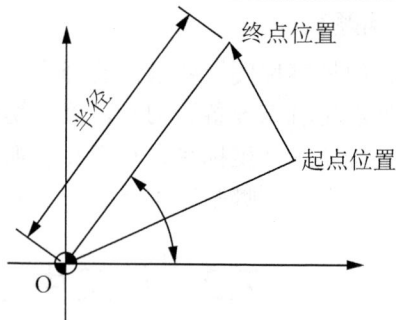

图 7.3 绝对值编程

如图 7.4 所示，在 A 点进行 G91 方式极坐标编程，A 点为当前极坐标系的原点，而前一坐标系的原点为编程原点(O 点)，则半径为当前编程原点到轨迹终点的距离(图中 AB 线段的长度)，角度为前一坐标原点与当前根坐标系原点的连线与前轨迹的夹角(图中 OA 与 AB 的夹角)。BC 段编程时，B 点为当前极坐标系原点，角度与半径的确定与 AB 段类似。

例 7.2：加工如图 7.5 所示零件圆周上的 3 个螺纹孔。

```
N1 G17 G90 G16;                           定角度和半径,指定极坐标指令和选择 XY 平面
                                          设定工件坐标系的零点作为极坐标系的原点
N2 G81 X100.0 Y30.0 Z-20.0 R-5.0 F200.0;  指定 100mm 的距离和 30 度的角度
N3 Y150.0;                                指定 100mm 的距离和 150 度的角度
N4 Y270.0;                                指定 100mm 的距离和 270 度的角度
N5 G15 G80;                               取消极坐标指令
```

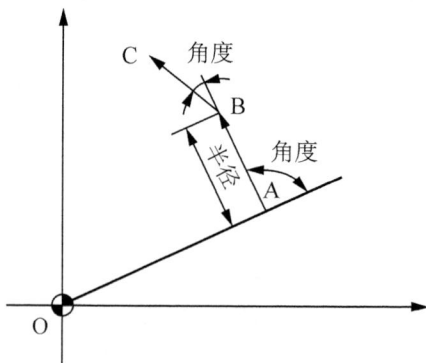

图 7.4 增量值编程

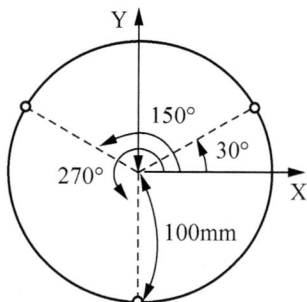

图 7.5 螺栓孔圆

7.2.2 加工中心编程要点

加工中心的编程除了增加了自动换刀的功能指令外，其他和数控铣床编程基本相同。

1. 选刀、换刀指令

M06——自动换刀指令。

本指令将驱动机械手进行换刀动作，但并不包括刀库转动的选刀动作。

M19——主轴准停。

本指令将使主轴定向停止，确保主轴停止的方位和装刀标记方位一致。

Txx——选刀指令。

选刀指令 Txx 是用以驱动刀库电机带动刀库转动而实施选刀动作的。T 指令后跟的两位数字，是将要更换的刀具地址号。

两种换刀方法：

(1) …TXX　　M06　　　　先选刀，再换刀，主轴上刀具为 TXX

　　　选刀和换刀动作可分开，也可不分开。

如：执行…T01 M06 后，　主轴上为 01 号刀具。

(2) …M06 TXX　　　　　先换刀，再选刀，主轴上刀具不是 TXX

如：执行…M06　T01 后，　主轴上不是 01 号刀具。

先将上次选好的刀具换上主轴，再选 01 号刀具为下次换刀作准备。(刀库换刀位上为 01 号刀具)

2．加工中心编程要点

对加工中心的编程要注意以下几个要点。

(1) 进行合理的工艺分析，安排加工工序。

(2) 根据批量等情况，决定采用自动换刀，还是手动换刀。

(3) 自动换刀要留出足够的换刀空间。

(4) 为提高机床利用率，尽量采用刀具机外预调，并将测量尺寸填写到刀具卡片中，以便操作者在运行程序前，及时修改刀具补偿参数。

(5) 尽量把不同工序内容的程序，分别做成子程序，主程序内容主要是完成换刀及子程序调用，以便于程序调试和调整。

(6) 尽可能地利用机床数控系统本身所提供的镜象、旋转、固定循环及宏指令编程处理的功能，以简化程序量。

(7) 若要重复使用程序，注意第 1 把刀的编程处理。

① 第 1 把刀直接装在主轴上(刀号要设置)，程序开始可以不换刀，在程序结束时要有换刀程序段，要把第 1 把刀换到主轴上。

② 若主轴上先不装刀，在程序的开头就需要换刀程序段，使主轴上装刀，后面程序同前述。

7.2.3　立式加工中心手动对刀方法及参数的设定

下面用图解的方式详细说明立式加工中心的对刀过程和方法。

例 7.3：假设一毛坯(长：100mm，宽：100mm，高：50mm)需使用加工中心进行加工。工件坐标系须定义在毛坯上表面的中心。加工需两把刀具(需对两把刀进行对刀)，分别为直径为 50mm 的面铣刀、直径为 20 的立铣刀。

步骤一：启动数控系统。并单击【快速登录】按钮进入。如图 7.6 所示。

步骤二：选择机床系统及机床类型。

选择【机床】菜单下的【选择机床】命令，数控系统选择 FANUC 0i，机床类型选择【立式加工中心】，厂家选择【北京第一机床厂　XKA714/B】，如图 7.7 所示。选择完后点击【确定】按钮，所选机床和机床界面出现在屏幕中，如图 7.8 所示。

图 7.6　登录界面

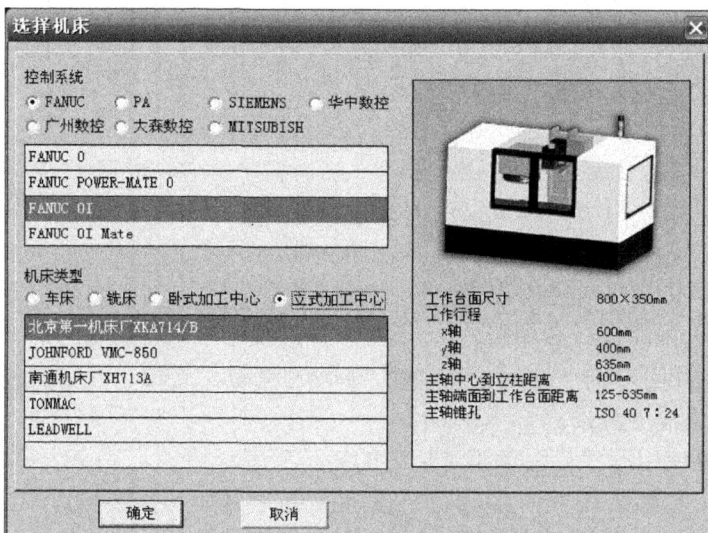

图 7.7　选择机床界面

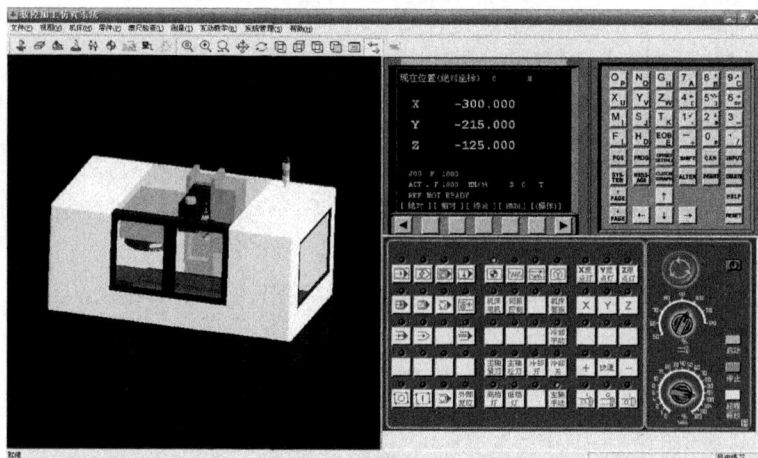

图 7.8　机床选定后的界面

步骤三：设置系统。

选择【系统管理】→【系统设置】命令，对 FANUC 系统进行设置，按照如图 7.9 所示进行设置，设置完成后分别单击【应用】按钮及【退出】按钮。

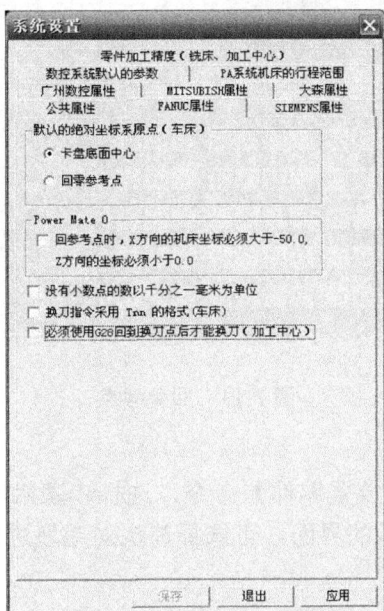

图 7.9 系统设置界面

步骤四：启动系统。

单击【启动】按钮，松开【急停】开关，启动系统。如图 7.10 所示。

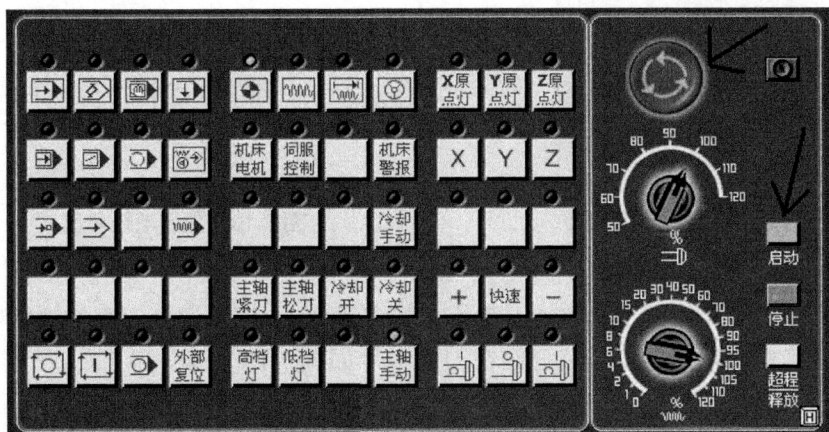

图 7.10 启动系统界面

步骤五：回参考点。

判断回参考点有没有完成，只需观察 XYZ 原点灯有没有亮，如图 7.11 所示。

步骤六：定义毛坯。

选择【零件】→【定义毛坯】命令，如图 7.12 所示定义后，单击【确定】按钮。

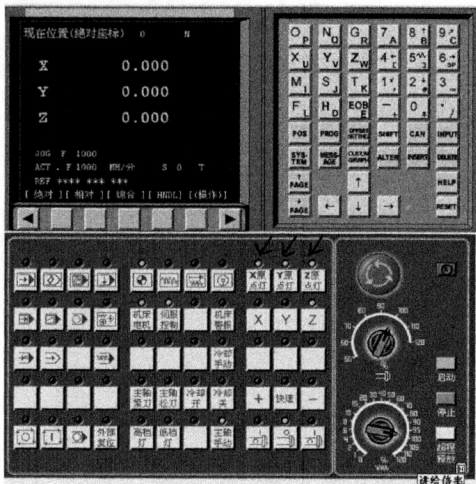

图 7.11 回参考点

步骤七：放置毛坯。

选择【零件】菜单中的【放置零件】命令，选择步骤六所定义的毛坯，单击【安装零件】按钮，出现如图 7.13 所示的界面，可选择箭头对毛坯进行 X 和 Y 方向的移动，单击【退出】按钮可突出此界面。

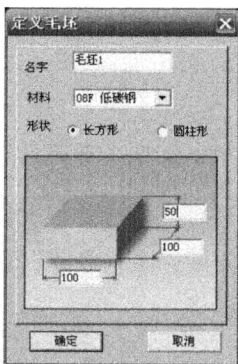

图 7.12 定义毛坯界面

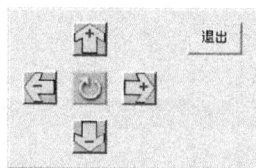

图 7.13 放置毛坯界面

步骤八：定义刀具。

选择【机床】菜单中的【选择刀具】命令，如图 7.14 所示进行刀具的选择和定义，定义好后单击【确定】按钮。刀具就已经在刀库中，如图 7.15 所示。

步骤九：使 T01 刀具装入主轴。

选用 MDI 模式，输入指令：

```
G91 G28 Z0;
    M06  T01;
```

使 T01 号刀具自动装入主轴。

步骤十：X 方向对刀及参数的设置。

(1) 在 MDI 模式下，输入指令：M03 S450；使主轴正转。

(2) 使刀具碰毛坯的左端面，如图 7.16 所示。

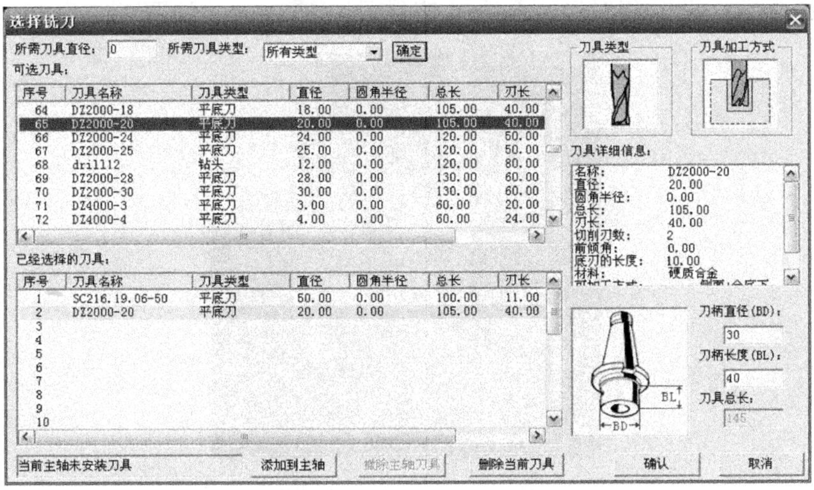

图 7.14　定义刀具界面

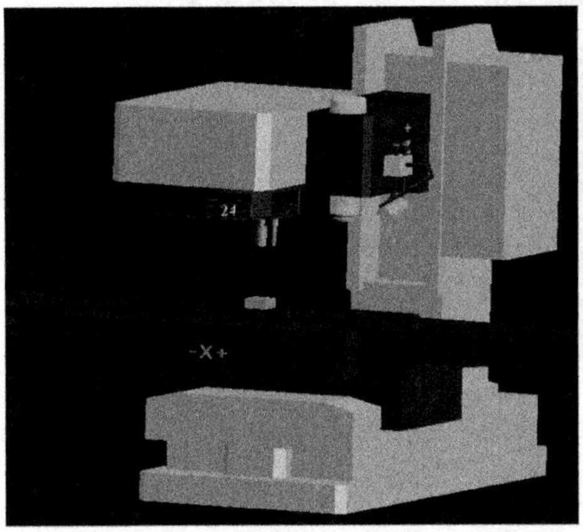

图 7.15　刀具安装到刀库后的界面

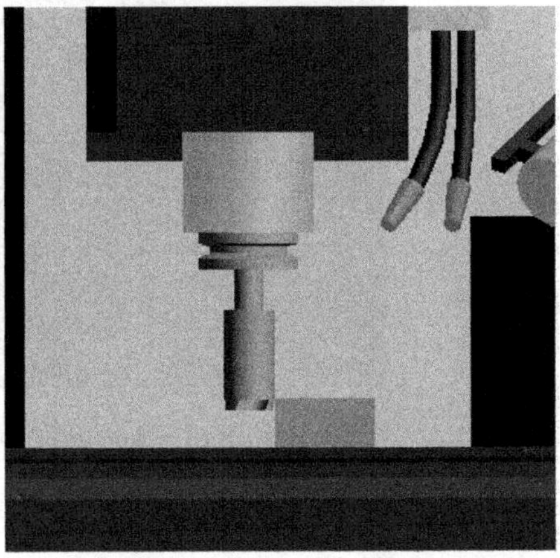

图 7.16　碰毛坯的左端面

(3) 单击 POS 按钮，选择【相对坐标】选项，单击【操作】软按钮，输入 X0 后单击【预定】软按钮，界面如图 7.17 所示。

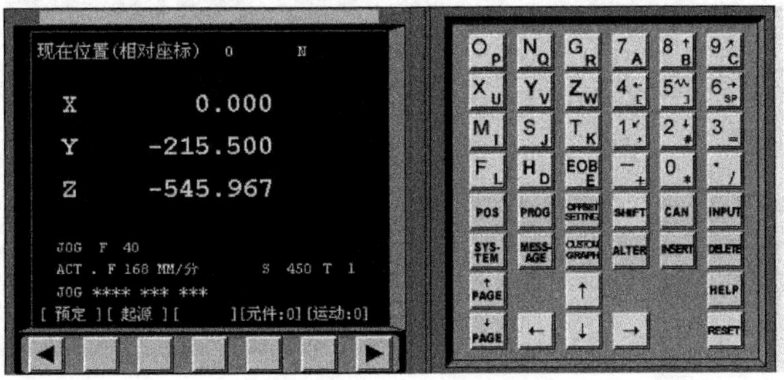

图 7.17　X 方向清零

(4) 在 Z 方向抬起 T01 刀具,使 T01 刀具移动到毛坯的右端面,用刀具碰毛坯的右端面,如图 7.18 所示。此时相对坐标系的 X 值显示为 150.062,如图 7.19 所示。

图 7.18　碰毛坯的右端面

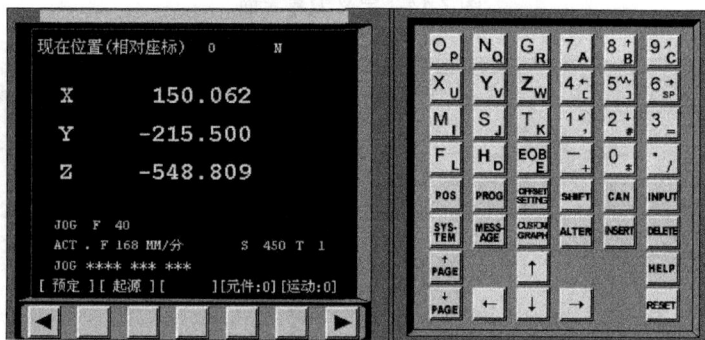

图 7.19　X 方向的坐标显示界面

(5) 单击　　(偏移设置)按钮,选择【坐标系】选项,如果编程时所使用的是 G54 坐标系,那么把光标移动到 G54 坐标系的位置,输入 X75.031(此值为 150.062 的一半),后单击【测量】软按钮,如图 7.20 所示,X 方向的对刀就完成了。

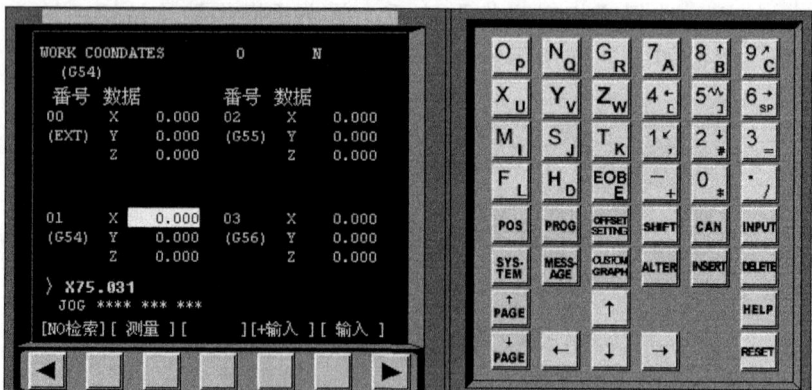

图 7.20　设置 X 方向的参数

步骤十一：Y 方向对刀及参数的设置。

T01 刀具 Y 方向的对刀方法与 X 方向的对刀方法一样，Y 方向对刀所碰的是毛坯的前后两端面。步骤过程和参数设置参照步骤 10。

步骤十二：Z 方向的对刀及参数的设置。

(1) 使 T01 刀具碰毛坯的上表面，如图 7.21 所示。

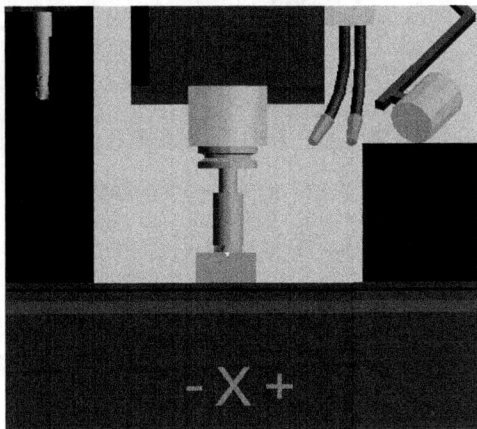

图 7.21　Z 方向碰毛坯上表面

(2) 单击 按钮，选择【坐标系】命令，把光标移动到 G54 坐标系的位置，输入 0，后单击 (输入)按钮。

(3) 选择 POS 的综合坐标系，Z 值显示为-534.146，如图 7.22 所示。

图 7.22　Z 方向的坐标值

(4) 单击 (偏移设置)按钮，选择【补正】软按钮，把光标移动到 1 号刀对应得如图位置，输入-534.146，单击 (输入)按钮或【输入】软按钮。如图 7.23 所示。T01 刀具 Z 方向对刀完毕。

步骤十三：T02 刀具 Z 方向的对刀及参数的设定。

(1) 在 MDI 模式下输入指令：

```
G91 G28 Z0;
M06 T02;
```

使主轴的刀具自动换为 2 号刀。

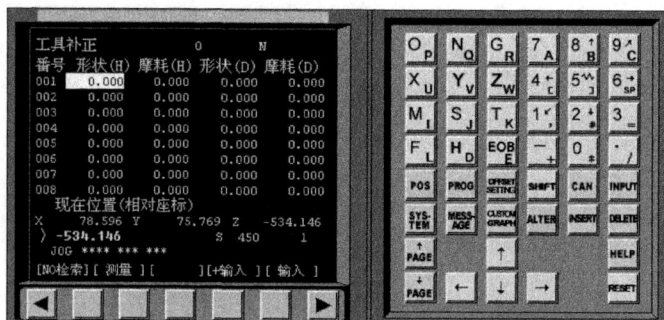

图 7.23　输入 Z 方向的参数

(2) 使 T02 刀具碰毛坯的上表面，如图 7.24 所示。

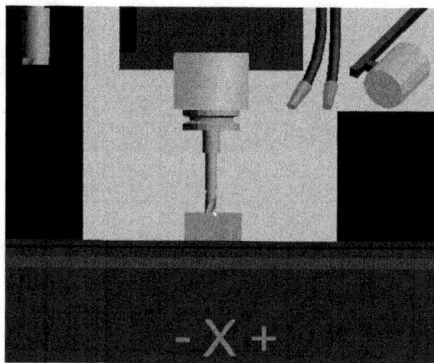

图 7.24　2 号刀碰毛坯上表面

(3) 选择 POS 的综合坐标系，Z 值显示为-528.700，如图 7.25 所示。

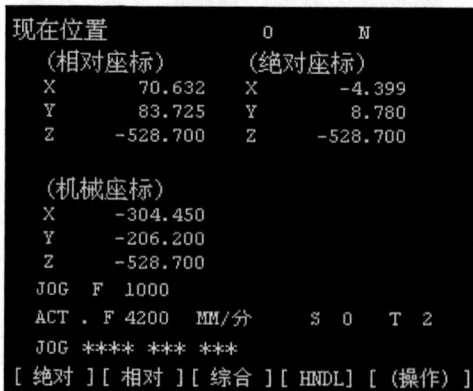

图 7.25　Z 坐标的显示

(4) 单击 OFFSET/SETTING (偏移位置)按钮，选择【补正】软按钮，把光标移动到 2 号刀对应得如图位置，输入-528.700，单击 INPUT (输入)按钮或【输入】软按钮。T02 刀具 Z 方向对刀完毕。

步骤十四：检验 T01 刀具对刀是否正确。

(5) 在 MDI 模式下输入指令：

```
G91 G28 Z0;
G90 G54 G40 G49;
G00 X0 Y0;
G43 G00 Z10 H1;
```

输入完毕后，把光标移到刀程序名，单击 [I] 按钮，观察 1 号刀具是否移到刀工件端面中心，距离端面 10mm 处。如果到位，说明对刀正确。

步骤十五：检验 T02 刀具对刀是否正确。

检验方法和 T01 相同，参照步骤十四。

7.3　数控加工工艺知识

7.3.1　加工中心的主要功能、特点及自动换刀装置

1. 加工中心的特点

加工中心是高效、高精度数控机床，工件在一次装夹中便可自动完成多道工序的加工。是典型的集高新技术于一体的机械加工设备，它的发展代表了一个国家设计和制造业的水平，成为现代机床发展的主流和方向。

1) 加工中心组成

加工中心是带有刀库和自动换刀装置的数控机床，如图 7.26 所示。

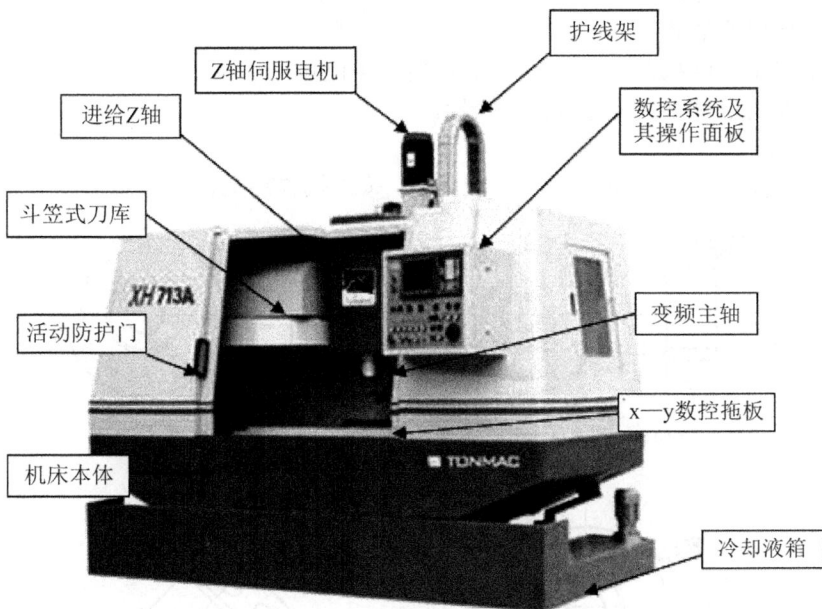

图 7.26　加工中心的组成

2) 加工中心的特点

● 具有自动换刀装置，能自动地更换刀具，在一次装夹中完成铣削、镗孔、钻削、扩孔、铰孔、攻丝等加工，工序高度集中。

● 带有自动摆角的主轴或回转工作台的加工中心，在一次装夹后，自动完成多个面和多个角度的加工。

● 带有可交换工作台的加工中心，可同时进行一个加工，一个装夹工件，具有极高的加工效率。

3) 加工中心的主要加工对象

加工中心适用于形状复杂、工序多、精度要求高、需要多种类型普通机床经过多次安装才能完成加工的零件。其主要加工对象如下。

● 箱体类零件。
● 复杂曲面类零件。
● 异形件。
● 板、套、盘类零件。
● 特殊加工。

4) 加工中心的分类

● 立式加工中心：板材类、壳体类、凸轮、模具。
● 卧式加工中心：箱体类、模具。
● 龙门式加工中心：大型、重型和形状复杂零件。
● 复合加工中心(五面体加工中心)。

2．加工中心自动换刀装置

1) 自动换刀装置(ATC)

自动换刀装置的用途是按照加工需要，自动地更换装在主轴上的刀具。自动换刀装置是一套独立、完整的部件。

自动换刀装置的形式：

● 回转刀架：结构简单、刀具数量有限、车削中心。
● 带刀库的自动换刀装置(应用广泛)。

2) 刀库的形式

● 盘式刀库：结构简单、紧凑、应用广，如图 7.27 所示。

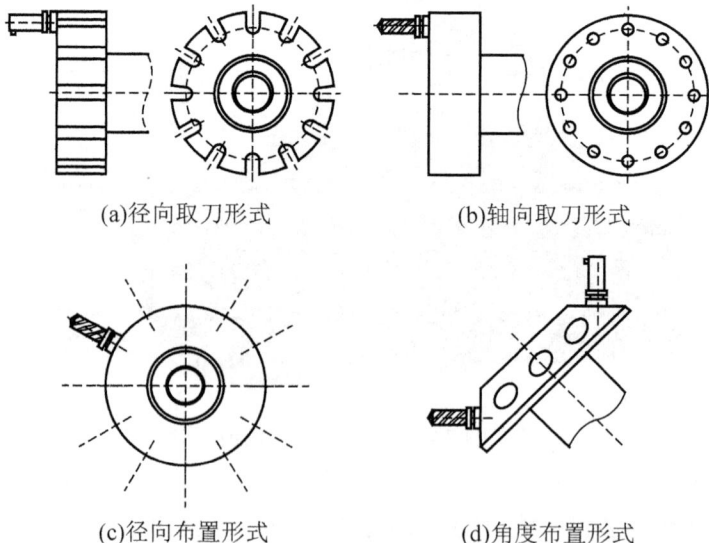

(a)径向取刀形式　　　(b)轴向取刀形式

(c)径向布置形式　　　(d)角度布置形式

图 7.27　盘式刀库

● 链式刀库：刀库容量大，如图 7.28 所示。

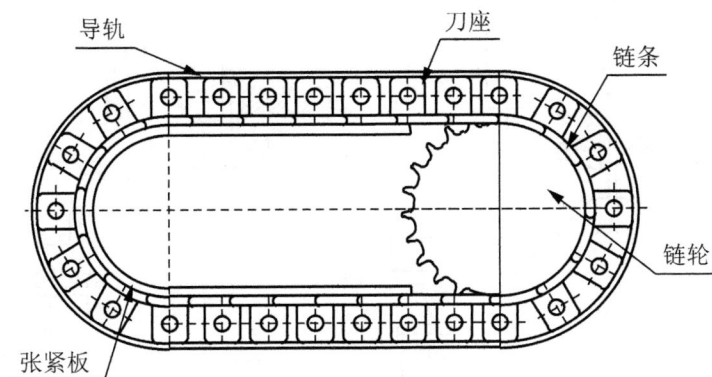

图 7.28　链式刀库

3) 换刀过程

自动换刀装置的换刀过程由选刀和换刀两部分组成。

● 选刀：是刀库按照选刀指令(Txx 指令)自动将要用的刀具移动到换刀位置，完成选刀过程，为下面换刀做好准备。

● 换刀：是把主轴上用过的刀具取下，将选好的刀具安装在主轴上。

选刀方式：

● 顺序选刀方式(早期)。

● 任选方式：记忆式，跟踪刀具就近换刀(现在)。

换刀方式：

● 机械手换刀。

● 刀库-主轴运动换刀。

4) 换刀动作过程(如图 7.29 和图 7.30 所示)

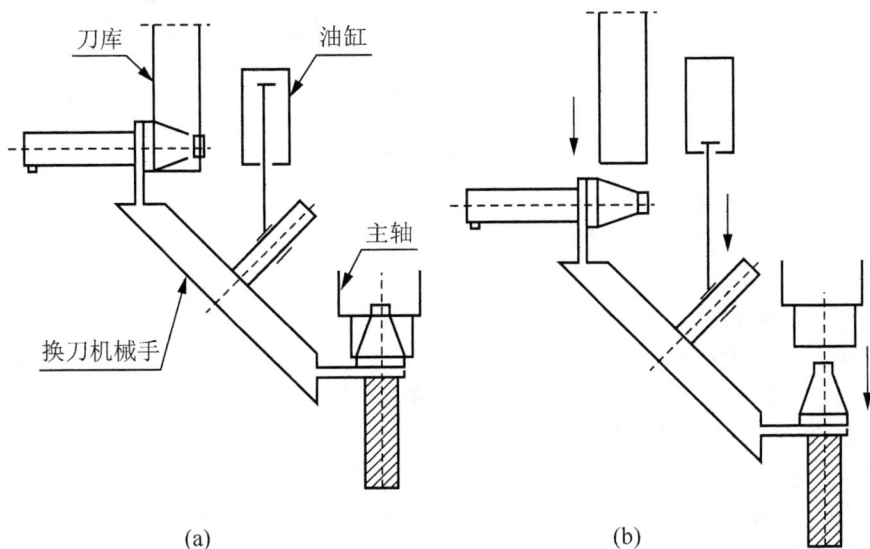

(a)　　　　　　　　　　　　(b)

图 7.29　刀库移动-主轴升降式换刀过程

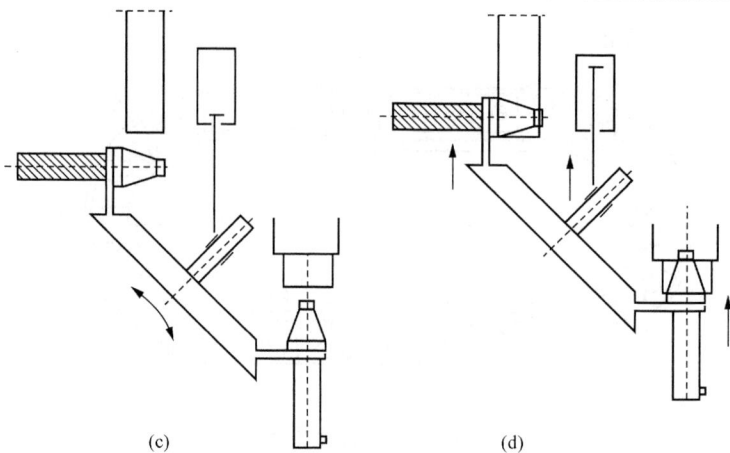

(c)　　　　　　　　　　　　　　(d)

图 7.29　刀库移动-主轴升降式换刀过程(续)

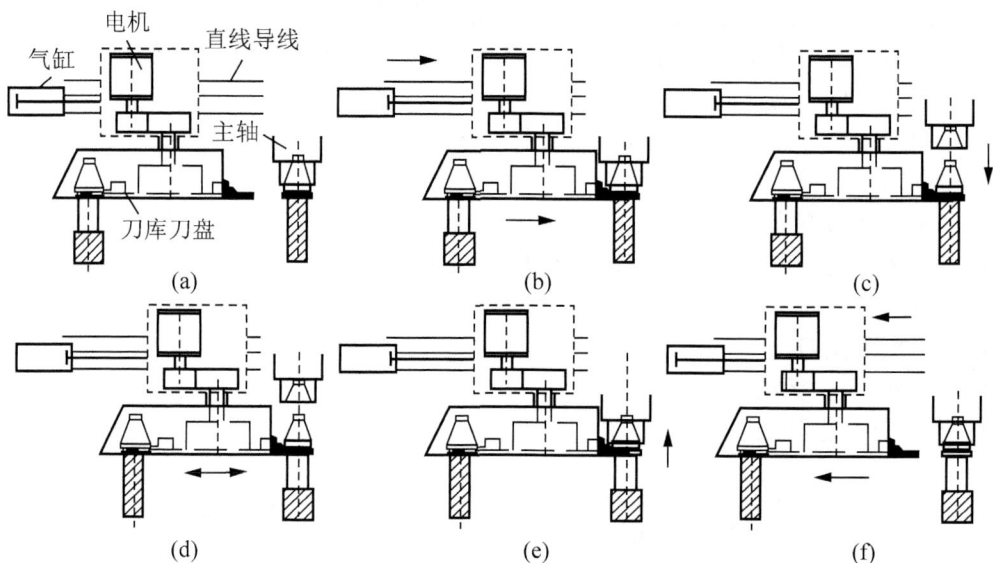

(a)　　　　　　　　　　(b)　　　　　　　　　　(c)

(d)　　　　　　　　　　(e)　　　　　　　　　　(f)

图 7.30　斗笠式刀库换刀

机械手换刀动作过程如下。

(1) 主轴箱回参考点,主轴准停。

(2) 机械手抓刀(主轴上和刀库上)。

(3) 取刀:活塞杆推动机械手下行。

(4) 交换刀具位置:机械手回转 180°。

(5) 装刀:活塞杆上行,将更换后的刀具装入主轴和刀库。

斗笠式刀库换刀动作过程如下。

(1) 分度:将刀盘上接收刀具的空刀座转到换刀所需的预定位置。

(2) 接刀:活塞杆推出,将空刀座送至主轴下方,并卡住刀柄定位槽。

(3) 卸刀:主轴松刀,铣头上移至参考点。

(4) 再分度:再次分度回转,将预选刀具转到主轴正下方。

(5)+ (6)装刀:铣头下移,主轴抓刀,活塞杆缩回,刀盘复位。

7.3.2 加工中心的工艺准备

1. 加工中心的工艺特点

加工中心的工艺特点如下。

(1) 由于加工中心工序集中和具有自动换刀的特点，故零件的加工工艺应尽可能符合这些特点，尽可能地在一次装夹情况下完成铣、钻、镗、铰、攻丝等多工序加工。

(2) 由于加工中心具备了高刚度和高功率的特点，故在工艺上可采用大的切削用量，以便在满足加工精度条件下尽量节省加工工时。

(3) 选用加工中心作为生产设备时，必须采用合理的工艺方案，以实现高效率加工。

2. 工艺方案确定原则

加工中心工艺方案的确定原则如下。

(1) 确定采用加工中心的加工内容，确定工件的安装基面、加工基面、加工余量等。

(2) 以充分发挥加工中心效率为目的来安排加工工序。有些工序可选用其他机床。

(3) 对于复杂零件来说，由于加工过程中会产生热变形，淬火后会产生内应力，零件卡压后也会变形等多种原因，故全部工序很难在一次装夹后完成，这时可以考虑两次或多次。

(4) 当加工工件批量较大，工序又不太长时，可在工作台上一次安装多个工件同时加工，以减少换刀次数。

(5) 安排加工工序时应本着由粗渐精的原则。

建议参考以下工序顺序：铣大平面、粗镗孔、半粗镗孔、立铣刀加工、打中心孔、钻孔、攻螺纹、精加工、铰、镗、精铣等。

(6) 采用大流量的冷却方式。提高刀具寿命，减少切削热量对加工精度的影响。

7.3.3 工件的装夹

1. 用机用平口钳安装工件

机用平口钳适用于中小尺寸和形状规则的工件安装，如图 7.31 所示，它是一种通用夹具，一般有非旋转式和旋转式两种。前者刚性较好，后者底座上有一刻度盘，能够把平口钳转成任意角度。安装平口钳时必须先将底面和工作台面擦干净，利用百分表校正钳口，使钳口与相应的坐标轴平行，以保证铣削的加工精度，如图 7.32 所示。

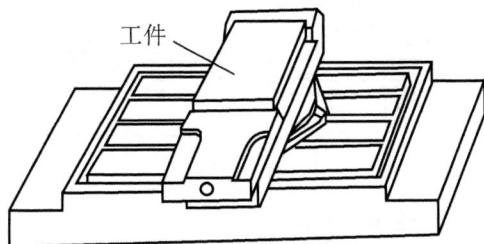

图 7.31 机用平口钳装夹工件

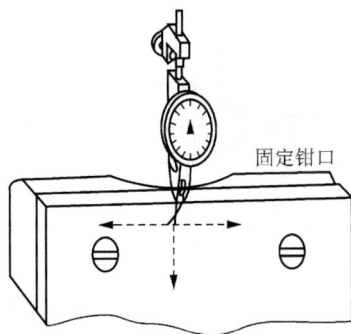

图 7.32 机用平口钳的校正

加工中心上加工的工件多数为半成品，利用平口钳装夹的工件尺寸一般不超过钳口的宽度，所加工的部位不得与钳口发生干涉。平口钳安装好后，把工件放入钳口内，并在工件的下面垫上比工件窄、厚度适当且加工精度较高的等高垫块，然后把工件夹紧(对于高度方向尺寸较大的工件，不需要加等高垫块而直接装入平口钳)。为了使工件紧密地靠在垫块上，应用铜锤或木锤轻轻的敲击工件，直到用手不能轻易推动等高垫块时，最后再将工件夹紧在平口钳内。工件应当紧固在钳口比较中间的位置，装夹高度以铣削尺寸高出钳口平面 3～5mm 为宜，用平口钳装夹表面粗糙度值较大的工件时，应在两钳口与工件表面之间垫一层铜皮，以免损坏口，并能增加接触面。图 7.33 所示为使用机用平口钳装夹工件的几种情况。

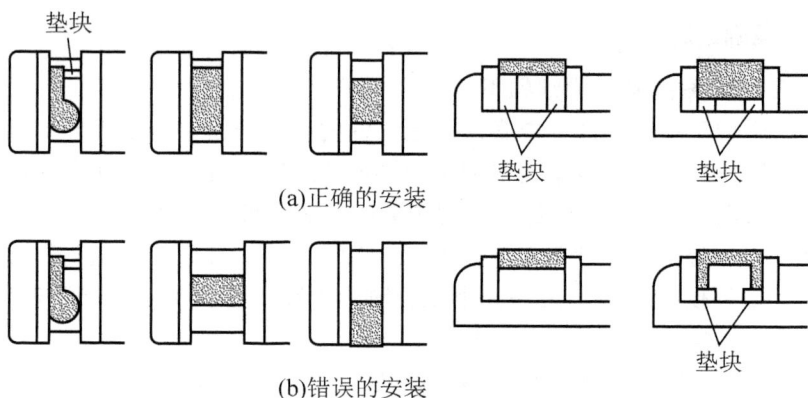

图 7.33　机用平口钳的使用

不加等高垫块时，可进行高出钳口 3～5mm 以上部分的外形加工，非贯通的型腔及孔加工。加等高垫块时，可进行对高出钳口 3～5mm 以上部分的外形加工，贯通的型腔及孔加工(注意不得加工到等高垫块，如有可能加工到，可考虑更窄的垫块)。

2. 直接装夹在工作台面上

对于体积较大的工件，大都将其直接压在工作台面上，用组合压板夹紧。对如图 7.34(a)所示的装夹方式，只能进行非贯通的挖槽或钻孔、部分外形等加工；也可在工件下面垫上厚度适当且加工精度较高的等高垫块后再将其压紧，如图 7.34(b)所示，这种装夹方法可进行贯通的挖槽或钻孔、部分外形等加工。

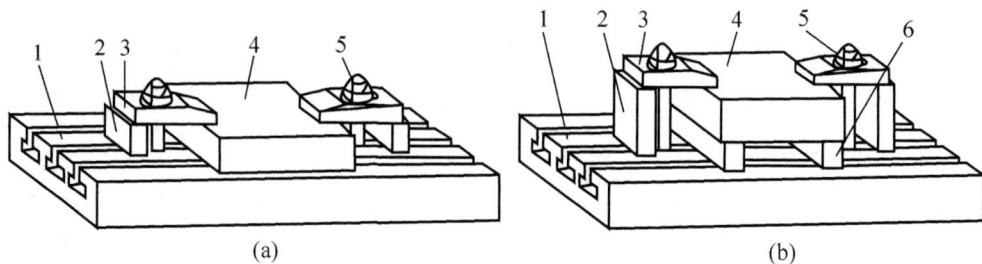

图 7.34　工件直接装夹在工作台面上的方法

1—工作台　2—支承块　3—压板　4—工件　5—双头螺柱　6—等高垫块

装夹时应注意以下几点。

(1) 必须将工作台面和工件底面擦干净，不能拖拉粗糙的铸件、锻件等，以免划伤台面。

(2) 在工件的光洁表面或材料硬度较低的表面与压板之间，必须安置垫片(如铜片或厚纸片)，这样可以避免表面因受压力而损伤。

(3) 压板的位置要安排得妥当，要压在工件刚性最好的地方，不得与刀具发生干涉，夹紧力的大小也要适当，不然会产生变形。

(4) 支撑压板的支承块高度要与工件相同或略高于工件，压板螺栓必须尽量靠近工件，并且螺栓到工件的距离应小于螺栓到支承块的距离，以便增大压紧力。

(5) 螺母必须拧紧，否则将会因压力不够而使工件移动，以致损坏工件、机床和刀具，甚至发生意外事故。

3. 用精密夹具板安装工件

对于除底面以外五面要全部加工的情况，上面的装夹方式就无法满足，此时可采用精密夹具板的装夹方式。

精密夹具板具有较高的平面度、平行度与较小的表面粗糙度值，工件或模具可通过尺寸大小选择不同的型号或系列，如图 7.35 所示。有些工件或大型模具在装夹后必须同时完成整个表面、外形、型腔及孔的加工才能保证其精度要求时，须采用 HP、HH、HM 系列精密夹具板安装。装夹前必须在工件底平面合适的位置加工出深度适宜的工艺螺钉孔(在加工模具时，其工艺螺钉孔位置应考虑到今后模具安装时能被利用掉)。利用内六角螺钉将工件锁紧在精密夹具板上(在加工贯通的型腔及通孔时，必须在工件与精密夹具板之间合适的位置放入等高垫块)，然后再将精密夹具板安装在工作台面上。一些工件在使用组合压板装夹，工作台面上的 T 形槽不能满足安装要求时，需要用 HT、HL、HC 系列精密夹具板安装。利用组合压板将工件装夹在精密夹具板上，然后再将精密夹具板安装在工作台面上，这类系列的精密夹具板还适用于零件尺寸较小时的多件一次性装夹加工。

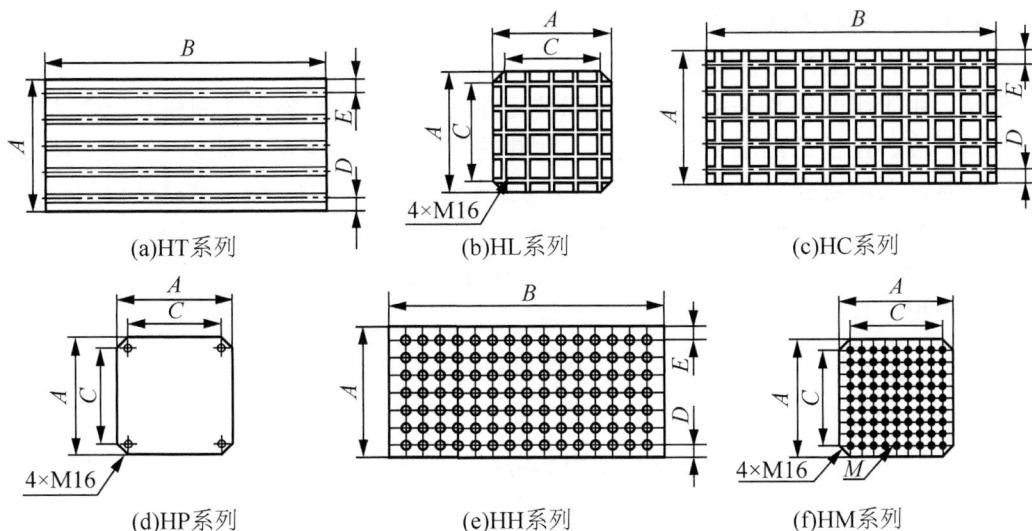

图 7.35　精密夹具板的各种系列

4．用精密夹具筒安装工件

在加工表面相互垂直度要求较高的工件时，多采用精密夹具筒安装工件。精密夹具筒具有较高的平面度、垂直度、平行度与较小的表面粗糙度值，如图 7.36 所示。

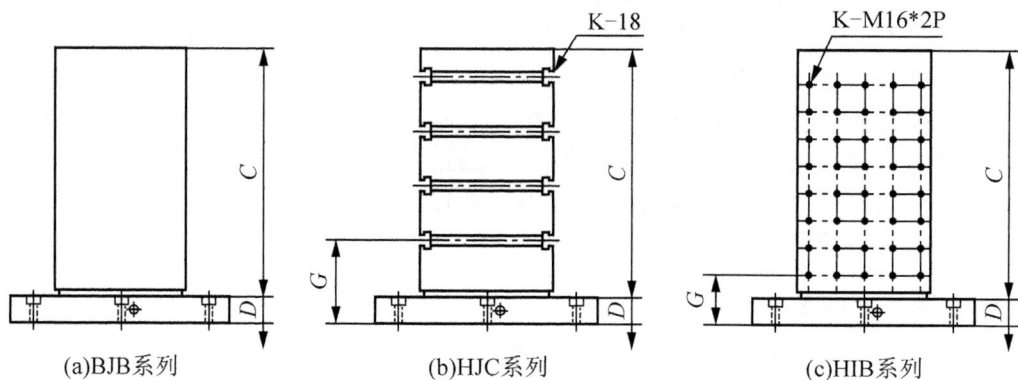

图 7.36　精密夹具筒的各种系列

5．用组合夹具安装工件

组合夹具是由一套结构已经标准化，尺寸已经规格化的通用元件、组合元件所构成，可以按工件的加工需要组成各种功用的夹具。组合夹具有槽系组合夹具和孔系组合夹具。图 7.37 所示为一孔系组合夹具；图 7.38 所示为一槽系组合夹具及其组装过程。

组合夹具具有标准化、系列化、通用化的特点，具有组合性、可调性、模拟性、柔性、应急性和经济性，使用寿命长，能适应产品加工中的周期短、成本低等要求，比较适合加工中心应用。在加工中心上应用组合夹具，有下列优点。

(1) 节约夹具的设计制造工时。

(2) 缩短生产准备周期。

(3) 节约钢材和降低成本。

(4) 提高企业工艺装备系数。

但是，由于组合夹具是由各种通用标准元件组合而成的，各元件间相互配合的环节较多，夹具精度、刚性仍比不上专用夹具，尤其是元件连接的接合面刚度，对加工精度影响较大。通常，采用组合夹具时其加工尺寸精度只能达到 IT8～IT9 级，这就使得组合夹具在应用范围上受到一定限制。此外，使用组合夹具首次投资大，总体显得笨重，还有排屑不便等不足。对中、小批量，单件(如新产品试制等)或加工精度要求不十分严格的零件，在加工中心上加工时，应尽可能选择组合夹具。

6．用其他装置安装工件

1) 用万能分度头安装

万能分度头是三轴三联动以下加工中心常用的重要附件，能使工件绕分度头主轴轴线回转一定角度，在一次装夹中完成等分或不等分零件的分度工作，如加工四方、六角等。

2) 用三爪自定心卡盘安装

将三爪自定心卡盘利用压板安装在工作台面上，可装夹圆柱形零件。在批量加工圆柱工件端面时，装夹快捷方便，例如铣削端面凸轮、不规则槽等。

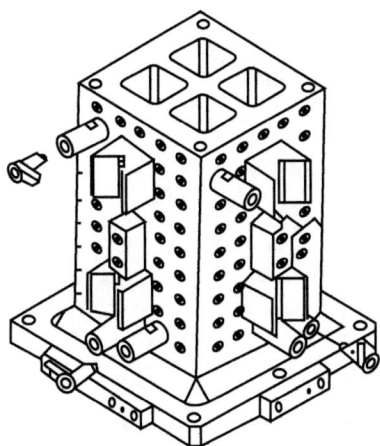

图 7.37　孔系组合夹具

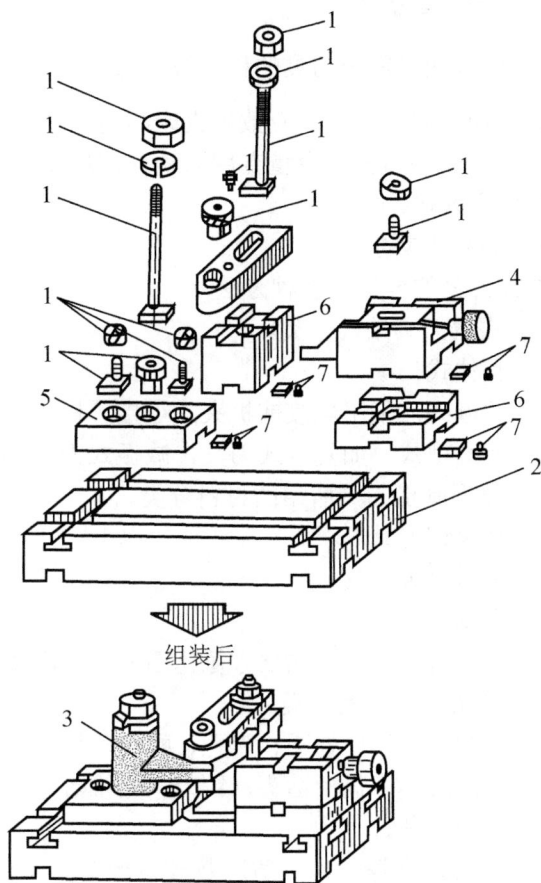

图 7.38　槽系组合夹具组装过程示意图
1—紧固件　2—基础板　3—工件
4—活动 V 形铁组合件　5—支承板
6—垫铁　7—定位键及其紧定螺钉

7．用专用夹具安装工件

为了保证工件的加工质量，提高生产率，减轻劳动强度，根据工件的形状和加工方式可采用专用夹具安装。

专用夹具是根据某零件的结构特点专门设计的夹具，具有结构合理、刚性强、装夹稳定可靠、操作方便、提高安装精度及装夹速度等优点。来用专用夹具装夹所加工的一批工件，其尺寸比较稳定，互换性也较好，可大大提高生产率。但是，专用夹具所固有的只能为一种零件的加工所专用的狭隘性，和产品品种不断变形更新的形势不相适应，特别是专用夹具的设计和制造周期长，花费的劳动量较大，加工简单零件显然不太经济。但在模具加工中，就是单件，采用专用夹具也是很正常的。

7.3.4 刀具选择

1．数控加工常用刀具的种类及特点

数控加工刀具必须适应数控机床高速、高效和自动化程度高的特点，一般应包括通用刀具、通用连接刀柄及少量专用刀柄。刀柄要联接刀具并装在机床动力头上，因此已逐渐标准化和系列化。

1) 数控刀具的分类

数控刀具的分类有多种方法。

(1) 根据刀具结构分类。

① 整体式。

② 镶嵌式，采用焊接或机夹式连接，机夹式又可分为不转位和可转位两种。

③ 特殊型式，如复合式刀具，减振式刀具等。

(2) 根据制造刀具所用的材料分类。

① 高速钢刀具。

② 硬质合金刀具。

③ 金刚石刀具。

④ 其他材料刀具，如立方氮化硼刀具、陶瓷刀具等。

(3) 从切削工艺上分类。

① 车削刀具，分外圆、内孔、螺纹、切割刀具等多种。

② 钻削刀具，包括钻头、铰刀、丝锥等。

③ 镗削刀具。

④ 铣削刀具等。为了适应数控机床对刀具耐用、稳定、易调、可换等的要求，近几年机夹式可转位刀具得到广泛的应用，在数量上达到整个数控刀具的 30%～40%，金属切除量占总数的 80%～90%。

2) 数控刀具的特点

数控刀具与普通机床上所用的刀具相比，有许多不同的要求，主要有以下特点。

(1) 刚性好(尤其是粗加工刀具)，精度高，抗振及热变形小。

(2) 互换性好，便于快速换刀。

(3) 寿命高，切削性能稳定、可靠。

(4) 刀具的尺寸便于调整，以减少换刀调整时间。

(5) 刀具应能可靠地断屑或卷屑，以利于切屑的排除。

(6) 系列化，标准化，以利于编程和刀具管理。

2．数控加工刀具的选择

刀具的选择是在数控编程的人机交互状态下进行的。应根据机床的加工能力、工件材料的性能、加工工序、切削用量以及其他相关因素正确选用刀具及刀柄。刀具选择总的原则是：安装调整方便，刚性好，耐用度和精度高。在满足加工要求的前提下，尽量选择较短的刀柄，以提高刀具加工的刚性。

　　选取刀具时，要使刀具的尺寸与被加工工件的表面尺寸相适应。生产中，平面零件周边轮廓的加工，常采用立铣刀；铣削平面时，应选硬质合金刀片铣刀；加工凸台、凹槽时，选高速钢立铣刀；加工毛坯表面或粗加工孔时，可选取镶硬质合金刀片的玉米铣刀；对一些立体型面和变斜角轮廓外形的加工，常采用球头铣刀、环形铣刀、锥形铣刀和盘形铣刀。

　　在进行自由曲面加工时，由于球头刀具的端部切削速度为零，因此，为保证加工精度，切削行距一般取得很能密，故球头常用于曲面的精加工。而平头刀具在表面加工质量和切削效率方面都优于球头刀，因此，只要在保证不过切的前提下，无论是曲面的粗加工还是精加工，都应优先选择平头刀。另外，刀具的耐用度和精度与刀具价格关系极大，必须引起注意的是，在大多数情况下，选择好的刀具虽然增加了刀具成本，但由此带来的加工质量和加工效率的提高，则可以使整个加工成本大大降低。

　　在加工中心上，各种刀具分别装在刀库上，按程序规定随时进行选刀和换刀动作。因此必须采用标准刀柄，以便使钻、镗、扩、铣削等工序用的标准刀具，迅速、准确地装到机床主轴或刀库上去。编程人员应了解机床上所用刀柄的结构尺寸、调整方法以及调整范围，以便在编程时确定刀具的径向和轴向尺寸。目前我国的加工中心采用 TSG 工具系统，其刀柄有直柄(三种规格)和锥柄(四种规格)两种，共包括 16 种不同用途的刀柄。

　　在经济型数控加工中，由于刀具的刃磨、测量和更换多为人工手动进行，占用辅助时间较长，因此，必须合理安排刀具的排列顺序。一般应遵循以下原则：①尽量减少刀具数量；②把刀具装夹后，应完成其所能进行的所有加工部位；③粗精加工的刀具应分开使用，即使是相同尺寸规格的刀具；④先铣后钻；⑤先进行曲面精加工，后进行二维轮廓精加工；⑥在可能的情况下，应尽可能利用数控机床的自动换刀功能，以提高生产效率等。

7.3.5　加工中心的调整

　　加工中心是一种功能较多的数控加工机床，具有铣削、镗削、钻削、螺纹加工等多种工艺手段。使用多把刀具时，尤其要注意准确地确定各把刀具的基本尺寸，即正确地对刀。对有回转工作台的加工中心，还应特别注意工作台回转中心的调整，以确保加工质量。

1. 加工中心的对刀方法

　　在本课程关于"加工坐标系设定"的内容中，已介绍了通过对刀方式设置加工坐标系的方法，这一方法也适用于加工中心。由于加工中心具有多把刀具，并能实现自动换刀，因此需要测量所用各把刀具的基本尺寸，并存入数控系统，以便加工中调用，即进行加工中心的对刀。加工中心通常采用机外对刀仪实现对刀。

　　对刀仪的基本结构如图 7.39 所示。对刀仪平台 7 上装有刀柄夹持轴 2，用于安装被测刀具。图 7.40 所示为钻削刀具。通过快速移动单键按钮 4 和微调旋钮 5 或 6，可调整刀柄夹持轴 2 在对刀仪平台 7 上的位置。当光源发射器 8 发光，将刀具刀刃放大投影到显示屏幕 1 上时，即可测得刀具在 X(径向尺寸)、Z(刀柄基准面到刀尖的长度尺寸)方向的尺寸。

　　钻削刀具的对刀操作过程如下。

(1) 将被测刀具与刀柄联接安装为一体。

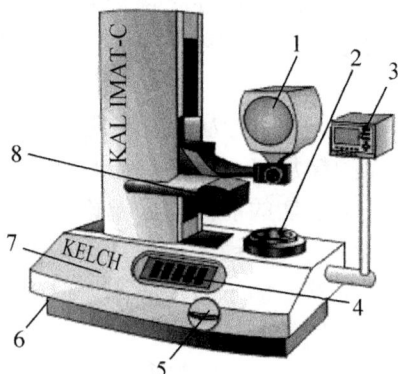

图 7.39　对刀仪的基本结构

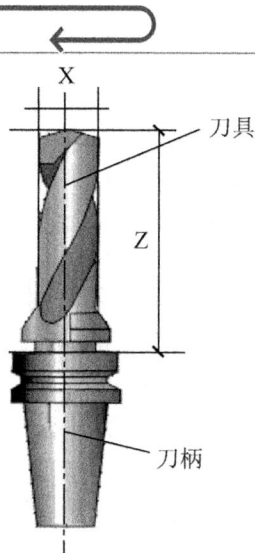

图 7.40　钻削刀具

(2) 将刀柄插入对刀仪上的刀柄夹持轴 2，并紧固。

(3) 打开光源发射器 8，观察刀刃在显示屏幕 1 上的投影。

(4) 通过快速移动单键按钮 4 和微调旋钮 5 或 6，可调整刀刃在显示屏幕 1 上的投影位置，使刀具的刀尖对准显示屏幕 1 上的十字线中心，如图 7.41 所示。

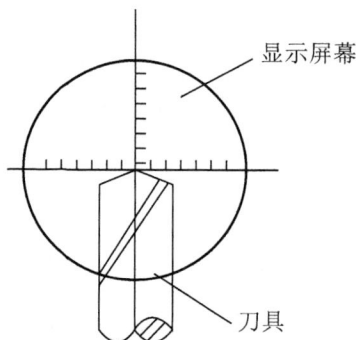

图 7.41　对刀

(5) 测得 X 为 20，即刀具直径为 $\phi 20\text{mm}$，该尺寸可用作刀具半径补偿。

(6) 测得 Z 为 180.002，即刀具长度尺寸为 180.002 mm，该尺寸可用作刀具长度补偿。

(7) 将测得尺寸输入加工中心的刀具补偿页面。

(8) 将被测刀具从对刀仪上取下后，即可装上加工中心使用。

2. 加工中心回转工作台的调整

多数加工中心都配有回转工作台，如图 7.42 所示，实现在零件一次安装中多个加工面的加工。如何准确测量加工中心回转工作台的回转中心，对被加工零件的质量有着重要的影响。下面以卧式加工中心为例，说明工作台回转中心的测量方法。

工作台回转中心在工作台上表面的中心点上，如图 7.42 所示。

工作台回转中心的测量方法有多种，这里介绍一种较常用的方法，使用的工具有：一根标准芯轴、百分表(千分表)和量块。

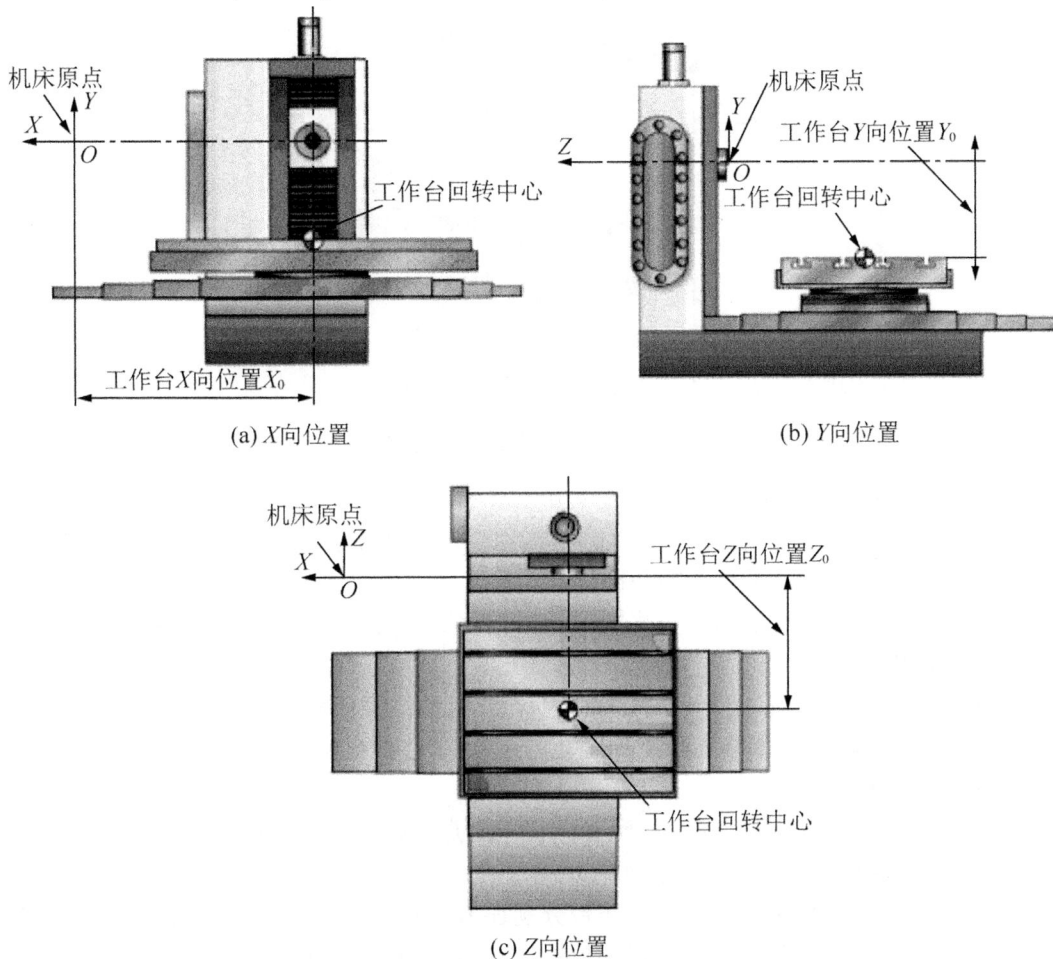

(a) X向位置

(b) Y向位置

(c) Z向位置

图 7.42 加工中心回转工作台回转中心的位置

1) X 向回转中心的测量

测量的原理：将主轴中心线与工作台回转中心重合，这时主轴中心线所在的位置就是工作台回转中心的位置，则此时 X 坐标的显示值就是工作台回转中心到 X 向机床原点的距离 X。工作台回转中心 X 向的位置，如图 7.42(a)所示。

测量方法：

(1) 如图 7.43 所示，将标准芯轴装在机床主轴上，在工作台上固定百分表，调整百分表的位置，使指针在标准芯轴最高点处指向零位。

(2) 将芯轴沿+Z 方向退出 Z 轴。

(3) 将工作台旋转 180°，再将芯轴沿−Z 方向移回原位。观察百分表指示的偏差然后调整 X 向机床坐标，反复测量，直到工作台旋转到 0° 和 180° 两个方向百分表指针指示的读数完全一样时，这时机床 CRT 上显示的 X 向坐标值即为工作台 X 向回转中心的位置。

工作台 X 向回转中心的准确性决定了调头加工工件上孔的 X 向同轴度精度。

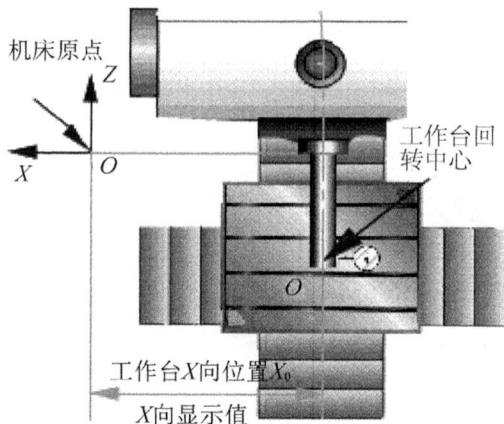

图 7.43　X 向回转中心的测量

2) Y 向回转中心的测量

测量原理：找出工作台上表面到 Y 向机床原点的距离 Y_0，即为 Y 向工作台回转中心的位置。工作台回转中心位置如图 7.42(b)所示。

测量方法：如图 7.44 所示，先将主轴沿 Y 向移到预定位置附近，用手拿着量块轻轻塞入，调整主轴 Y 向位置，直到量块刚好塞入为止。

Y 向回转中心=CRT 显示的 Y 向坐标(为负值)−量块高度尺寸−标准芯轴半径

工作台 Y 向回转中心影响工件上加工孔的中心高尺寸精度。

3) 转中心的测量

测量原理：找出工作台回转中心到 Z 向机床原点的距离 Z_0 即为 Z 向工作台回转中心的位置。工作台回转中心的位置如图 7.42(c)所示。

测量方法：如图 7.45 所示，当工作台分别在 0°和 180°时，移动工作台以调整 Z 向坐标，使百分表的读数相同，则 Z 向回转中心=CRT 显示的 Z 向坐标值。

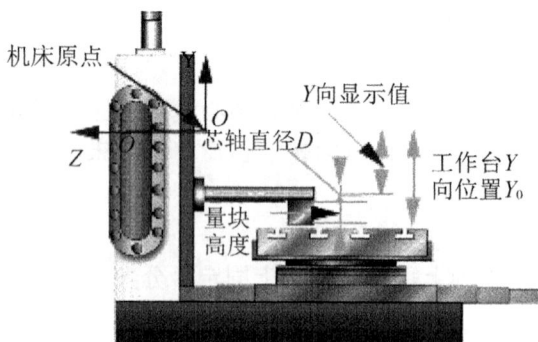

图 7.44　Y 向回转中心的测量

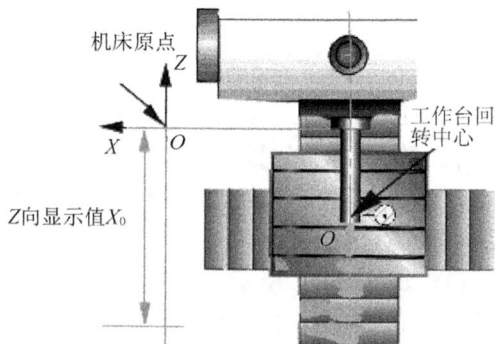

图 7.45　Z 向回转中心的测量

Z 向回转中心的准确性，影响机床调头加工工件时两端面之间的距离尺寸精度(在刀具长度测量准确的前提下)。反之，它也可修正刀具长度测量偏差。

机床回转中心在一次测量得出准确值以后，可以在一段时间内作为基准。但是，随着机床的使用，特别是在机床相关部分出现机械故障时，都有可能使机床回转中心出现变化。例如，机床在加工过程中出现撞车事故、机床丝杠螺母松动时等。因此，机床回转中心必须定期测量，特别是在加工相对精度较高的工件之前应重新测量，以校对机床回转中心，从而保证工件加工的精度。

7.4　回到工作场景

【工作过程一】数控加工工艺分析

1．根据零件图样要求，确定毛坯及加工顺序

如图 7.1 所示的凸模零件，不需要热处理，无硬度要求，须铣削出零件轮廓、一个 $\phi 14$ 的孔、4 个 M10 的螺纹孔。

(1) 设零件毛坯已经使用平口钳装夹好，一次装夹完成轮廓、孔、螺纹孔的粗、精加工。

(2) 加工顺序。

铣削端面→铣削轮廓→$\phi 14$ 的孔→加工螺纹孔→丝锥加工螺纹。

2．选择机床设备及刀具

根据零件图样要求，选立式加工中心型号为 VMCL600。

根据加工要求，选用一把直径为 $\phi 60mm$ 的端面铣刀，刀号 T01；选用一把直径为 $\phi 10mm$ 的键槽铣刀，刀号为 T02；选用一把直径为 $\phi 8.5mm$ 的钻头，刀号为 T03；选用一把直径为 M10 的丝锥，刀号为 T04。把它们的刀偏长度补偿量和半径值输入相应的刀具参数中，刀具卡片如表 7.1 所示。

表 7.1　数控刀具明细表

零件图号		零件名称		材料		程序编号		车间		使用设备
		凸模		45 钢						立式加工中心型号为 VMCL600
序号	刀具号	刀具名称	刀具图号	刀具			刀补地址		换刀方式	加工部位
				直径		长度	直径	长度	自动/手动	
				设定	补偿	设定				
1	T01	端铣刀		$\phi 60$	0		0	H01	自动	上表面
2	T02	键槽铣刀		$\phi 10$	5		D02	H02	自动	铣削轮廓、$\phi 14$ 的孔
3	T03	钻头		$\phi 8.5$	0		0	H03	自动	钻孔
4	T04	丝锥		M10	0		0	H04	自动	攻丝
编制		审核		批准			年　月　日		共　页第　页	

3．确定切削用量

切削用量的具体数值应根据机床性能、相关的手册并结合实际经验用类比方法确定，

在此次加工中端面和轮廓铣在 S800 的情况下 F=400mm/min，钻削加工在 S1000 的情况下 F=120mm/min。

4．确定工件坐标系、对刀点和换刀点

确定以工件的上表面中心为工件原点，建立工件坐标系。采用手动试切对刀方法。数控加工工序卡如表 7.2 所示。

表 7.2　孔类零件数控加工工序卡片

单位名称	××	产品名称	零件名称	零件图号
		××	孔类零件	××
工序号	程序编号	夹具名称	使用设备	车间
	O0001	平口钳	立式加工中心 VMCL600	数控实训车间

工序简图：

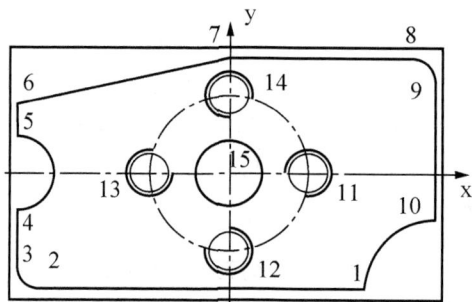

工步号	工步内容	刀具号	刀具规格/mm	主轴转速 n/(r/min)	进给速度 f/(mm/min)	备注
1	装夹					手动
2	对刀，上表面中心点			500		手动
3	铣削上表面	T01	ϕ60	800	400	自动
4	铣削轮廓和 ϕ14 的孔	T02	ϕ10	1000	400	自动
5	钻削螺纹孔	T03	ϕ8.5	1000	120	自动
6	加工螺纹	T04	M10	50		自动
编制	××	审核	××	批准	××	年　月　日	共　　页 第　　页

5．基点运算

以工件的上表面中心为工件原点，建立工件坐标系，采用绝对尺寸编程。切削加工的基点计算值如表 7.3 所示。

表 7.3　切削加工的基点计算值

基 点	1	2	3	4	5	6	7	8	9	10	11	12	13	14	15
x	30	-40	-45	-45	-45	-45	0	40	45	45	17	0	-17	0	0
Y	-25	-25	-20	-8	8	15	25	25	20	-10	0	-17	0	17	0
Z	5	5	5	5	5	5	5	5	5	5	10	10	10	10	8

【工作过程二】程序编制

零件精加工程序编制清单如下。

程　序	注　释
O0001	程序名
M06 T01;	自动换成 T01 刀
G90 G54 G00 X100 Y-15 Z100;	绝对编程，G54 坐标系，
M03 S800;	主轴正转，转速为 800
G00 G43 H1 Z-5;	长度补偿，补偿值为 H1，使刀具移动到 Z-5 的位置
G01 X-100 F400;	铣端面
Y15;	铣端面
X100;	铣端面
G00 G49 Z100;	取消刀具长度补偿，使刀具移动到机械坐标系 Z100
M05;	的位置
M06 T02;	主轴停止
M03 S1000;	换 T02 刀具
G00 G41 X100 Y-25 D2;	主轴正转，S1000
G00 G43 H2 Z-10;	刀具半径左补偿，补偿号为 D2
G01 X-40 F400;	刀具长度补偿，补偿号为 H2
G02 X-45 Y-20 R5;	铣削轮廓到点 2
G01 Y-8;	铣 R5 的圆弧
G03 Y8 R8;	铣直线到点 4
G01 Y15;	铣 R8 的圆弧
X0 Y25;	铣直线到点 6
X40;	铣斜线到点 7
G02 X45 Y20 R5;	铣直线到点 8
G01 Y-10;	铣 R5 的圆弧
G03 X30 Y-25 R15;	铣直线到点 10
G01 G40 Y-60;	铣 R15 的圆弧

程序	说明
G00 Z100;	取消半径补偿，刀具移除到 Y-60
X2 Y0;	刀具抬高到 Z100
Z10;	刀具移动到 X2，Y0 位置
G01 Z-10 F50;	到 Z10 的位置
G02 X-2 R2;	往下铣削到 Z-10
G02 X2 R2;	铣削半个圆弧
G01 X0;	再铣削半个圆弧
Z10;	移动到 X0 的位置
G00 G49 Z100;	抬刀
M05;	取消刀补并抬刀
M06 T03;	主轴停止
G90 G54 G00 X0 Y17 Z100;	换 T03 刀具
M03 S1000;	G54 定位
G01 G43 H3 Z10 F300;	主轴正转 S1000
G99 G81 Z-12 R3 F50;	长度补偿
X17 Y0;	钻削循环加工第一个孔
X0 Y-17;	加工第二个孔
X-17 Y0;	加工第三个孔
G00 G80 G49 Z100;	加工第四个孔
M05;	取消循环，取消长度补偿并抬刀
M06 T04;	主轴停止
M03 S50;	换 T04 刀具
G90 G54 G00 X0 Y17;	主轴正转 S50
G43 G00 Z10 H4;	定位
G95 G99 G84 Z-11 R3 P1 F1.5;	长度补偿 H4，并下刀
X17 Y0;	攻丝循环，加工第一个螺纹孔
X0 Y-17;	加工第二个螺纹孔
X-17 Y0;	加工第三个螺纹孔
G01 G49 G80 Z10 F400;	加工第四个螺纹孔
G00 Z100;	取消循环，取消长度补偿并抬刀
M05;	Z100 的位置
M30	主轴停止
	程序结束

7.5　拓 展 实 训

实训 1　凸台零件编程加工

(一)训练内容

车间现准备加工一凸台零件，工程图如图 7.46 所示，学生按小组独立完成图 7.46 所示零件的铣削工艺与编程，并上机操作验证。

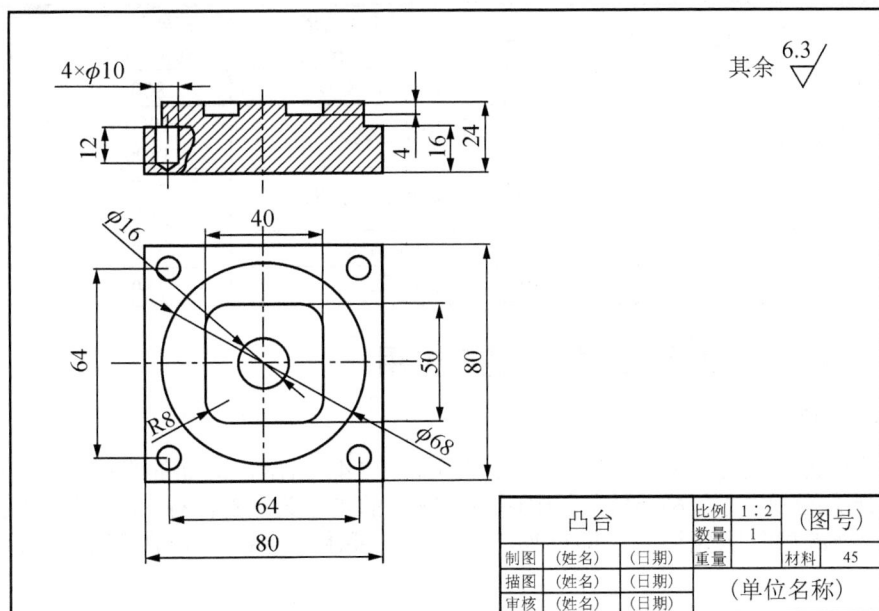

图 7.46　凸台零件工程图

(二)训练目的

掌握加工中心程序的编制方法及步骤，学习基本编程指令的应用。

(三)训练过程

步骤一：数控加工工艺分析。

(1) 根据零件图样要求，确定毛坯及加工顺序。

(2) 选择机床设备及刀具。

(3) 确定切削用量。

(4) 确定工件坐标系、对刀点。

(5) 基点运算。

步骤二：程序编制。

编写零件精加工程序并写出加工程序清单。

步骤三：加工实训。

(1) 熟悉加工中心操作面板。

(2) 启动和关闭数控系统和机床。

(3) 加工验证程序。

(四)技术要点

(1) 正确选择加工中心刀具。

(2) 正确确定加工顺序。

(3) 注意建立刀具半径和刀具长度补偿。

凸台加工刀具及参数，如表 7.4 所示(供参考)。

表 7.4　凸台加工刀具及参数

工步号	工步内容	刀具号	刀具规格 /mm	主轴转速 n/(r/min)	进给速度 f/(mm/min)
1	铣削上表面	T01	ϕ100 面铣刀	800	400
2	铣削 ϕ68 外轮廓	T02	ϕ16 立铣刀	1000 1600	160 120
3	上表面槽	T03	ϕ10 键槽铣刀	800 1300	160 120
4	钻孔	T04	ϕ9.8 钻头	500	70
5	铰孔	T05	ϕ10 铰刀	180	40

实训 2　FANUC 系统 B 类宏程序应用

(一)训练内容

某车间现准备加工一圆凸台零件，工程图如图 7.47 所示，球面的半径为 SR20(#2)、球面台展角(最大为 90°)为 67(#6)在图中所用立铣刀的半径为 R8 (#3)；在对刀及编程时应注意。球面台外圈部分应先切除，即已加工出圆柱。要求学生按小组学习编制出该零件的宏程序。

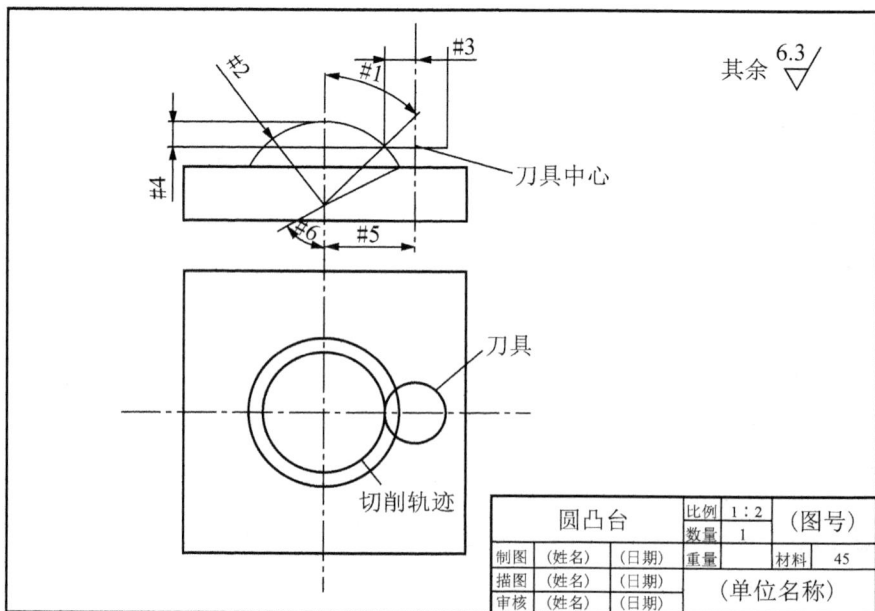

图 7.47　圆凸台零件工程图

(二)训练目的

使学生掌握 B 类宏程序的编制。

(三)训练过程

步骤一：宏程序基本知识的学习。

如何使加工中心这种高效自动化机床更好地发挥效益，其关键之一，就是开发和提高数控系统的使用性能。B 类宏程序的应用，是提高数控系统使用性能的有效途径。B 类宏程序与 A 类宏程序有许多相似之处，因而，下面就在 A 类宏程序的基础上，介绍 B 类宏程序的应用。

宏程序的定义：由用户编写的专用程序，它类似于子程序，可用规定的指令作为代号，以便调用。宏程序的代号称为宏指令。

宏程序的特点：宏程序可使用变量，可用变量执行相应操作；实际变量值可由宏程序指令赋给变量。

1) 宏程序的简单调用格式

宏程序的简单调用是指在主程序中，宏程序可以被单个程序段单次调用。

调用指令格式：

G65　P(宏程序号)　L(重复次数)(变量分配)

其中：G65——宏程序调用指令；

　　　P(宏程序号)——被调用的宏程序代号；

　　　L(重复次数)——宏程序重复运行的次数，重复次数为 1 时，可省略不写；

　　　(变量分配)——为宏程序中使用的变量赋值。

宏程序与子程序相同的一点是，一个宏程序可被另一个宏程序调用，最多可调用 4 重。

2) 宏程序的编写格式

宏程序的编写格式与子程序相同。其格式如下。

```
0  ～(0001～8999 为宏程序号)    //程序名
N10 …                         //指令
…
…
…
N～ M99                        //宏程序结束
```

上述宏程序内容中，除通常使用的编程指令外，还可使用变量、算术运算指令及其他控制指令。变量值在宏程序调用指令中赋给。

3) 变量

(1) 变量的分配类型。

这类变量中的文字变量与数字序号变量之间有如表 7.5 所示的关系。

表 7.5 中，文字变量为除 G、L、N、O、P 以外的英文字母，一般可不按字母顺序排列，但 I、J、K 例外；#1～#26 为数字序号变量。

表7.5 文字变量与数字序号变量之间的关系

文字变量	数字序号变量	文字变量	数字序号变量	文字变量	数字序号变量
A	#1	I	#4	T	#20
B	#2	J	#5	U	#21
C	#3	K	#6	V	#22
D	#7	M	#13	W	#23
E	#8	Q	#17	X	#24
F	#9	R	#18	Y	#25
H	#11	S	#19	Z	#26

例：G65　　P1000 A1.0　　B2.0　　I3.0

则上述程序段为宏程序的简单调用格式，其含义为：调用宏程序号为 1000 的宏程序运行一次，并为宏程序中的变量赋值，其中：#1 为1.0，#2 为2.0，#4 为3.0。

(2) 变量的级别。

① 本级变量#1～#33。作用于宏程序某一级中的变量称为本级变量，即这一变量在同一程序级中调用时含义相同，若在另一级程序(如子程序)中使用，则意义不同。本级变量主要用于变量间的相互传递，初始状态下未赋值的本级变量即为空白变量。

② 通用变量#100～#144，#500～#531。可在各级宏程序中被共同使用的变量称为通用变量，即这一变量在不同程序级中调用时含义相同。因此，一个宏程序中经计算得到的一个通用变量的数值，可以被另一个宏程序所应用。

4) 算术运算指令

变量之间进行运算的通常表达形式是：#i ＝(表达式)

(1) 变量的定义和替换。

　　#i ＝#j

(2) 加减运算。

　　#i ＝#j ＋ #k　　　　　//加

　　#i ＝#j － #k　　　　　//减

(3) 乘除运算。

　　#i ＝#j × #k　　　　　//乘

　　#i ＝#j / #k　　　　　//除

(4) 函数运算。

　　#i ＝SIN [#j]　　　　　//正弦函数(单位为度)

　　#i ＝COS [#j]　　　　　//余函数(单位为度)

　　#i ＝TANN [#j]　　　　//正切函数(单位为度)

　　#i ＝ATANN [#j] / #k　//反正切函数(单位为度)

　　#i ＝SQRT [#j]　　　　//平方根

　　#i ＝ABS [#j]　　　　　//取绝对值

(5) 运算的组合。

以上算术运算和函数运算可以结合在一起使用，运算的先后顺序是：函数运算、乘除运算、加减运算。

(6) 括号的应用。

表达式中括号的运算将优先进行。连同函数中使用的括号在内，括号在表达式中最多可用 5 层。

5) 控制指令

(1) 条件转移。

编程格式：

```
IF  [条件表达式]  GOTO  n
```

以上程序段含义如下。

- 如果条件表达式的条件得以满足，则转而执行程序中程序号为 n 的相应操作，程序段号 n 可以由变量或表达式替代。
- 如果表达式中条件未满足，则顺序执行下一段程序。
- 如果程序作无条件转移，则条件部分可以被省略。

表达式可按如下书写。

```
#j  EQ  #k        表示＝
#j  NE  #k        表示≠
#j  GT  #k        表示>
#j  LT  #k        表示<
#j  GE  #k        表示≥
#j  LE  #k        表示≤
```

(2) 重复执行。

编程格式：

```
WHILE  [条件表达式] DO m (m＝1 2 3)

    ⋮

    END m
```

上述"WHILE…END m"程序含义如下。

- 条件表达式满足时，程序段 DO m 至 END m 即重复执行。
- 条件表达式不满足时，程序转到 END m 后处执行。
- 如果 WHILE [条件表达式]部分被省略，则程序段 DO m 至 END m 之间的部分将一直重复执行。

注意：

- WHILE DO m 和 END m 必须成对使用。
- DO 语句允许有 3 层嵌套，如下。

```
DO  1
DO  2
```

```
DO   3
END  3
END  2
END  1
```

DO 语句范围不允许交叉，即如下语句是错误的。

```
DO   1
DO   2
END  1
END  2
```

以上仅介绍了 B 类宏程序应用的基本问题，有关应用详细说明，请查阅 FANUC-0i 系统说明书。

步骤二：数控加工工艺分析。

1) 根据零件图样要求，确定毛坯及加工顺序

图 7.47 所示零件，不需要热处理，无硬度要求，上表面要加工，加工精度较高。

(1) 设零件毛坯尺寸为 40×40×60，上表面中心点为工艺基准，用平口钳夹持 40×40 处，使工件高出钳口 30mm，一次装夹完成粗、精加工(在加工前已加工出圆柱)。

(2) 加工顺序。加工顺序及路线见工艺卡。

2) 选择工装及刀具

(1) 根据零件图样要求，选立式加工中心型号为 VMCL600。

(2) 工具选择。工件采用平口钳装夹，试切法对刀，把刀偏值输入相应的刀具参数中。

(3) 量具选择。轮廓尺寸用游标卡尺、千分尺、角尺、万能量角器等测量，表面质量用表面粗糙度样板检测，另用百分表校正平口钳及工件上表面。

(4) 刃具选择。刀具选择如表 7.6 所示。

表 7.6　数控刀具明细表

零件图号	零件名称		材料	程序编号	车间		使用设备
	圆凸台		45 钢				立式加工中心型号为 VMCL600

序号	刀具号	刀具名称	刀具图号	刀具			刀补地址		换刀方式	加工部位
				直径		长度	直径	长度	自动/手动	
				设定	补偿	设定				
1	T01	立铣刀		φ16	8	0	D01		自动	零件外轮廓
编制		审核		批准			年　月　日		共　页第　页	

3) 确定切削用量

切削用量的具体数值应根据机床性能、相关的手册并结合实际经验用类比方法确定，在此次加工中在 S0 的情况下 F=50mm/min。

4) 确定工件坐标系、对刀点和换刀点

确定以工件上表面中心点为工件原点，建立工件坐标系。采用手动试切对刀方法，把上表面中点作为对刀点。数控加工工序卡如表 7.7 所示。

表 7.7　圆凸台零件数控加工工序卡

单位名称	××	产品名称		零件名称	零件图号
		××		圆凸台	××
工序号	程序编号	夹具名称		使用设备	车间
	O4003	平口钳		立式加工中心型号为 VMCL600	数控实训车间

工序简图：

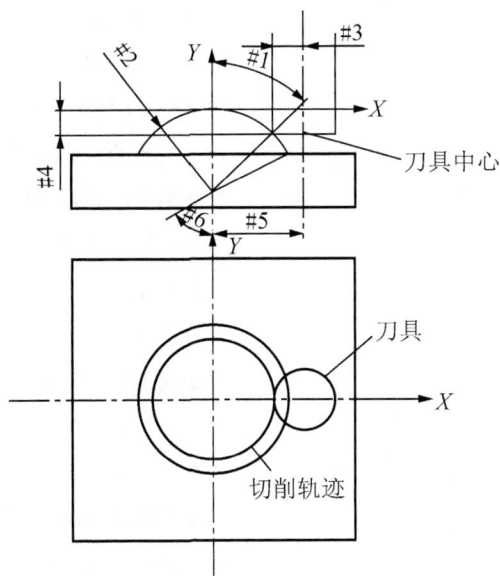

工步号	工步内容	刀具号	刀具规格 /mm	主轴转速 n/(r/min)	进给速度 f/(mm/r)	备注
1	装夹					手动
2	对刀，上表面中心点			500		手动
3	铣凸台轮廓	T01	φ16 立铣刀	2000	50	自动
编制	××	审核	××	批准	××	年　月　日	共　页	第　页

步骤三：程序编制。

圆凸台零件程序编制清单如下。

程　序	注　释
O0001	程序名
N10 M6 T01;	换上 1 号刀，直径 16mm 立铣刀
N20 G54 G90 G0 G43 H1 Z200;	刀具快速移动 Z200 处(在 Z 方向调入了刀具长度补偿)
N30 M3 S2000;	主轴正转，转速 2000r/min
N40 X8 Y0;	刀具快速定位(下面#1=0 时#5= #3=8)
N50 Z2;	Z 轴下降
N60 M8;	切削液开
N70 G1 Z0 F50;	刀具移动到工件表面的平面
N80 #1=0;	定义变量的初值(角度初始值)
N90 #2=20;	定义变量(球半径)
N100 #3=8;	定义变量(刀具半径)
N110 #6=67;	定义变量的初值(角度终止值)
N120 WHILE[#1LE#6] D01;	循环语句，当#1≤67°时在 N120～N190 之间循环，加工球面
N130 #4=#2*[1-COS[#1]];	计算变量
N140 #5=#3+#2*SIN[#1];	计算变量
N150 G1 X#5 Y0 F200;	每层铣削时，X 方向的起始位置
N160 Z-#4 F50;	到下一层的定位
N170 G2 I-#5 F200;	顺时针加工整圆
N180 #1=#1+1;	更新角度(加工精度越高，则角度的增量值应取得越小，这儿取 1°)
N190 END1;	循环语句结束
N200 G0 Z200 M9;	加工结束后返回到 N200，切削液关
N210 G49 G90 Z0;	取消长度补偿，Z 轴快速移动到机床坐标 Z0 处
N220 M30	程序结束

工作实践常见问题解析

【问题 1】如何保证切削轮廓的完整性、平滑性？

【答】可以用 G41 或 G42 指令进行刀具半径补偿→走过渡段(直线或圆弧)→轮廓切削→走过渡段(直线或圆弧)→用 G40 指令取消刀具半径补偿。

【问题 2】在执行 G41、G42 或 G40 指令时能用 G02 指令吗？

【答】在执行 G41、G42 或 G40 指令时，其移动指令只能用 G01 或 G00，不能用 G02 或 G03。

【问题 3】A 类宏程序和 B 类宏程序的不同。

【答】A 类宏程序一般用于车床类，B 类宏程序一般用于铣床类(加工中心)，A 类宏程序是早期发展的，代码含义很不明显，编制宏程序困难，也难懂，这有点类似于计算机中的汇编语言；而 B 类宏程序则要好用一点，其指令代码均是英文单词的缩写，这和计算机中的高级编程语言，如 FORTRAN、BASIC 很相似，学过高级语言编程，B 类宏程序是很简单的事情，程序也很易懂，不过对大家的要求可能要高一点，要有一定的英语基础和一定的计算机基础。

【问题 4】B 类宏程序中，有哪些变量类型，其含义如何？

【答】①空变量：改变量总是空，没有值能赋给改变量。②局部变量：只能用在宏程序中存储数据。③公共变量：在不同的宏程序中的意义不同。④系统变量：根据用途而被固定的变量。

7.6　习　　题

填空题

1. 极坐标原点指定方式有＿＿＿＿＿＿＿＿＿＿和＿＿＿＿＿＿＿＿＿＿两种。
2. ＿＿＿＿＿为极坐标系生效指令；＿＿＿＿＿为极坐标系取消指令。
3. ＿＿＿为自动换刀指令；＿＿＿为主轴准停指令；＿＿＿为选刀指令。
4. 宏程序调用的格式为：＿＿＿＿＿＿＿＿＿＿＿＿＿＿＿＿＿＿＿＿＿＿＿＿＿。
5. 组合运算的先后顺序是：＿＿＿＿＿＿＿＿＿＿＿＿＿＿＿＿＿＿＿＿＿＿＿。

简答题

1. 请简述立式加工中心对刀的过程。
2. 请简述卧式加工中心对刀和立式加工中心对刀的不同之处。

操作题(编程题或实训题等)

某车间现准备加工若干件轮廓类零件，工程图如图 7.48 所示，请按图纸要求分小组独立完成下图的车削工艺并编制该零件精加工程序。请按如下步骤完成练习。

步骤一：
① 根据零件图样要求，确定毛坯及加工顺序。
② 选择机床设备及刀具。
③ 确定切削用量。
④ 确定工件坐标系、对刀点和换刀点。
⑤ 基点运算。

步骤二：
编写零件精加工程序并写出加工程序清单。
注：加工过程如下：先用立铣刀 T02 精铣出外轮廓，再用中心钻 T04 钻中心孔，最后

用麻花钻 T06 钻通孔，转速为 300r/min。其他切削用量自定。坐标系如图所示，试编写在立式加工中心上的加工程序。

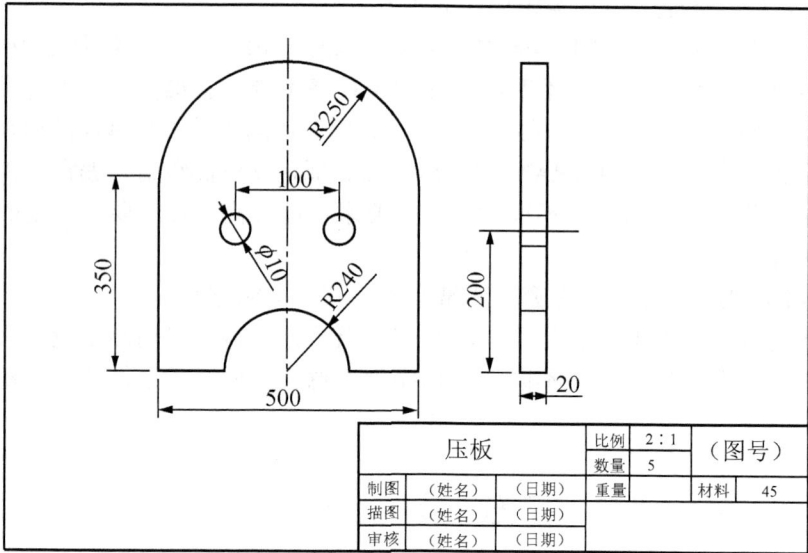

图 7.48　轮廓类零件工程图

第8章 自动编程基础

本章要点

- MasterCAM 软件介绍。
- 学习 MasterCAM 软件二维图形的绘制方法。
- 学习 MasterCAM 软件二维零件加工编程方法。

技能目标

- 掌握 MasterCAM 软件二维图形的绘制方法。
- 掌握 MasterCAM 软件二维加工编程的方法。
- 了解 MasterCAM 软件的用途。

8.1 工作场景导入

【工作场景】

应用 MasterCAM 软件完成如图 8.1 所示盖板零件的二维图形绘制及上表面和外轮廓的编程加工。

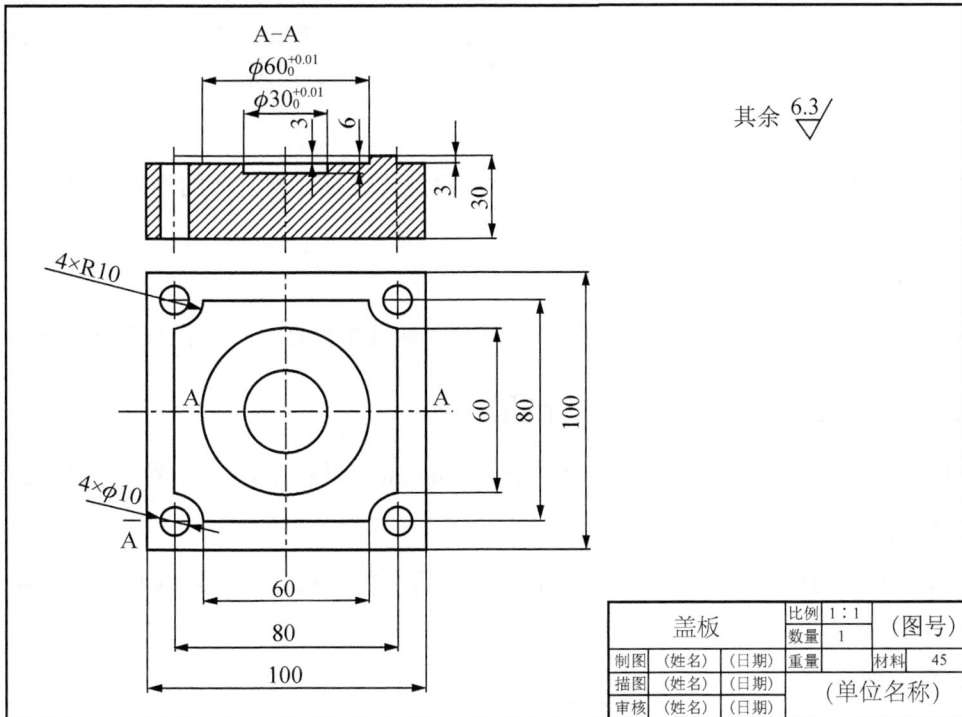

图 8.1 盖板图形绘制

【引导问题】

(1) 如何用 MasterCAM 软件新建文件、保存文件？

(2) 如何在 MasterCAM 软件中绘制二维图形？

(3) 如何用 MasterCAM 软件进行编程加工？

8.2 MasterCAM X2 软件介绍

8.2.1 MasterCAM X2 软件的特点

MasterCAM X2 版本的设计者对软件的核心进行了重新设计，采用全新技术并与微软公司的 Windows 技术更加紧密地结合，使得程序运行更流畅，设计更高效。

1. 新型设计操作窗口

X2 版本的 MasterCAM 采用全新的设计界面，使用户能更高效地进行设计开发，操作界面可以让用户自行定义，从而建立适合自己的开发设计风格。MasterCAM X2 版本加强了对"历史记录的操作"，回退功能更加完善。总之，X2 版本界面变化相当大，可以使用户进行高效、快捷的操作。

2. 高速的产品开发性能

产品开发性能是用户最关心的，MasterCAM X2 版本中 important Z-level tool paths 的执行效果较以往最大可提高 400%。另外，MasterCAM X2 的新功能 Enhanced Machining Model 可高速地加快程序设计并保证设计精度。操作管理集成功能可以把同一个加工任务的各项操作集中在一起。任务管理器的操作界面更加简洁、清晰。

3. 更直观的 CAD 设计

MasterCAM X2 的 CAD 设计在新版本中使模型化过程变得空前的高效和灵活，有了视角鸟瞰功能也使得设计更容易。

4. Shop Floor Emulation

MasterCAM X2 有内置的纠错功能，可以自动地减少设计过程中出现错误的几率。

8.2.2 MasterCAM X2 窗口介绍

MasterCAM 从 X 版本开始已经完全采用了 Windows 风格，其主窗口界面如图 8.2 所示。

1. 标题栏

在整个界面的顶端，用于显示软件名称、模块名称、软件版本号以及当前文件的保存路径和文件名。

2. 菜单栏

MasterCAM X2 的菜单栏采用了 Windows 风格，如图 8.2 所示，每个主菜单都具有下拉菜单。

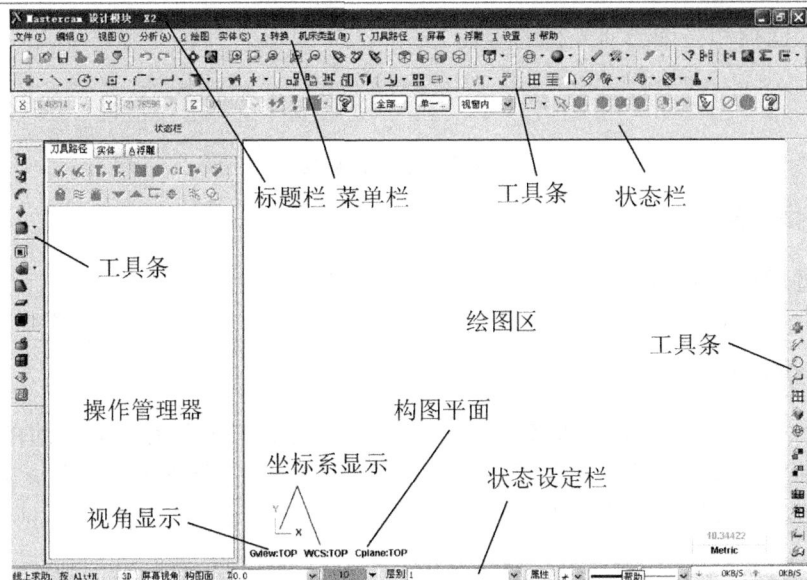

图 8.2 MasterCAM X2 主窗口界面

各菜单组的功能如表 8.1 所示。

表 8.1 菜单组的功能

菜 单 名	功能说明
文件	包括创建、打开、保存、合并等文件命令
编辑	包括对图形进行删除、修整等编辑命令
视图	包括对视图方向、显示比例、视图布局等进行控制的命令
分析	对图形对象的几何信息进行分析
绘图	提供图形绘制的基本命令，尺寸标注命令也在此列
实体	提供构建实体模型的命令
转换	包含平移、镜像、旋转、缩放等变换几何图形的命令
机床类型	用于选择机床的类型
刀具路径	用于创建刀具路径
屏幕	控制屏幕显示的各种命令
浮雕	浮雕加工
设置	对软件本身的各种设置
帮助	主要包含 MasterCAM X 的帮助文档

3．工具栏

工具栏包含各种功能和命令的快捷按钮，一般在菜单栏的下方。用户可以根据自己的习惯对工具栏进行定制。

4．坐标文本框

使用坐标文本框可以在对应的框中输入 X、Y、Z 的坐标，如图 8.3 所示。在光标移动时可以自动地捕捉和查询当前光标的坐标。

图 8.3 坐标文本框

5. 动态提示条

在操作过程中，系统会提示用户下一步的操作。例如，单击 按钮后，系统会提示用户【指定第一点】。

6. 常用功能工具栏

每操作一个命令，系统自动将操作的命令按钮记录在图形窗口最右边的竖直工作栏中，这就是常用功能工具栏。在使用过程中，由于使用过的命令都集中在该工作栏上，所以免去了很多查找按钮的工作，大大节省了时间。

7. 图形窗口

操作界面中最大的区域就是图形窗口，用于显示绘图内容，也叫绘图区。在绘图区中可以进行图形的各种操作。图形窗口的左下角显示 Gview(图形视角)、WCS 坐标系和 Cplane(构图平面)的设置信息。

8. 属性状态栏与提示区

属性状态栏在界面的最下方，主要用来显示和设置当前绘制的图形元素的各种状态，在属性状态栏中可以设置构图平面、构图深度、图层、颜色、线型、线宽、坐标系等各种属性和参数。

9. 操作管理器

操作管理器在界面的左边，用于显示刀具路径和实体。

8.2.3 系统配置设置

初次使用 MasterCAM X2 时，一般要进行系统配置。所谓的系统配置就是设置系统的默认值。系统存储这些值到文件"＊．CFG"中。用户可以定制自己习惯的绘图环境。选择菜单【设置】→【系统规划】命令，在【系统规划】命令对话框中可以设置启动、公差、文件、转换、屏幕、颜色、串联等可以保证系统正常运行的重要参数。

8.2.4 文件管理

MasterCAM X2 的文件管理功能包括建立新文件、存盘、打开已存在的文件、合并文件、转换文件、显示打印的文件等。新建文件、打开文件、存盘就是 Windows 的功能，这里不再详述，用到时再做解释。下面对 MasterCAM X2 特有的几个文件管理方面的功能进行详细说明。

1. 合并图形

当需要将几个图形合并到一个图形中去的时候，可以选择【文件】→【合并文件】命令。

2. 部分存档

如果要将当前图形中的某一个局部存在磁盘上，可以选择菜单【文件】→【部分存档】命令。

3. 图形转换

不同的软件具有不同的特色，有些软件在造型方面功能强大；有些软件则在加工方面独具特色，这样就面临一个文件转换问题。

1) 将其他软件制作的图形转换到 MasterCAM X2 中

选择【文件】→【输入目录】命令，MasterCAM X2 能将其他软件格式的文件转换到该软件中，支持的格式有 DXF、STEP、IGES、AutoCAD 的 DWG、ParaSolid、Pro/E、ACISKernelSAT 文件、VDA 文件、Rhin03D 文件、SolidWorks 文件、SolidEdge 文件、AutodeskInventor 文件、ASCII 文件、Carla 文件、HPGL 绘图机格式的文件、CADKey 格式的文件以及 PostScript 格式的文件。

2) 将 MasterCAM X2 的图形转换到其他软件中

选择【文件】→【输出目录】命令，MasterCAM X2 能将自身的 MCX 格式的图形文件转换为其他 CAD 软件能接受的图形格式文件，支持的格式有 MC8、MC9、DXF、STEP、IGES、AutoCAD 的 DWG、ParaSolid、ACISKernelSAT 文件、VDA 文件、ASCII 文件、Carla 文件以及 PostScript 格式的文件。

8.2.5　MasterCAM X2 编程过程

使用 MasterCAM X2 的目的就是编制数控机床的加工程序。利用 MasterCAM X2 编制数控加工程序一般要经过 4 个步骤。

(1) 建立几何模型。
(2) 产生刀具路径。
(3) 后置处理产生具体的机床程序。
(4) 模拟加工送入数控机床。

8.3　MasterCAM 软件绘图基础

8.3.1　直线的绘制与编辑方法

1. 直线的绘制

选择【绘图】→【任意直线】命令，也可单击工具栏中直线绘制工具进入直线绘制子菜单。MasterCAM 提供了多种直线绘制方法，用户可根据需要选择不同绘制方法。

1) 菜单绘制任意直线

MasterCAM X2 将任意两点、水平、垂直、连续线等多种方式统一整合到【绘制任意线】这一命令中，选择【绘图】→【任意直线】→【绘制任意线(E)】命令，弹出如图 8.4 所示工具栏，通过此工具栏可绘制两点、水平、指定长度、连续等直线。

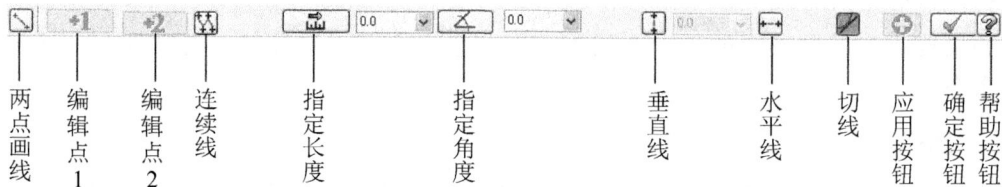

图 8.4　直线绘制工具栏

(1) 指定长度与角度直线绘制。

选择【绘图】→【任意直线】→【绘制任意线】命令，在图 8.5 中直接输入端点坐标值，以确定第一个端点坐标位置或在工作区任一个位置单击一下，鼠标拉出一段距离，在如图 8.6 所示提示框中输入直线的长度和角度，回车确认后绘制出如图 8.7(a)所示的直线。

图 8.5　坐标输入框

图 8.6　两点线长度角度输入框

(2) 水平/垂直线绘制。

选择【绘图】→【任意直线】→【绘制任意线(E)】命令，单击 🔼 图标，用鼠标在工作区拾取第一点或在图 8.4 中直接输入端点坐标值，以确定第一个端点坐标位置，鼠标在工作区拾取第二点或输入长度 [100.0]，回车确认后绘制出如图 8.7(b)所示的垂直线；单击 🔁 图标，用鼠标在工作区拾取第一点，鼠标在工作区拾取第二点或输入长度 [100.0]，回车确认后绘制出如图 8.7(c)所示的水平线。

(3) 连续线的绘制。

选择【绘图】→【任意直线】→【绘制任意线(E)】命令，单击 📐 图标，用鼠标在工作区拾取第一点，第二点……，便可连续绘制任意直线，如图 8.7(d)所示。

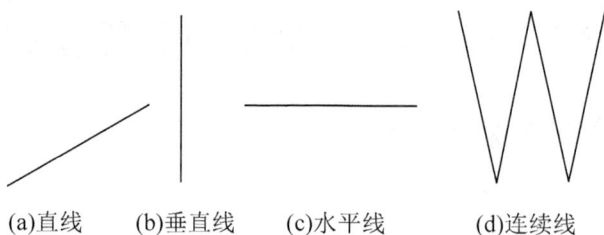

(a)直线　　(b)垂直线　　(c)水平线　　(d)连续线

图 8.7　绘制任意线

(4) 切线绘制。

按角度绘切线。选择【绘图】→【任意直线】→【绘制任意线(E)】命令，单击 ⊘ 图标，拾取圆弧的右上方，输入切线长度、角度 [500.0] [150.0]，可绘制出切于圆弧右上方的切线(拾取需保留部分)。

绘两圆的公切线。【绘图】→【任意直线】→【绘制任意线(E)】命令，单击 ⊘ 图标，拾取两圆弧左下部，可绘制出两圆的公切线。从圆外一点绘圆的切线。选择【绘图】→【任意直线】→【绘制任意线(E)】，单击 ◥ 图标，在工作区任意拾取一点，再拾取圆弧，可绘制过圆外一点的圆的切线。

2) 工具绘制任意直线

(1) 分角线。

在两栏相交的直线之间创建角平分线，若两栏直线没有相交在一起，则根据它们的延长线相交计算。单击直线绘制工具按钮 ╲· 右侧的下拉箭头，选择 ╲ 分角线(B)…，左键拾取构成角度的两直线，输入分角线的长度 [150.0]，选取要保留的线段，绘制出两角的平分线。

(2) 法线。

绘制已有直线、圆弧或曲线的法线。单击直线绘制工具按钮 ╲· 右侧的下拉箭头，选择 ⊢→ 法线(F)…，左键拾取直线或圆弧，输入法线的长度 [120.0]，在绘图区单击，绘制出已有直线或圆弧的法线。

(3) 平行线。

用于创建一条线段的平行线，且与该线段等长。单击直线绘制工具按钮 ╲· 右侧的下拉箭头，选择 ╱ 平行线(P)…，在图 8.8 中选择方向并输入偏置距离，拾取图 8.9 中直线 L₁，便可绘制出平行线 L₂。

图 8.8　平行线方向距离输入栏　　　图 8.9　平行线绘制

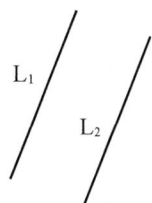

2．直线的编辑

单击工具栏 ◥✗·，进入如图 8.10 所示修剪选项工具栏进行直线编辑，也可单击菜单【编辑】→【修剪/打断(T)】命令，进入直线编辑。

图 8.10　修剪/打断工具栏

1) 修剪/打断工具编辑直线

(1) 单一图素修剪。

单击工具栏 ，进入修剪/打断工具栏，单击⊞按钮，激活单一图素修剪选项，拾取图 8.11(a)中的需修剪直线 L_1(需保留的一边)，拾取修剪边界直线 L_2，修剪结果如图 8.11(b)所示。

(2) 两图素修剪。

单击工具栏 ，进入修剪/打断工具栏，单击⊞按钮，激活两图素修剪选项，拾取图 8.12(a)中直线 L_1 和直线 L_2，需保留的一侧，修剪结果如图 8.12(b)所示。

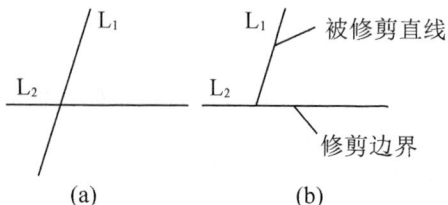

图 8.11　单一图素修剪　　　　　　　　　图 8.12　两图素修剪

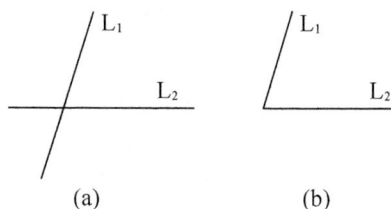

(3) 三图素修剪。

单击工具栏 ，进入修剪/打断工具栏，单击⊞按钮，激活三图素修剪选项，依次拾取图 8.13(a)中直线 L_1、L_2 和直线 L_3 需保留的一侧，修剪结果如图 8.13(b)所示。

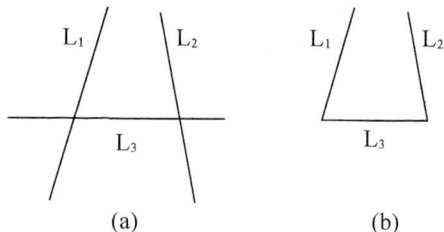

图 8.13　三图素修剪

2) 修剪/打断菜单编辑直线

(1) 多物修剪(M)。

选择【编辑】→【修剪/打断(T)】→【多物修剪(M)】命令，拾取图 8.14(a)中要修剪的直线 L_1、L_2，按 Enter 键确认，拾取修剪到的直线 L_3，拾取待修剪直线需要保留的侧，单击 按钮完成直线打断，结果如图 8.14(b)所示。

(2) 两点打断。

选择【编辑】→【修剪/打断(T)】→【两点打断】命令，拾取直线，拾取直线要打断的位置，单击 按钮完成直线打断。

(3) 交点处打断(I)。

选择【编辑】→【修剪/打断(T)】→【交点处打断(I)】命令，拾取两条相交线，回车确认后，此两栏直线均在交点处被打成两断，单击 按钮完成直线打断。

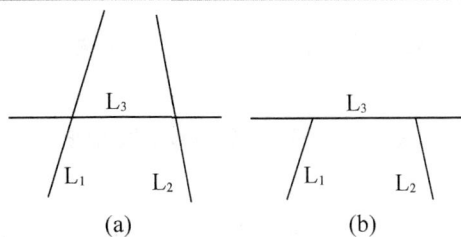

图 8.14　多段直线修剪

(4) 打成若干段(P)。

选择【编辑】→【修剪/打断(T)】→【打成若干段(P)】命令，拾取线段，在图 8.15 中输入分段长度 10，按 Enter 键确认后，系统便根据直线总长把直线打成了 12 段，单击 按钮完成直线打断。

图 8.15　分段长度输入

8.3.2　圆弧的绘制与编辑方法

1．圆弧的绘制

MasterCAM 软件提供了 7 种圆弧绘制方法，用户可根据需要选择不同画法。

1) 三点绘整圆

选择【绘图】→【圆弧】→【三点画圆】命令，第一种方法是，在工具栏中单击 按钮，然后在工具栏中输入 3 点坐标，也可在绘图区任意拾取 3 点绘整圆；第二种方法是，在工具栏中单击 按钮，然后在工具栏中输入 2 点坐标，也可在绘图区任意拾取 2 点绘整圆。

2) 圆心+点绘整圆

选择【绘图】→【圆弧】→【圆心+点(C)】命令，在图 8.16(a)中输入圆心坐标(10.0, 10.0)，在图 8.16(b)中输入圆的半径 100，也可在工作区拾取一个位置作为圆心点，在工作区拾取一点确定圆的半径，绘制整圆。

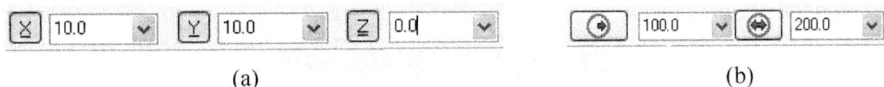

图 8.16　圆心+点数值输入绘整圆

3) 极坐标圆弧绘制

选择【绘图】→【圆弧】→【极坐标圆弧】命令，在图 8.17(a)中输入圆心坐标，在图 8.17(b)中输入极坐标圆弧的相关参数，输入角度 0°～360°绘整圆，输入任意角度绘圆弧，可绘制 270°圆弧。

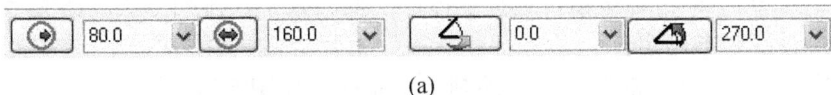

(a)

图 8.17　极坐标圆弧数值输入

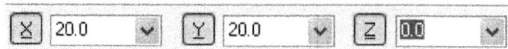

(b)

图 8.17　极坐标圆弧数值输入(续)

4) 两点画弧

选择【绘图】→【圆弧】→【两点画弧】命令，在工具栏中输入弧的起始点坐标，输入半径画弧，如图 8.18 所示，然后在绘图区拾取要保留圆弧即可；也可在绘图区任意拾取 2 点，确定弧的起始点，然后在绘图区任意拾取一点确定圆弧半径画弧。

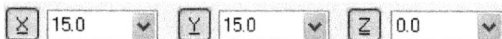 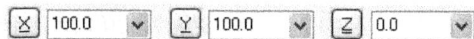

(a) (b)

(c)

图 8.18　两点画弧弧数值输入

5) 三点画弧

选择【绘图】→【圆弧】→【三点画弧】命令，在工具栏中输入 3 点坐标，也可在绘图区拾取 3 点绘制圆弧。

2. 圆弧的编辑

圆弧修剪/打断的编辑命令大多与直线编辑命令相同，在此仅介绍圆弧编辑特有的方法。

1) 恢复全圆

单击两点打断图标 ⚹ 右侧箭头弹出下拉菜单，单击 ↻ 恢复全圆(a) 图标，拾取绘图区圆弧，回车确认，此时圆弧便被恢复成全圆。

2) 打断全圆

单击两点打断图标 ⚹ 右侧箭头弹出下拉菜单，单击 ⚙ C打断全圆 图标，拾取绘图区中的圆，按 Enter 键确认，弹出图 8.19 所示的对话框，输入打断段数并按 Enter 键确认，此时圆便被打成若干段。

图 8.19　输入要打断全圆的段数

8.3.3　绘制文字

(1) 选择【绘图】→【绘制文字】命令，进入如图 8.20 所示绘制文字界面。

(2) 在图 8.20 中单击各按钮，选择字体、字型和大小、排列方式。在文字内容输入框中输入文字内容后单击确定。

(3) 在工作区选择文字的起始点，绘制文字完成，如图 8.21 所示。

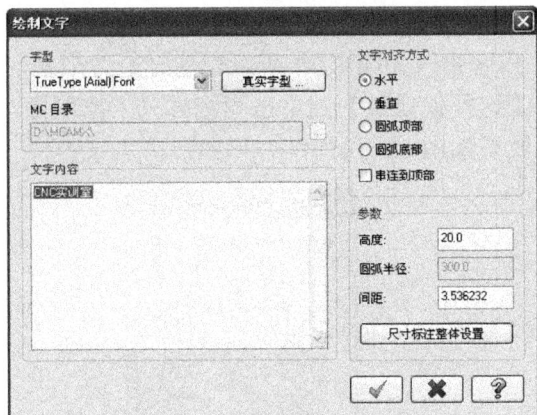

图 8.20　【绘制文字】对话框

图 8.21　绘制文字

8.3.4　几何转换

选择【转换】命令，弹出子菜单，包括平移、镜像、旋转等几何转换功能，也可单击如图 8.22 所示转换工具栏实现几何转换。

图 8.22　几何转换

1．平移

选择【转换】→【平移】命令，在工作区拾取如图 8.23 左边所示多边形并回车确认，弹出如图 8.24 所示的对话框，选择从一点到另一点复制，在绘图区选择多边形上的点和图中任意一点并确认，平移后的效果如图 8.23 所示。

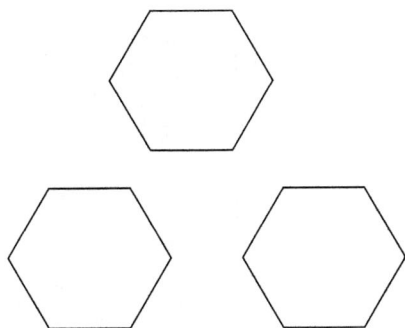

图 8.23　图形平移

图 8.24　【平移选项】对话框

2. 镜像

选择【转换】→【镜像】命令，在工作区拾取如图 8.25 所示绘图区上方半圆形并回车确认，弹出如图 8.26 所示的对话框，在【选择镜像轴】处单击直线方式，拾取图 8.25 中水平中心线，按 Enter 键确认，镜像后的效果如图 8.25 所示。

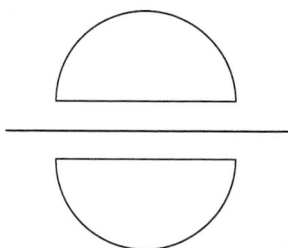

图 8.25　图形镜像

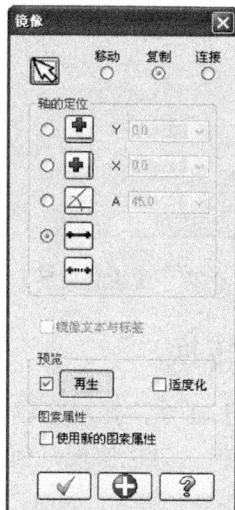

图 8.26　【镜像】对话框

3. 旋转

选择【转换】→【旋转】命令，在工件区拾取图 8.27 所示矩形并按 Enter 键确认，弹出如图 8.28 所示的对话框，在对话框中设置相应参数后，单击旋转中心图标，拾取图 8.27 中的大圆中心点，旋转后的效果如图 8.27 所示。

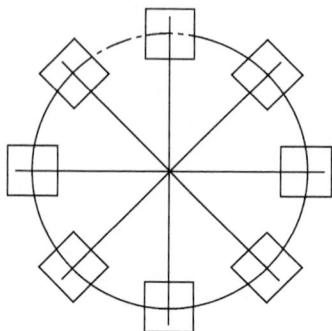

图 8.27　旋转

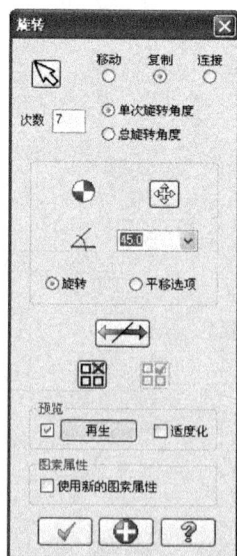

图 8.28　【旋转】对话框

4．阵列

选择【转换】→【阵列】命令，在绘图区左上方拾取图 8.29 中的多边形并回车确认，出现如图 8.30 所示的对话框，在对话框中设置参数，阵列后的效果如图 8.29 所示。

图 8.29　阵列

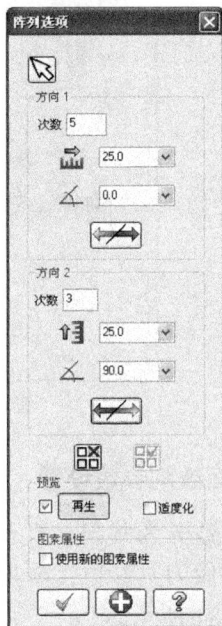

图 8.30　【阵列选项】对话框

8.4　平面和外形加工编程

8.4.1　平面铣削

平面铣削刀具路径是将工件表面铣削平整，为后续加工起基准和安装定位作用。用户可以铣削整个工件的表面，也可以通过选取指定的区域铣削。

1．平面铣削刀具路径的操作步骤

生成平面铣削刀具路径的操作步骤如下。

(1) 在菜单中选择【机床类型】→【铣削系统】→【默认】命令。

(2) 在【主功能表】菜单中选择【T 刀具路径】→【面铣】命令，弹出对话框，要求输入新的 NC 文件名称"O0010"，单击 按钮。

(3) 系统弹出转换参数对话框，提示选取图形串联后；在转换参数对话框单击 按钮，完成面铣轮廓的选择，进入加工参数设置。

(4) 弹出【面铣】→【刀具参数】对话框，选择用于生成刀具路径的刀具。

(5) 选择【平面加工参数】选项卡，设置如图 8.31 所示的面铣加工参数。

(6) 单击【确定】按钮，系统即可按设置的参数生成平面铣削刀具路径。

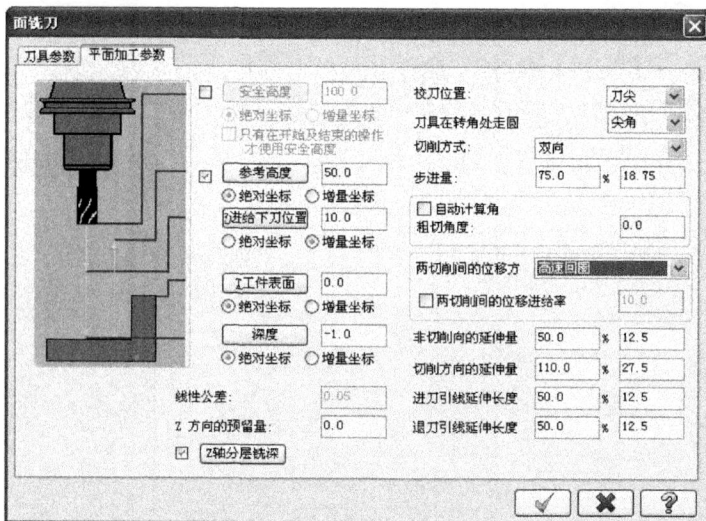

图 8.31　平面铣削参数设置

2．平面铣削参数设置

加工参数分为共同参数和专用参数两种，共同参数是各种加工都要输入的带有共性的参数，又叫做刀具参数；专用参数是每一铣削方式独有的专用模组参数。平面铣削的专用参数如图 8.31 所示。

1) 高度设置

高度设置可用绝对坐标或相对坐标。

(1) 安全高度：是刀具开始移动的高度，在某些情况下，MasterCAM 使用退刀高度作为安全平面高度，选择安全高度按钮，输入高度值并在图形上选择一点或在文本框输入一个值。设置该高度时考虑到安全性，一般应高于零件及夹具的最高表面。

(2) 参考高度：下一次进刀前要回退的高度，即在同一加工区域中，完成了一层的铣削，进行下一层铣削前先提刀到该位置，然后再下刀开始切削。

(3) 进给下刀位置：是设置刀具从快速进给转为工作进给的高度。一般设为 1～5mm 即可。

(4) 加工表面：即毛坯表面的高度。

(5) 最后切削深度：是外形加工的最后深度。

(6) 快速提刀：选中【快速提刀】在加工后刀具以 G00 指令快速提刀。若不选此项，则加工后刀具以进给速度提刀到进给高度。

2) 刀具补偿

采用刀具半径补偿功能可以直接用图样的尺寸编程，然后由数控机床的控制器或由 MasterCAM 软件将刀具的半径值补偿进去，即将刀具中心从程序路径向指定方向偏移刀具半径的距离。在 MasterCAM 的 mill 模块中有 5 种补偿方式，如图 8.32 所示。常用的补偿方式为控制器补偿和计算机补偿。

(1) 控制器补偿。选用控制器补偿时，MasterCAM 所生成的 NC 程序是以要加工零件图形的尺寸为依据来计算坐标，并会在程序的某些行中加入刀具补偿命令(如左补偿 G41、右补偿 G42 等)及补偿号码(DX X)。机床执行该程序时由控制器根据这个补偿指令计算刀具中心的轨迹。

(2) 计算机补偿。计算机补偿由 MasterCAM 软件实现，计算刀具路径时将刀具中心向指定方向移动与刀具半径相等的距离，产生的 NC 程序中已经是补偿后的坐标值，并且程序中不再含有刀具补偿指令(G41，G42)。补偿选项可以根据加工要求设定为左补偿、右补偿。

(3) 不补偿。选择"不补偿"项，刀具中心铣削到轮廓线上。

刀具补偿方向有左补偿、右补偿两种，如图 8.33 所示。补偿方向的判断方法是这样的：按轮廓串联方向，根据刀具的中心偏向轮廓线的那一侧来判断。

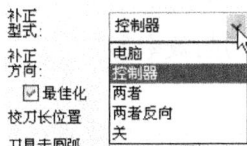

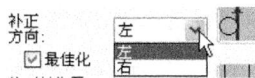

图 8.32　补偿方式　　　　　图 8.33　补偿方向选择

3) 刀长补偿位置参数

刀长补偿位置参数设定刀具长度补偿位置，有补偿到球心和刀尖两个选择。

(1) 球心——补偿至刀具端头中心。

(2) 刀尖——补偿到刀具的刀尖。

实际上补偿到哪一点就是以哪一点来计算刀具路径，那么在机床上就要以该点为对刀点。

4) 转角设定

【刀具走圆弧在转角处】下拉列表框中设定转角部位，特别是较小角度转角部位。机床的运动方向发生突变，产生切削负荷的大幅度变化，对刀具是极其不利的。MasterCAM可以设定在外形有尖角处是否要加入刀具路径圆角过渡。所谓尖角是指工件材料侧的夹角小于 180°的角。一般来说，应优先使用角落圆角，可以有比较圆滑的过渡。

转角设定有 3 个选项：不走圆角、尖角部位，走圆角(默认为<135°)和全走圆角。

5) 加工预留量

面铣时 Z 轴方向两个方向的预留量需要设定，如果本次加工要加工到准确尺寸，则输入预量为 0，否则要输入相应的预留值，以备后续加工。

6) 分层铣深

分层铣深是指在 Z 方向(轴向)分层粗铣与精铣，用于材料较厚无法一次加工到最后深度的情形。在图 8.31 中选中【Z 轴分层铣深】复选框，可弹出如图 8.34 所示的对话框。

(1) 最大切削深度：设置两相邻切削路径层间的最大 Z 方向距离(切深)。每次加工深度也称为切深或者背吃刀量，是影响加工效率最主要的因素之一。切深在确定时须考虑切削所使用的刀具，被切削工件材料，切削余量、切削负荷、残余高度、切削进给等因素。

切深的确定还要考虑到其所留的残余高度，对于有脱模角的轮廓加工而言，较小的切深产生的层次较多，表面加工质量较好，但刀具轨迹也较长，加工时间长。而较大的切深则相反，效率较高，但是残余量较大。

切深的确定还要考虑刀具的承受能力，并考虑切深与进给的关系。大的切深，刀具所受的负荷也较大，只能以相对较低进给加工。

(2) 精修次数：切削深度方向的精加工次数。

(3) 精铣量：精加工时每层切削的深度。

(4) 不提刀：选中时指每层切削完毕不提刀。

(5) 使用副程式：选中时指分层切削时调用子程序，以减少 NC 程序的长度。在子程序中可选择使用绝对坐标或增量坐标。

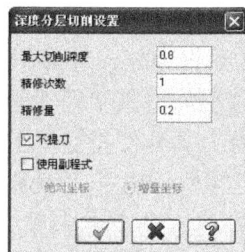

7) 切削方式

共有 4 种切削方式可供选择，含义如下。

图 8.34 【深度分层切削设置】对话框

(1) 双向切削：刀具在工件表面双向来回切削，切削效率高。

(2) 单向切削—顺铣：单方向按顺铣方向切削。

(3) 单向切削—逆铣：单方向按逆铣方向切削，吃刀量可选较大。

(4) 一刀次：刀具直径大于要加工表面，采用一刀切削。

8) 切削间移动方式

共有 3 种切削间移动方式：高速回圈加工、线性和快速位移，如图 8.35 所示。

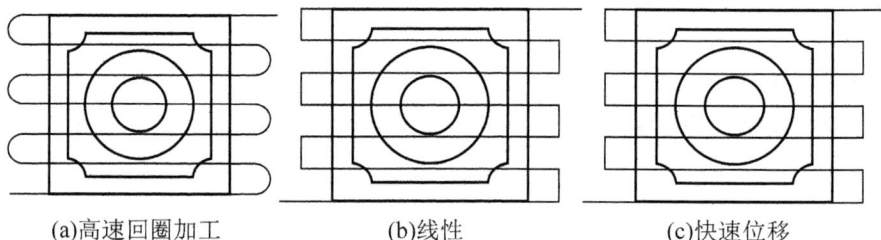

(a)高速回圈加工　　　　(b)线性　　　　(c)快速位移

图 8.35 切削间移动方式

3．重叠量和进刀/退刀引线长度

为了保证刀具能完全铣削工件表面，面铣参数设置时需要确定切削方向和截断方向的重叠量。进刀/退刀引线长度是保证进/退刀时刀具不碰到毛坯侧面。

8.4.2　外形铣削

外形铣削也称为轮廓铣削，其特点是沿着零件的外形即轮廓线生成切削加工的刀具轨迹。

1．外形铣削的操作步骤

(1) 在菜单中选择【T 刀具路径】→【外形铣削】命令，弹出对话框，要求输入新的 NC 文件名称"O0010"，单击按钮。

(2) 系统弹出转换参数对话框，提示选取外形铣削加工的外形边界，可以选择多条轮廓线作为加工轮廓；在转换参数对话框单击按钮，完成外形轮廓线的选择，进入加工参数设置。

(3) 系统打开【外形铣削】对话框的【刀具参数】选项卡。在刀具列表中选取刀具，或者新建刀具。设定切削加工的主轴转速、切削进给、插入进给等机械参数及其他如刀具补正号、程序行号、切削液开关等辅助参数。

(4) 选择【外形铣削参数】选项，【外形铣削】参数选项卡中的默认加工类型为 2D 外形铣削加工，可以按需要选择加工类型。设置外形铣削参数：安全高度、回退高度、切削进给下刀起始距离、切削深度；补正方式及补正方向；加工预留量等参数。

(5) 如有需要，可以多次激活【XY 分次铣削】，设置粗加工切削次数，每次进刀行间距；精加工切削次数及行间距。

(6) 如有需要，可以激活【Z 轴分层铣深】，在深度铣削方向安排多次粗铣削，并设定每层切深。

(7) 激活【进/退刀向量】，设置为直线或圆弧进退刀，以避免刀具的损坏和提高加工表面质量。

(8) 进行完所有参数的设置后，单击【确定】按钮，系统即可按设置的参数计算出刀具路径。

2．外形铣削的参数设置

外形铣削加工参数的含义与前面介绍的基本相同，在此只做不同点介绍。外形加工的专用参数如图 8.36 所示。

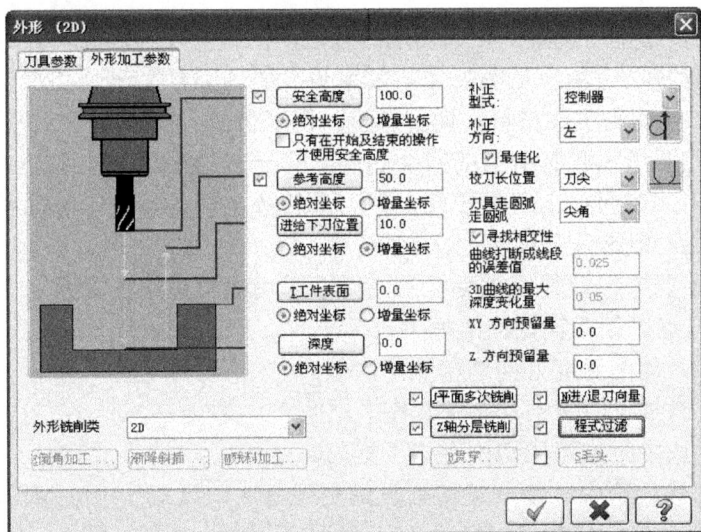

图 8.36　外形铣削的参数设置

1) 加工预留量

外形加工时 XY 和 Z 轴方向两个方向的预留量需要设定，如果本次加工要加工到准确尺寸，则输入预量为 0，否则要输入相应的预留值，以备后续加工。

2) 外形分层

外形分层是在 XY 方向分层粗铣和精铣，主要用于外形材料切除量较大，刀具无法一次加工到定义的外形尺寸的情形。

在图 8.36 中选中【XY 分次铣削】复选框，弹出如图 8.37 所示的对话框，该对话框用于设置定义外形分层铣削的各参数。

图 8.37 所示的粗铣次数为 3 次,粗铣间距为 6mm,精铣次数为 1 次,精铣量为 0.2mm。

3) 分层铣深

分层铣深是指在 Z 方向(轴向)分层粗铣与精铣,用于材料较厚无法一次加工到最后深度的情形。在图 8.36 中选中【Z 轴分层铣削】复选框,可弹出如图 8.38 所示的对话框。

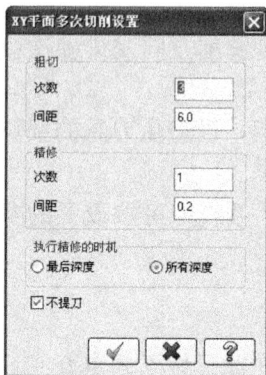

图 8.37 【XY 平面多次切削设置】对话框   图 8.38 【深度分层切削设置】对话框

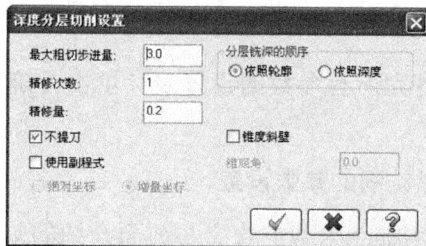

(1) 最大粗切步进量:设置两相邻切削路径层间的最大 Z 方向距离(切深)。每次加工深度也称为切深或者背吃刀量,是影响加工效率最主要的因素之一。切深在确定时须考虑切削所使用的刀具,被切削工件材料,切削余量、切削负荷、残余高度、切削进给等因素。

切深的确定还要考虑到其所留的残余高度,对于有脱模角的轮廓加工而言,较小的切深产生的层次较多,表面加工质量较好,但刀具轨迹也较长,加工时间长。而较大的切深则相反,效率较高,但是残余量较大。

切深的确定还要考虑刀具的承受能力,并考虑切深与进给的关系。大的切深,刀具所受负荷也较大,只能以相对较低进给加工。

(2) 精修次数:切削深度方向的精加工次数。

(3) 精铣量:精加工时每层切削的深度。

(4) 不提刀:选中时指每层切削完毕不提刀。

(5) 使用副程式:选中时指分层切削时调用子程序,以减少 NC 程序的长度。在子程序中可选择使用绝对坐标或增量坐标。

(6) 锥度斜壁:选中该项,要求输入锥度角,分层铣削时将按此角度从工件表面至最后切削深度形成锥度。

(7) 分层铣深的顺序,有如下两个选项。

依照轮廓:是指刀具先在一个外形边界铣削设定的铣削深度后,再进行下一个外形边界的铣削。这种方式的抬刀次数和转换次数较少,一般加工优先选用依照轮廓。

依照深度:是指刀具先在一个深度上铣削所有的外形边界,再进行下一个深度的铣削。

4) 进/退刀向量设定

轮廓铣削一般都要求加工表面光滑,如果在加工时刀具在表面处切削时间过长(如进刀、退刀、下刀和提刀时),就会在此处留下刀痕。MasterCAM 的进退刀功能可在刀具切入和切出工件表面时加上进退引线和圆弧使之与轮廓平滑连接，从而防止过切或产生毛边。

在图 8.36 中单击【进/退刀向量】按钮，弹出如图 8.39 所示的【进刀/退刀】对话框。

图 8.39　【进刀/退刀】对话框

(1) 在封闭轮廓的中点位置执行进退刀。在封闭轮廓的轮廓铣削使用中，系统自动找到工件中心进行进退刀，如果不激活该选项，系统默认进刀/退刀的起始点位置在串连的起始点。

(2) 执行进/退刀的过切检查。选中该选项可以对进退刀路径进行过切检查。

(3) 重叠量。在退刀前刀具仍沿着刀具路径的终点向前切削一段距离，此距离即为退刀的重叠量，退刀重叠量可以减少甚至消除进刀痕。

(4) 进刀。MasterCAM 有多个参数来控制进退刀。如图 8.39 所示，左半部为进刀向量设置，右半部为退刀向量设置，每部分又包括引线方式、引线长度、斜向高度以及圆弧的半径、扫掠角度、螺旋高度等参数设置。

① 直线。进刀引线的方向有两种，垂直方向或相切方向。

垂直：是以一段直线引入线与轮廓线垂直的进刀方式，这种方式会在进刀处留下进刀痕，常用于粗加工。

相切：是以一段直线引入线与轮廓线相切的进刀方式，这种进刀方式常用于圆弧轮廓的加工的进刀。

长度：引线长度，进刀向量中直线部分的长度。设定了进刀引线长度，可以避免刀具与工件成形侧壁发生挤擦，但也不能设得过大，否则进刀行程过大，影响加工效率。引线长度的定义方式有两种，可以按刀具直径的百分比或者是直接输入长度值，两者是互动的，以后输入的一个为最后设定的参数。

斜向高度：进刀向量中直线部分起点和终点的高度差，一般为 0。

② 圆弧。圆弧进刀是以一段圆弧作为引入线与轮廓线相切的进刀方式。这种方式可以不断地切削进入到轮廓边缘，可以获得比较好的加工表面质量，通常在精加工中使用。

如果设定了进刀方式为切向进刀，那么就需要设定进刀圆弧半径、扫掠角度。

半径：进刀向量中圆弧部分半径值，圆弧半径的定义方式有两种，可以按刀具直径的百分比或者是直接输入半径值，两者是互动的，以后输入的一个为最后设定的参数。

扫掠角度：进或退刀向量中圆弧部分包含的夹角，一般为90°。

螺旋高度：进或退刀向量中圆弧部分起点和终点的高度差，一般为0。

(5) 退刀。退刀向量设置与进刀向量设置的参数基本上是相对应的，只是将进刀换成退刀。其对应选项的含义和设置方法与进刀设置是一致的。

5) 程序过滤

程序过滤设定系统刀具路径产生的容许误差值，用来删除不必要的刀具路径，简化NCI 文件的长度。【过滤设置】对话框如图 8.40 所示。

6) 外形铣削类型

MasterCAM 对于 2D 轮廓铣削提供 4 种形式来供用户选择：2D、2D 倒角、螺旋式渐降斜插及残料倒角，如图 8.41 所示。对于 3D 轮廓铣削时用户也可以选择 2D、3D 和 3D 成形刀 3 种轮廓铣削形式。

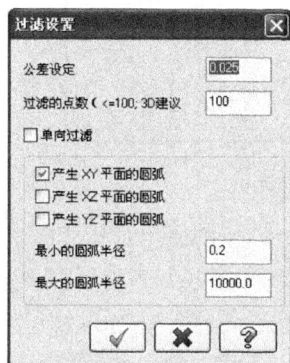

图 8.40　【过滤设置】对话框　　　　图 8.41　外形铣削类型

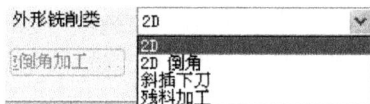

选择的外形轮廓是位于同一水平面内时，系统内设值是 2D，用于常规二维铣削加工。下面来介绍其他 3 种形式的作用及 3D 的外形加工。

(1) 2D 倒角。2D 成形刀主要用于成型刀加工，如倒角等，参数设置如图 8.42 所示，主要按刀具形状设置其加工的宽度和深度。

(2) 螺旋式渐降斜插。螺旋式渐降斜插式外形铣削主要有 3 种下刀方式：角度(指定每次斜插的角度)、深度(指定每次斜插的深度)和直线下刀(不作斜插，直接以深度值垂直下刀)，参数设置如图 8.43 所示。

(3) 残料清角。外形铣削中的残料清角主要针对先前用较大直径刀具加工遗留下来的残料再加工，特别是工件的狭窄的凹型面处。图 8.44 所示为【外形铣削的残料加工】对话框。

残料加工参数说明。

残料包括由于先前加工所用刀具直径较大而在狭窄处未加工的区域及前一操作所设定的加工预留量。

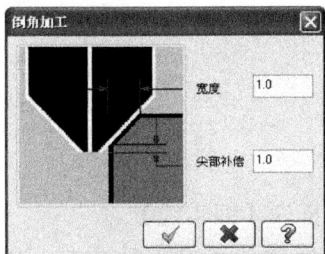

图 8.42　2D 倒角的参数设置

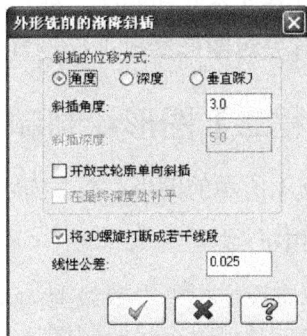

图 8.43　【外形铣削的渐降斜插】对话框

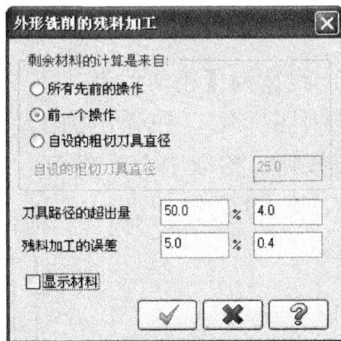

图 8.44　【外形铣削的残料加工】对话框

① 剩余材料的计算是来自：可以从以下 3 个选项中选取一个。

所有先前的操作：对本次加工之前的所有加工进行残料计算。

前一个操作：只对前一次加工进行残料计算。

自设的粗切刀具直径：依据所使用过的粗铣铣刀直径进行残料计算，选择该项时，需要输入粗铣使用的刀具直径。

② 刀具路径的超出量：指残料加工路径沿计算区域的延伸量(刀具直径%)。

③ 残料加工的误差：计算残料加工的控制精度(刀具直径%)，当加工余量小于该值时不做加工。

④ 显示材料：设定计算过程中显示工件已被加工过的区域。

8.5　回到工作场景

【工作过程一】图形分析

图 8.1 所示盖板零件为一典型平面零件，该零件主体为 100×100×30 的立方体，其上有 80×80×3 的凸台和 4 个 R10 的圆角、ϕ30、ϕ60 凹坑、4 个 ϕ10 的孔，绘图时只需画一个俯视图就可进行编程加工。

绘图时，首先设置中心线，绘出水平、垂直两条中心线，然后用矩形工具绘制 100×100、80×80 的矩形，绘制 ϕ30、ϕ60 的中心圆，再绘制左上角 ϕ10 的孔和 R10 的圆弧，镜像得其余 3 个孔和圆弧，然后修剪完成俯视图。

编程时首先对图形参数进行设置，然后进行仿真模拟，最后生成加工程序。

【工作过程二】图形绘制和编辑

绘制图 8.1 所示的图形，过程如下。

1．绘制中心线

(1) 在状态设定栏中设置线型为【中心线】，线宽为【细实线】。

(2) 单击工具栏中直线绘制图标 / ，绘制如图 8.45 所示的两条长度为 120mm，相互垂直的中心线。

2．绘制矩形

(1) 设置线型为【实线】，线宽为【粗实线】。

(2) 单击工具栏中矩形绘制图标 ▦ ，在弹出的工具栏中，输入矩形的长、宽分别为 100、100，单击工具栏中的 ▣ 按钮，拾取中心线交点，绘制如图 8.46 所示的矩形。

(3) 用相同方法绘制长 80、宽 80 矩形。

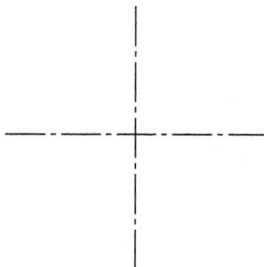

图 8.45　绘制中心线　　　　　　图 8.46　绘制矩形

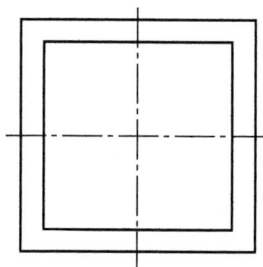

3．绘制中心圆

(1) 单击工具栏中圆弧绘制图标 ⊙ ，拾取中心线交点为圆心，输入半径 30 并按 Enter 键确认，绘制整圆，结果如图 8.47 所示。

(2) 用相同方法绘制半径 15，绘制整圆。

4．绘制小圆

单击工具栏中圆弧绘制图标 ⊙ ，拾取矩形左上角点为圆心，输入半径 10 并按 Enter 键确认，绘制整圆，结果如图 8.48 所示。

5．图形修剪

单击工具栏 ✂ ，进入修剪/打断工具栏，单击 ⊞ 按钮，激活三图素修剪选项，依次拾取图 8.48 中两直线和圆弧需保留的一侧，修剪结果如图 8.49 所示。

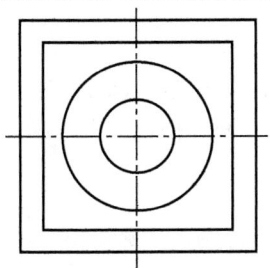

图 8.47　绘制整圆　　　　图 8.48　绘制整圆

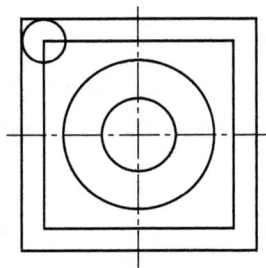

6．图形镜像

(1) 单击工具栏 ，进入镜像工具栏，拾取图 8.49 中右上角的小圆弧，回车确定后弹出图 8.50 所示的镜像对话框，在轴的定位中选择线定位 ，拾取图 8.49 中垂直中心线，然后单击图 8.50 中的 按钮，完成镜像，结果如图 8.51(a)所示。

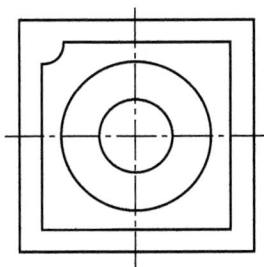

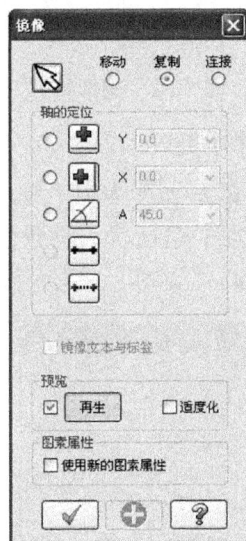

图 8.49　图形修剪　　　　图 8.50　【镜像】对话框

(2) 其他两个小圆弧拾取图 8.49 中水平中心线镜像，结果如图 8.51(b)所示。

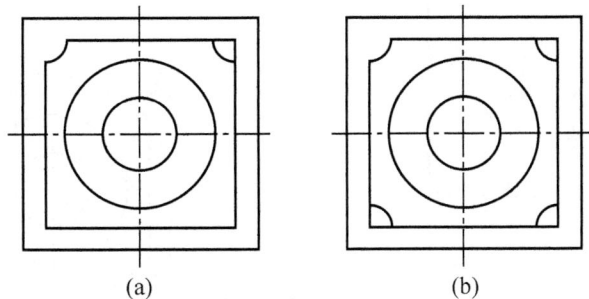

(a)　　　　　　　　(b)

图 8.51　镜像结果

7．图形修剪

单击工具栏 ，进入修剪/打断工具栏，单击 按钮，激活三图素修剪选项，分别拾取图 8.51(b)中三个角处的两直线和圆弧需保留的一侧，修剪结果如图 8.52 所示。

8．绘制小圆

单击工具栏中圆弧绘制图标 ，拾取圆弧心为小圆圆心，输入半径 5 并按 Enter 键确认，绘制结果如图 8.53 所示。

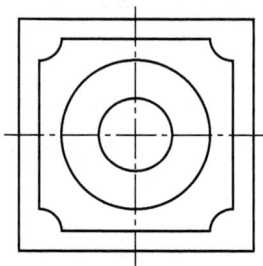

图 8.52　图形修剪　　　　图 8.53　绘制小圆

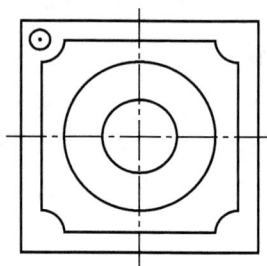

9．阵列 4 个小圆

单击工具栏 ，进入阵列工具栏，拾取图 8.53 中左上的小圆，回车确定后弹出图 8.54 所示的【阵列选项】对话框，设置如图 8.54 所示，改变方向 2，然后单击图 8.54 中的 按钮，完成阵列，结果如图 8.55 所示。

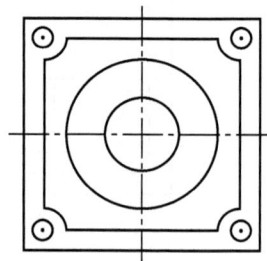

图 8.54　【阵列选项】对话框　　　　图 8.55　阵列 4 个小圆

【工作过程三】平面加工编程

1．启动平面铣削加工

(1) 选择【机床类型】→【铣削系统】→【默认】命令。

(2) 在【主功能表】菜单中选择【T 刀具路径】→【面铣】命令，弹出对话框，要求输入新的 NC 文件名称"O0010"，单击 按钮。

2．串连外形

系统弹出转换参数对话框，提示选取图形串连后；在转换参数对话框单击 按钮，完成面铣轮廓的选择，进入加工参数设置。

3．确定外形加工参数

(1) 选择【面铣】→【刀具参数】命令，选择用于生成刀具路径的刀具，设置如图 8.56 所示。

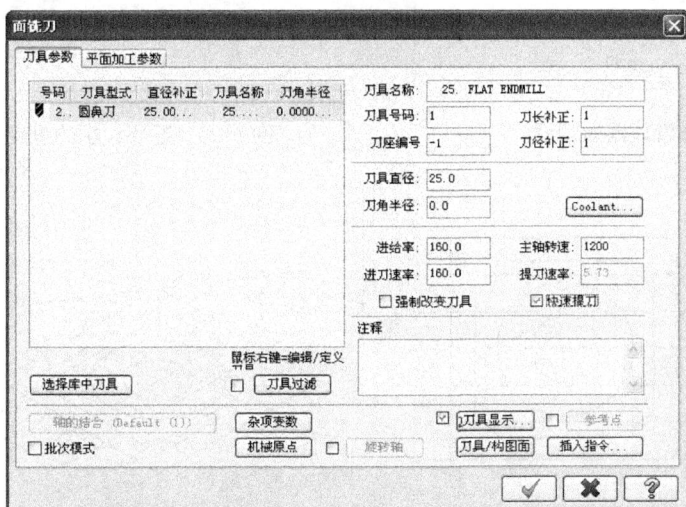

图 8.56 【面铣刀】对话框

(2) 选择【平面加工参数】选项卡，设置如图 8.31 所示的面铣加工参数。

(3) 单击【确定】按钮，系统即可按设置的参数生成平面铣削刀具路径。

4．设定工件毛坯

(1) 在操作管理器对话框中，如图 8.57 所示，选择【刀具路径】→【材料设置】命令，弹出【机器群组属性】对话框，如图 8.58 所示。在对话框中进行毛坯大小的设定。

(2) 完成参数设置，得到如图 8.59 所示的面铣刀具路径。

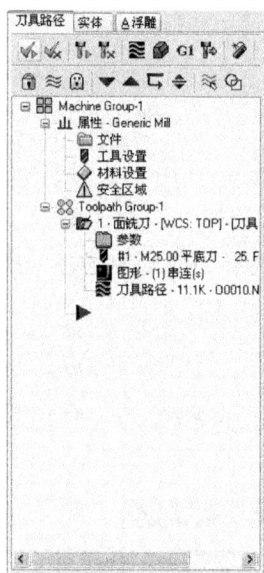

图 8.57　操作管理器对话框

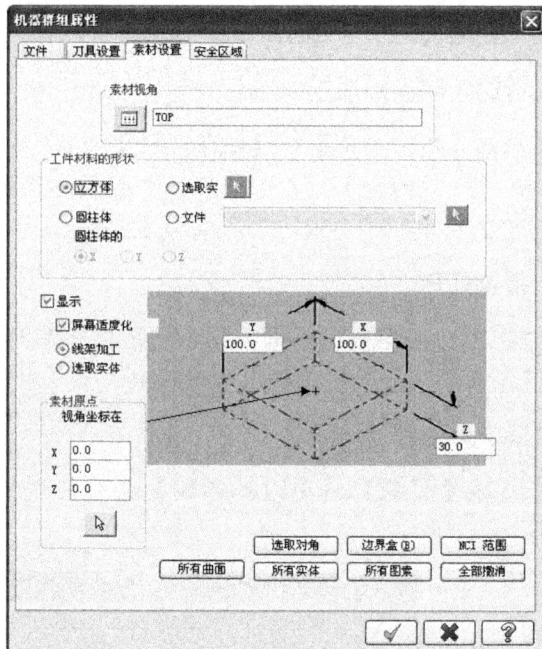

图 8.58　毛坯大小的设定

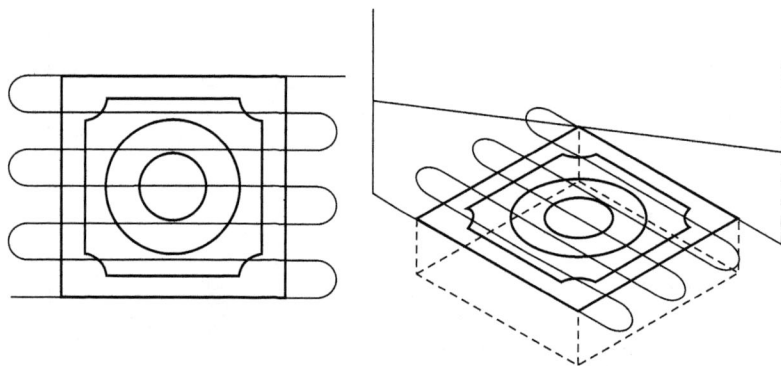

图 8.59　面铣刀具路径

【工作过程四】外轮廓加工编程

1．启动外形铣削加工

在菜单中选择【T 刀具路径】→【外形铣削】命令，弹出对话框，要求输入新的 NC 文件名称"O0010"，单击 ✔ 按钮。

2．串连外形

系统弹出转换参数对话框，提示选取外形铣削加工的外形边界，可以选择多条轮廓线作为加工轮廓；在转换参数对话框单击 ⬆ 按钮，完成外形轮廓线的选择，进入加工参数设置。

3．确定外形加工参数

(1) 系统打开【外形铣削】对话框的【刀具参数】选项卡。在刀具列表中选取刀具，或者新建刀具。设定切削加工的主轴转速、切削进给、插入进给等机械参数及其他如刀具补正号、程序行号、切削液开关等辅助参数。

(2) 定义刀具参数，参照图 8.60 输入刀具参数。

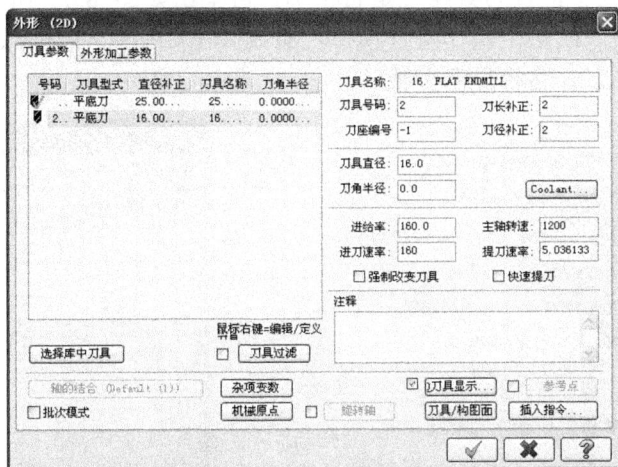

图 8.60　刀具参数设置

(3) 定义专用参数，选择【外形铣削参数】选项卡，参照图 8.36 输入参数。

(4) 定义 XY 分层铣削参数，在【外形铣削参数】选项卡中，选中【XY 分层铣削】复选框，参照图 8.37 输入参数。因为毛坯在 XY 方向的加工余量大，所以粗铣次数设为 3 次，精修 1 次。

(5) 定义深度分层参数，在【外形铣削参数】选项卡中，选中【Z 轴分层铣削】复选框，参照图 8.38 输入参数。

(6) 定义进退刀参数。在【外形铣削参数】选项卡中，选中【进/退刀向量】复选框，参照图 8.39 输入参数。考虑到毛坯余量较小，为减少空刀路径时间，要在系统预设值的基础上适当减小进退刀引线的长度和切入切出圆弧的半径。

完成参数设置，得到如图 8.61 所示的刀具路径。

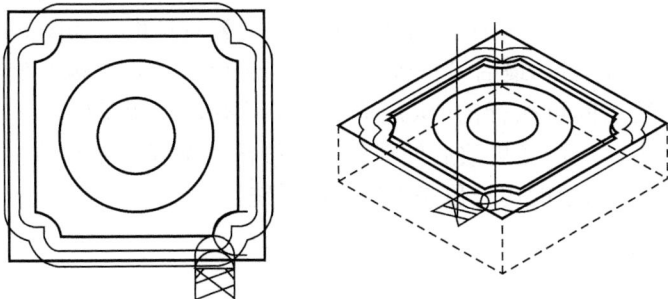

图 8.61　外形铣削刀具路径

4．操作管理

刀具路径产生后，在如图 8.62 所示的操作管理器中显示所有操作：面铣和外形铣削 (2D)。如果要对前面设定的参数进行修改，则只须用鼠标左键单击操作项中的【参数】即可打开【参数设定】对话框。同样还可以打开刀具设定和图形串连进行修改。参数修改后须单击重新计算 按钮，相应操作才会生效。

(1) 路径模拟是为了检查刀具路径是否正确，可单击如图 8.62 所示对话框中的刀路模拟 按钮，对某一操作或整个操作进行模拟，系统弹出如图 8.63 所示的对话框，单击参数设定 按钮，可设定刀具路径显示参数。

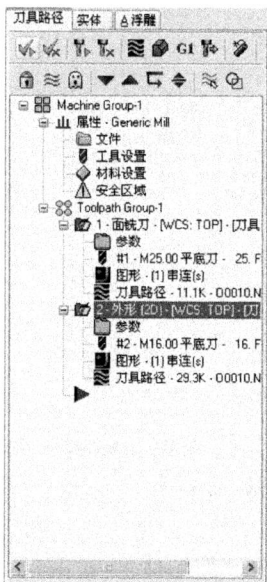

图 8.62　操作管理器

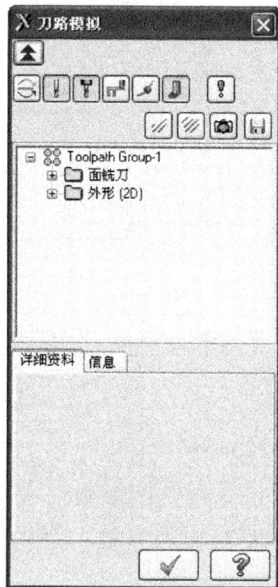

图 8.63　【刀路模拟】对话框

(2) 实体切削验证是为了验证实体切削效果，进一步检验刀具路径，可对某一操作或整个操作进行实体切削验，在操作管理器中单击实体验证 按钮，在绘图区显示工件外形，并弹出如图 8.64 所示的【实体切削验证】对话框，单击工具栏中的 按钮，然后设定实体验证显示参数如图 8.65 所示。实体切削结果如图 8.66 所示。

(3) 经过前面的路径模拟和实体切削验证之后，确认各参数设置正确，就可以单击操作管理器中的后处理 按钮，系统弹出【后处理程序】对话框，如图 8.67 所示，然后确认 NCI 文件名和 NC 文件名，最后可得到 NC 加工程序，该程序就是数控机床可执行的程序。不同的控制系统之间可执行的 NC 程序也有所不同，如果能确定控制系统，在如图 8.67 所示的对话框中，单击【更改后处理程序】按钮，选择控制系统的后处理文件，即可产生相应的 NC 程序。系统的内设值是 FANUC 系统。

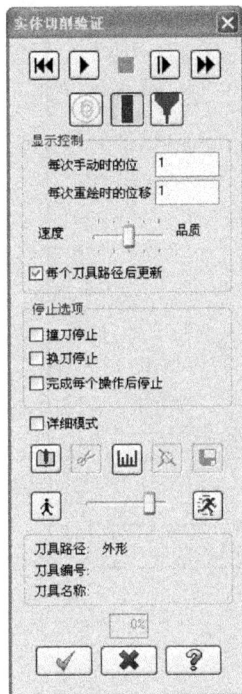

图 8.64　【实体切削验证】对话框

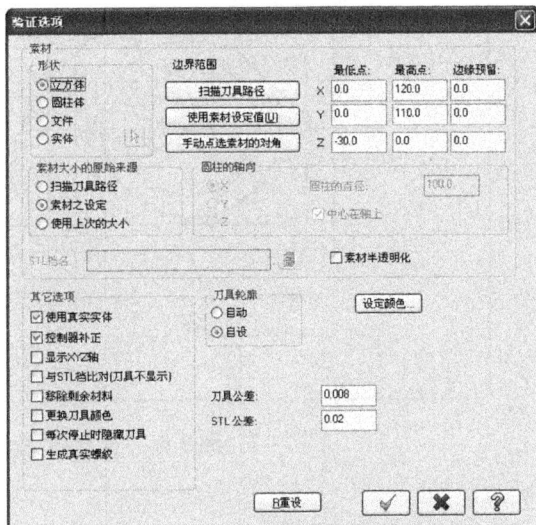

图 8.65　实体验证显示参数

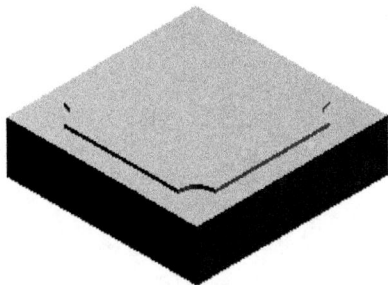

图 8.66　实体切削结果

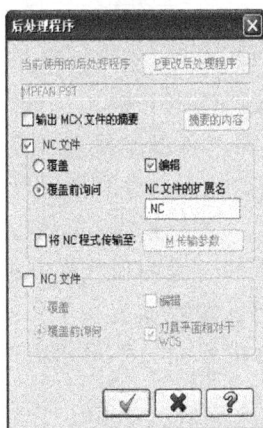

图 8.67　【后处理程序】对话框

8.6　拓 展 实 训

实训 1　槽板平面和外形编程加工

(一)训练内容

应用 MasterCAM 软件完成如图 8.68 所示槽板零件的二维图形绘制及上表面和外轮廓的编程加工。

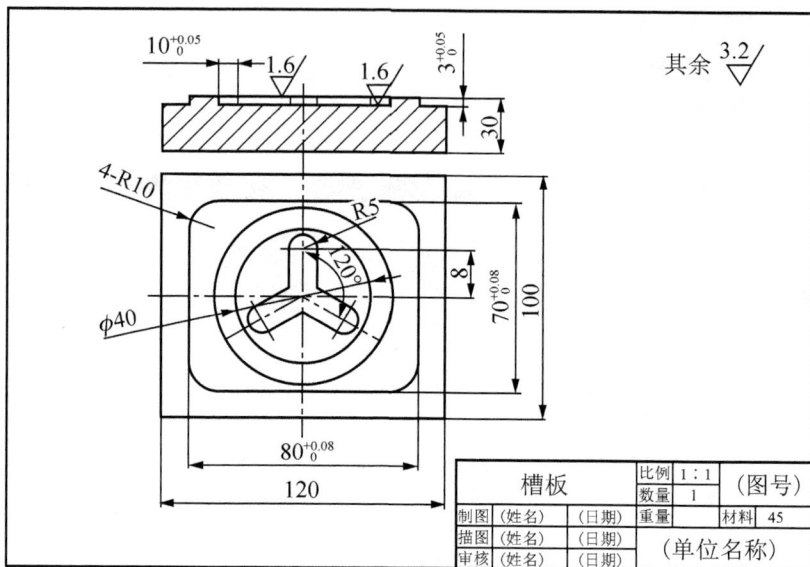

图 8.68 槽板零件工程图

(二)训练目的

掌握 MasterCAM 软件绘制零件二维图的方法和步骤，学习平面与外形轮廓加工编程方法，学生按小组独立完成图 8.68 零件的平面与外形轮廓加工编程。

(三)训练过程

步骤一：图形分析。

(1) 分析零件图结构尺寸及要求，确定视图和表达方案。

(2) 确定绘图方法和绘图次序。

步骤二：图形绘制和编辑。

绘制零件二维图形线框并编辑图形。

步骤三：编程加工。

对零件的平面与外形轮廓进行加工编程。

(四)技术要点

(1) 绘图时按要求设置线形和线宽。

(2) 各种绘图工具的灵活应用。

(3) 图形编辑工具的应用应熟悉。

(4) 平面与外形轮廓进行加工编程参数的设置。

实训 2 盖板型腔和孔编程加工

(一)训练内容

应用 MasterCAM 软件完成如图 8.1 所示盖板零件的型腔和孔的编程加工。

(二)训练目的

进一步掌握 MasterCAM 软件数控编程方法和步骤，以图 8.1 为例学习型腔和孔的编程加工方法，学生按小组独立完成图 8.68 零件上型腔和孔的编程加工。

(三)训练过程

步骤一：挖槽加工方法学习。

挖槽加工也称为口袋加工，主要用来切除一个封闭外形所包围的材料或切削一个槽，其特点是移除封闭区域中的材料，其定义方式由外轮廓与岛屿组成。挖槽加工与外形铣削最大的区别是，挖槽加工是大量地去除一个封闭轮廓内的材料，另外通过轮廓与轮廓之间的嵌套关系，去除欲加工的部分。

1) 挖槽刀具路径的操作步骤

生成挖槽刀具路径的操作步骤如下。

(1) 在菜单中选择【T 刀具路径】→【挖槽】命令，弹出对话框，要求输入新的 NC 文件名称 "O0010"，单击 ✓ 按钮。

(2) 系统弹出转换参数对话框，提示选取挖槽加工的轮廓边界，可以选择多条轮廓线作为加工轮廓；在转换参数对话框单击 ✓ 按钮，完成外形轮廓线的选择，进入加工参数设置。

(3) 系统打开【挖槽】对话框的【刀具参数】选项卡。在刀具列表中选取刀具或者新建刀具。设定切削加工的主轴转速、切削进给、插入进给等机械参数。

(4) 单击【挖槽参数】标签，在【2D 挖槽参数】选项卡中选择挖槽加工形式，设置轮廓铣削参数、刀具移动高度、慢速下刀起始距离、切削深度、补正方式、补正方向、加工留量等参数，如图 8.69 所示。

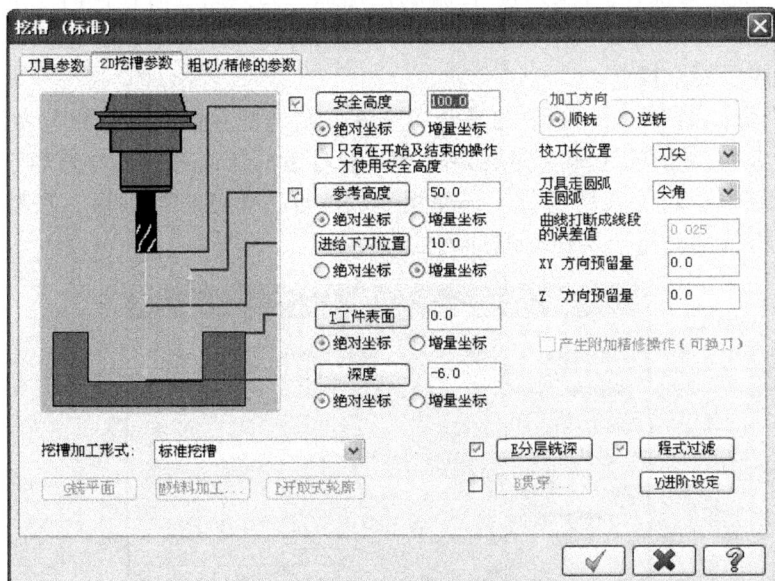

图 8.69　2D 挖槽参数设置

(5) 如有需要，可以激活【分层铣深】，在深度铣削方向安排多次粗铣削，设定每层切深。

(6) 切换到【粗切/精修的参数】选项卡，设置粗铣走刀方式、刀间距、粗切角度等参数；设置精铣次数、精铣加工量及精铣其他选项，如图 8.75 所示。

(7) 如有必要，激活【螺旋式下刀】选项，设置粗铣时的螺旋式或斜插式下刀。

(8) 如有必要，激活【进/退刀向量】选项，设置精铣时的直线或圆弧进刀。

(9) 进行完所有参数的设置后，单击【挖槽】对话框中的【确定】按钮，系统即可按选择的轮廓、刀具及设置的参数计算出刀具路径。

2) 槽及岛屿的轮廓定义

进行挖槽加工时要先定义槽及岛屿的轮廓，要注意岛屿的边界必须是封闭的，槽和岛屿可以嵌套使用。

一般来说，挖槽加工的轮廓线应该是封闭的，当选择了开放的轮廓后，就只能使用开放轮廓的挖槽加工来进行刀具路径的生成。

3) 挖槽加工专用参数

挖槽加工参数共有 3 项：刀具参数、挖槽参数和粗铣/精铣参数。【刀具参数】选项卡与轮廓铣削的刀具参数选项完全一致。

(1) 2D 挖槽参数。

图 8.69 所示为【2D 挖槽参数】选项卡。与前面介绍的外形铣削参数基本相同，下面只介绍不同参数的含义。

① 加工方向。精铣方向用于设定切槽加工时在切削区域内的刀具进给方向，分逆铣和顺铣两种形式。一般数控加工多选用顺铣，有利于延长刀具的寿命并获得较好的表面加工质量。

② 产生附加精修操作(可换刀)。在编制挖槽加工刀具路径时，同时生成一个精加工的操作，可以一次选择加工对象完成粗加工和精加工的刀具路径编制。在操作管理器中将可以看到同时生成了两个操作。

③ 分层铣深。选择图 8.69 中的【分层铣深】复选框并单击该按钮，激活 Z 轴分层铣深，弹出如图 8.70 所示的【深度分层切削设置】对话框。该对话框与外形铣削中的【分层铣深】对话框基本相同，只是多了一个使用岛屿深度。激活该选项后，在整个分层的铣削加工过程中，将特别补充一层在岛屿深度的顶面。

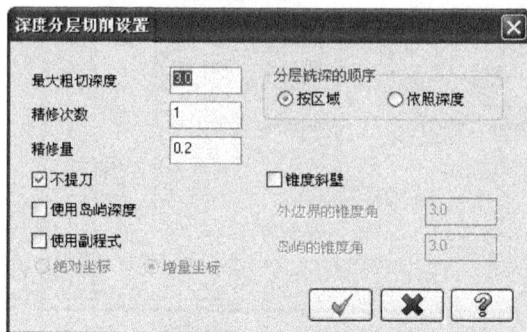

图 8.70　【深度分层切削设置】对话框

另外，若选中【锥度斜壁】复选框，增加了【岛屿的锥度角】文本框，是用来输入岛屿铣斜壁的角度的。

④ 进阶设定。单击图 8.69 中的【进阶设定】按钮，弹出【进阶设定】对话框，用于设置残料加工及等距挖槽时的计算误差值，可以按刀具直径的百分比或直接输入公差数值。

⑤ 挖槽加工形式。挖槽加工形式有 5 种：标准挖槽、平面加工、使用岛屿深度、残料加工和开放式，如图 8.71 所示。一般挖槽是主体加工形式，其他 4 种用于辅助挖槽加工方式，下面简要说明这 4 种形式。

● 平面加工：一般挖槽加工后，可能在边界处留下毛刺，这时可采用该功能对边界进行加工。同时单击【平面加工】按钮，可设定其参数，对话框如图 8.72 所示。

图 8.71   挖槽加工形式   图 8.72   【平面加工】对话框

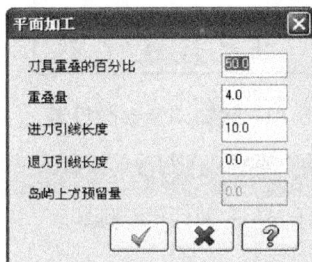

● 使用岛屿深度：采用一般挖槽加工时，系统不会考虑岛屿深度变化，对于岛屿的深度和槽的深度不一样的情形，就需要使用该功能。使用岛屿深度挖槽可以打开【平面加工】对话框，对话框与边界再加工方式的对话框相同，但是其将岛屿上方的预留量选项激活。同时它的【边界】是指岛屿轮廓线。选择【使用岛屿深度】方式进行加工，可以看到刀具路径在岛屿深度上方是铣削整个切削区域的，而在岛屿深度下方则绕开岛屿轮廓。

● 残料加工：挖槽加工的残料清角与前一节的外形铣削残料清角基本相同，主要是用较小的刀具去切除上一次(较大刀具)加工留下的残料部分；但是挖槽加工生成的刀具路径是在切削区域范围内多刀加工的。残料清角参数设置如图 8.73 所示。

● 开放式：系统专门提供了开放挖槽加工的功能，用于轮廓串连没有完全封闭，一部分开放的槽形零件加工。【开放式轮廓挖槽】对话框如图 8.74 所示，设置刀具超出边界的百分比或刀具超出边界的距离即可进行开放式挖槽加工。生成的刀具路径将在切削到超出距离后直线连接起点与终点。

(2) 粗切/精修参数设定。

粗切/精修参数决定了切削加工的走刀方式，切削步距、进退刀选项等重要参数。挖槽加工的粗铣/精铣参数设置对话框如图 8.75 所示，其参数说明如下。

① 粗铣参数。对话框的上半部分为粗铣加工参数设置，包括粗铣加工的走刀方式设置、切削步距设置、进刀设置、切削方向设置等。

MasterCAM 提供 8 种挖槽粗铣切削方式，在【粗切/精修的参数】选项卡中以图例方式分别表示 8 种不同的走刀方式。在挖槽加工的铣削区域内，使用切削方法来设定刀具路径行进方向。其刀具路径行进方向，能够决定铣削的速度快慢与刀痕方向，合理地选择走刀方式，可以在付出同样加工时间的情况下，获得更好的表面加工质量。因此设定适当的切削方式，对于刀具路径的产生，是非常重要的条件。

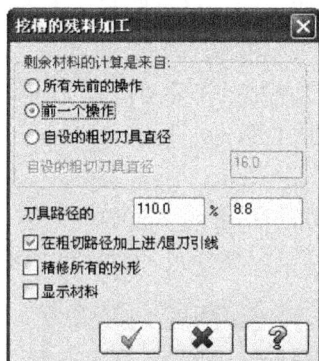

图 8.73　残料清角参数设置

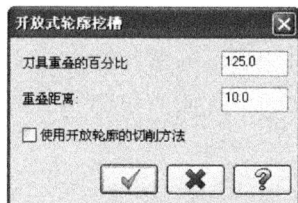

图 8.74　【开放式轮廓挖槽】对话框

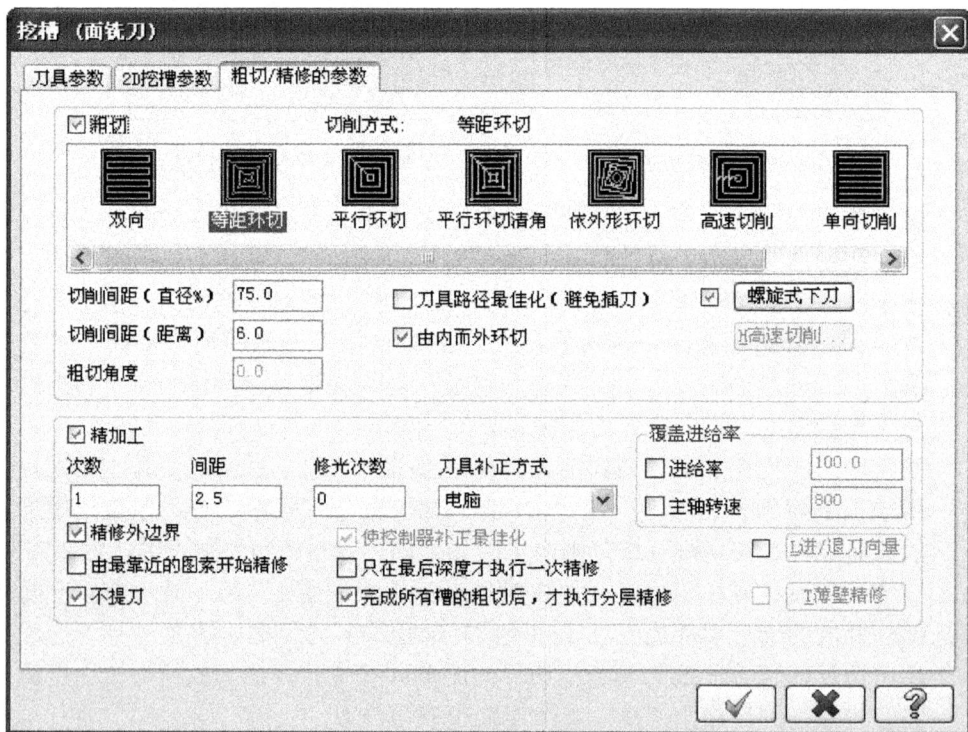

图 8.75　粗切/精修参数

② 下刀方式。该项用于设定粗加工的 Z 方向下刀方式。挖槽粗加工一般用平铣刀，这种刀具主要用侧面刀刃切削材料，其垂直方向的切削能力很弱，若采用直接垂直下刀(不选用【下刀方式】时)，易导致刀具损环。所以，MasterCAM 提供了螺旋下刀和斜插式下刀两种下刀方式。

在对话框的上边中部有一个【下刀方式】按钮，按钮前有一个复选框。如要采用螺旋或斜线下刀方式，则选择该复选框，激活下刀方式，按钮【螺旋式下刀】呈明显示状态，这时单击该按钮，出现【螺旋/斜坡参数】对话框。对话框中有两个选项卡：螺旋式下刀与斜插式下刀。可任选其中一种下刀方式。

③ 精铣参数。在挖槽加工中可以进行一次或数次的精铣加工，让最后切削轮廓成形时最后一刀的切削加工余量相对较小而且均匀，从而达到较高的加工精度和表面加工质量。

步骤二：钻孔加工方法学习。

MasterCAM 的钻孔加工可以指定多种参数进行加工，设定钻孔参数后，自动输出相对应的钻孔固定循环加指令，包括钻孔、铰孔、镗孔、攻丝等加工方式。

1）钻孔加工的操作步骤

(1) 在【主功能表】菜单中选择【T 刀具路径】→【钻孔】命令，打开钻孔主菜单。

(2) 弹出【选取钻孔的点】对话框，提示选取点，并在图形上选择点或图素定义钻孔点。单击【选取钻孔的点】对话框中██按钮，完成钻孔加工点的选择。

(3) 选取加工工具，设置机械参数。系统打开【深钻孔】对话框的【刀具参数】选项卡，在该选项卡上选择或设定钻孔加工刀具、主轴转速、进给等参数。

(4) 单击【深孔钻 无啄钻】标签，参照图 8.76 设置高度、切深、钻孔方式、延时等参数。

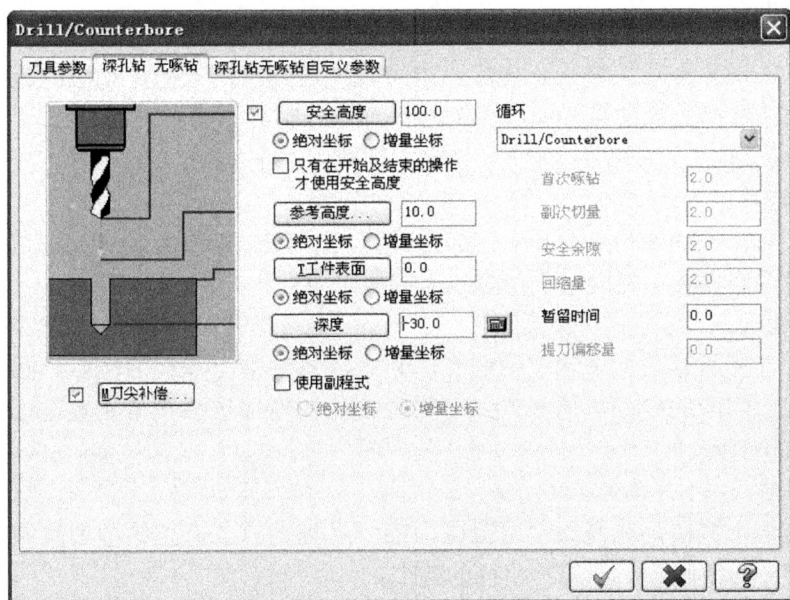

图 8.76　钻孔参数设置

(5) 如有必要，在【深孔钻 无啄钻】选项卡中激活【刀尖补偿】选项，进入钻头刀尖补偿参数设置。

(6) 生成刀具路径。进行完所有参数的设置后，单击对话框中的【确定】按钮，系统即可按设置的参数计算出刀具路径。

2）钻孔加工的菜单操作

在【主功能表】菜单中选择【T 刀具路径】→【钻孔】命令，弹出【选取钻孔的点】对话框，如图 8.77 所示。菜单包括选择的选项和钻削点。

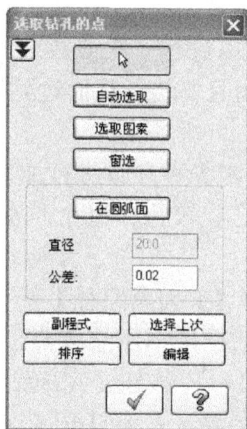

图 8.77　【选取钻孔的点】对话框

(1) 手动输入。

手动输入指定点作为钻孔加工的点，需要逐个指定。点的指定方法与生成点元素的方法一样，可以在键盘上直接输入点坐标，也可以使用在菜单上指定相应的点选择方式，使用鼠标在绘图区选择相应的点，如屏幕上的任意点、圆心点、端点等。

完成点的选择后，单击 ✓ 按钮可以完成钻孔点的定义。

(2) 自动选取。

自动选取选择一系列的点去产生钻削刀具路径，选择 3 个点为一组。这种方法在钻削加工的刀具路径创建时主要应用于一直线上的多个点。

(3) 选取图素。

选取图素选择所有图素去定位钻削点，系统放置钻削点在线的端点、圆弧端点、聚合线端点，以及封闭圆的中心。这一方式可以直接而快速地选择图形元素进行钻削刀具路径的生成，无须绘制点。

(4) 窗选。

窗选构建一个窗口，在窗口包围范围内的一系列的点去产生钻削刀具路径。这种方式适用于点数较多的钻削加工的刀具路径的建立。

(5) 选择上次。

选择上次选项使用的钻孔点是选择上一次钻削操作的点，即使用图形已改变，也可以直接选择到上一次钻削的点，使用这一方式可以对同一组点进行多次的刀具路径生成，而无须花时间重新选择点。

(6) 自动选圆心。

自动选圆心用于在图形上用一个指定的半径，(在一公差值内)选择圆弧的中心点钻孔，可以选择开放或封闭的圆弧。以这种方式选点常用于大量的半径相同的圆或弧的圆心位置钻孔。

其步骤如下。

① 选择一个圆弧作为基准圆弧获取其半径。

② 指定公差范围。

③ 选择圆或弧图素，其圆心作为钻孔点。

(7) 子程序操作。

使用子程序进行重复钻削，构建一个程序，每个孔循环在同一个孔执行钻削。该方式适用于在同一组点上进行多次钻削加工的刀具路径的生成，如加工螺纹孔，需要通过钻引导孔→钻孔→倒角→攻螺纹 4 个步骤，但所用的钻孔点是统一的，可以使用子程序方式进行刀具路径的生成。

使用子程序操作方式生成钻孔加工刀具路径时，从列表中选择一个钻孔刀具路径，设置好子程序参数，选择 OK 后，直接进入钻削加工的程序参数设置，生成一个新的刀具路径。

(8) 编辑。

在选择了钻削加工的钻孔后，将可以通过【编辑】对所选点进行编辑。选择【编辑】命令，进入【编辑】子菜单，可以对点进行删除、编辑深度(调整点的 Z 值)、恢复深度、编辑跳跃点、取消跳跃点、插入辅助操作指令、反向排序等操作。

3) 钻孔加工的程序参数设定

(1) 刀具参数设定。

钻孔加工的刀具参数相对于其他加工方式所需设置的参数选项要少，如图 8.78 所示，在钻孔加工中，由于没有横向的切削移动，所以没有刀具直径补偿选项。另外，插入进给、抬刀进给将不能使用。各个选项的参数含义及设置方法与铣床加工没有区别。

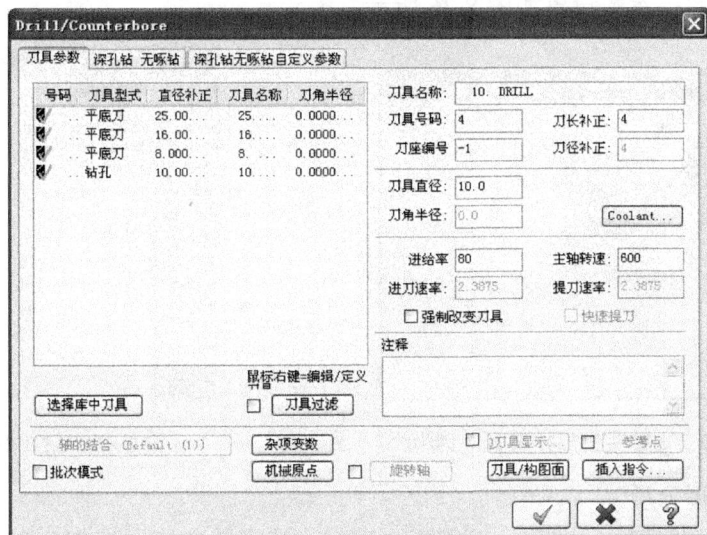

图 8.78　钻孔加工的刀具参数

(2) 钻削参数。

① 有关高度或深度参数的设置。

● 安全高度：是从起始位置移动设计的高度，系统默认该选项为关。在有些情况下，MasterCAM 使用退刀高度作为安全平面高度，选择【安全高度】，输入高度值并在图形上选择一点或在文本框中输入一个值。设置该高度时考虑到其安全性，一般应高于零件的最高表面。

● 退刀高度：退刀高度参数是设置刀具在钻削点之间退回的高度，该值即是指令代码中的 R 值，从该位置起，刀具将做切削进给。对于深孔啄钻加工，抬刀时将抬到该位置；而铰孔时进给抬刀也将抬到该位置。选择【退刀高度】输入高度值，在图中选择一点，或在文本框中输入一个值。退刀高度也有绝对坐标/增量坐标的选择。

● 要加工的表面：一般为毛坯顶面设置材料在 Z 轴方向的高度，即指定钻孔的起始高度位置。选择【要加工的表面】输入高度值，在图中选择一点，或在文本框中输入一个值。

● 钻孔深度：钻孔深度设置孔底部的深度位置，可以使用绝对值或者相对值。

② 刀尖补偿设置。

刀尖补偿：使用刀尖补偿方式计算切削深度，当激活刀尖补偿选项时，钻头的端部斜角部分将不计算在深度尺寸内。单击【刀尖补偿】按钮将弹出如图 8.79 所示的【钻头尖部补偿】对话框。在该对话框中最主要的是设置贯穿距离以确保钻孔时刀具的整个直径钻穿工件。

③ 钻孔加工固定循环参数设置。

● 钻孔固定循环方式：可以选择包括钻孔、铰孔、镗孔、攻丝等方式在内的各种标准固定循环指令，MasterCAM 提供了 7 种固定循环方式和 13 种自定义的循环方式，如图 8.80 所示。

● 循环参数：参数设置如图 8.76 所示。

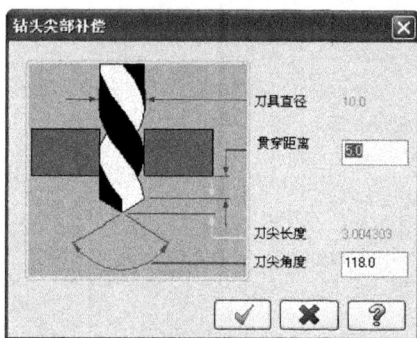

图 8.79 【钻头尖部补偿】对话框

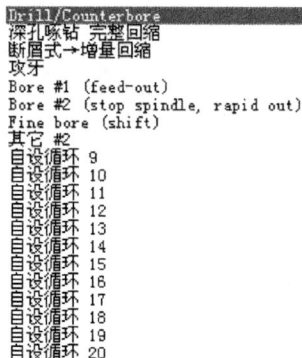

图 8.80 钻孔形式

步骤三：图形分析。

如图 8.1 所示的盖板零件为一典型平面零件，该零件主体为 $100 \times 100 \times 30$ 的立方体，其上有 $80 \times 80 \times 3$ 的凸台和 4 个 R10 的圆角已完成加工编程，$\phi 30$、$\phi 60$ 凹坑、4 个 $\phi 10$ 的孔需挖槽和钻孔加工。

步骤四：挖槽加工编程。

(1) 启动挖槽加工。在【主功能表】菜单中选择【刀具路径】→【挖槽】命令。

(2) 定义外形。

① 串连外形：用鼠标单击选择 $\phi 30$ 凹坑边线。

② 执行：外形串连完后，单击 ☑ 按钮，弹出定义刀具参数对话框。

(3) 定义刀具参数。参照图 8.81 设定参数，选用 $\phi 8$ 的平底铣刀。

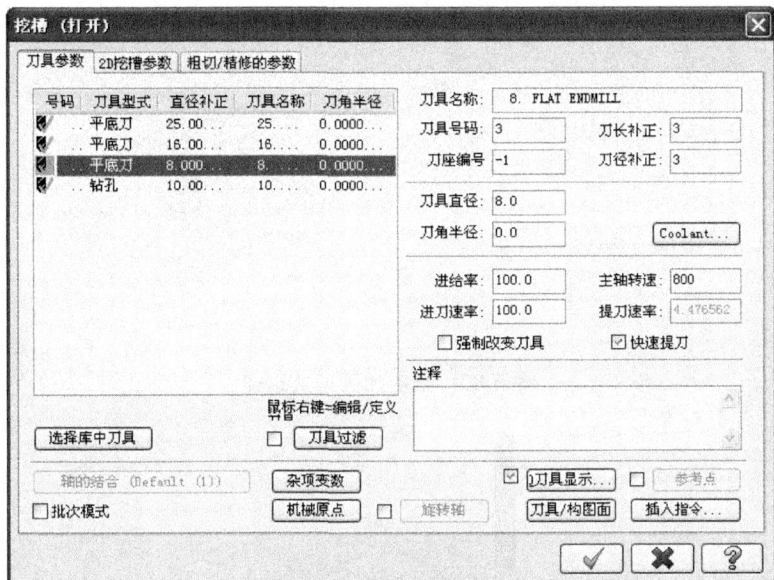

图 8.81　刀具参数设置

(4) 设定挖槽参数。参照图 8.69 设定挖槽参数，其中分层铣深的参数设置参照图 8.70 设定。

(5) 设定粗铣/精铣参数。参照图 8.75 设定参数，同时选中【螺旋式下刀】复选框并单击该按钮打开对话框，采用系统预设下刀参数值先进行路径验证，若不能螺旋下刀再返回进行调整。

(6) 执行操作。完成加工参数后，单击【确定】按钮，此时在屏幕上显示刀具路径。

(7) 同样设置 ϕ60 凹坑挖槽，深度 3mm，其他参数同上。

步骤五：钻孔加工编程。

(1) 启动钻孔专用模组。

① 选择【刀具路径】→【钻孔】命令。

② 手动输入要钻孔 4 个点，注意捕捉圆心点，单击 按钮完成孔选取。

(2) 定义钻孔参数。

① 选择直径为 ϕ10mm 的钻头。

② 设置钻孔专用参数表中的参数，如图 8.76 所示。

③ 设置刀尖补偿，如图 8.79 所示。

(3) 生成刀具路径。

设置参数后，单击【确定】按钮即得到刀具路径。

如图 8.82 所示为全部加工刀具路径。

(4) 实体模拟验证。

如图 8.83 所示全部加工实体模拟验证结果。

(5) 生成加工程序。

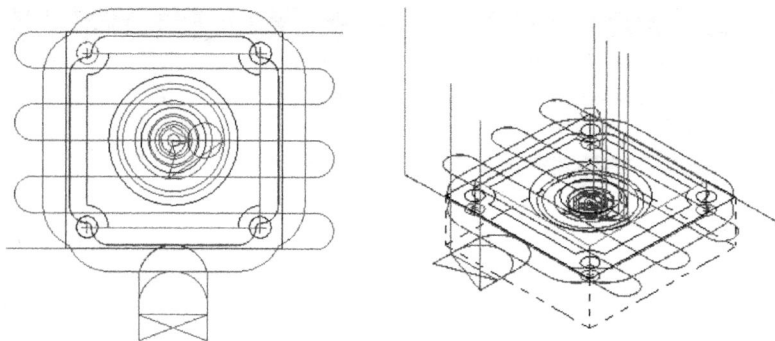

图 8.82　全部加工刀具路径

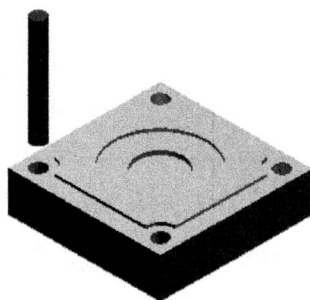

图 8.83　全部加工实体模拟

工作实践常见问题解析

【问题1】图形线宽和线形设置错误。

【答】在绘图时大家往往忽视了线宽和线形的设置，造成绘出图形层次不清楚，不符合制图规范，应引起重视。

【问题2】外形铣削加工的参数设置不正确。

【答】

(1) 取轮廓时应注意串连方向，以保证铣削侧边是否正确，若发觉有误，可使用编修串连的方法改变方向。在选择轮廓串连时就应考虑生成的刀具路径的铣削方向为顺铣还是逆铣。

(2) 高度一定要比起始高度深，否则无法进行运算；起始高度加上进给下刀位置不能大于安全高度。

(3) 注意脱模角是以轮廓所在位置进行计算，当轮廓所处的位置与所需位置不同时，应重新生成一条在参考高度的轮廓线。

(4) 加工余量较大时，可以输入多次加工和切削步距进行多刀加工。

(5) 尽可能使用圆弧进退刀方式，以获得较为理想的表面加工质量。

【问题3】零件挖槽加工不能完成的原因及对策。

【答】槽的外形没有封闭的须封闭；槽的几何外形和岛屿不在相同的构图平面上应改在同一平面上；槽加工的岛屿的个数太多应减少；在挖槽加工中，使用一种加工方法产生残料时，用户还可以使用其他挖槽加工方法；挖槽时如果中间有岛屿要避开，需使岛屿的大小和间距大于刀具直径。

【问题 4】钻孔操作应注意的问题。

【答】钻孔操作时应注意以下几个问题。

绝对深度是指孔底部 Z 的深度。

钻深孔时，可使用深孔啄钻和断屑式钻孔。深孔啄钻用于铁屑难排的工件，断屑式钻孔不退至安全高度，可节省时间，但排屑能力不及深孔啄钻。步进距离一般为 1.5D(D 为钻头直径)。

攻丝时，主轴转速要和进给量配合，如果使用了可伸缩夹头，则要求可以降低。

8.7 习　　题

绘图题

应用 Master CAM 软件完成如图 8.84 和图 8.85 所示零件的二维图形绘制。

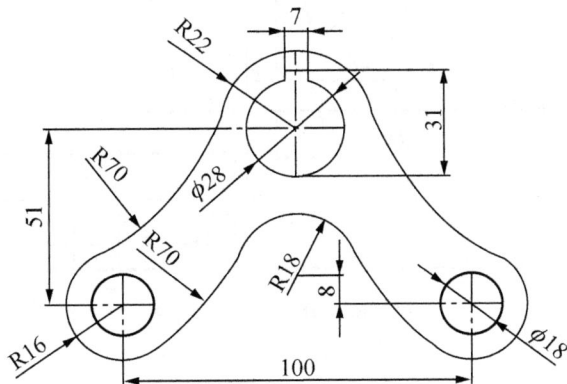

图 8.84 杠杆

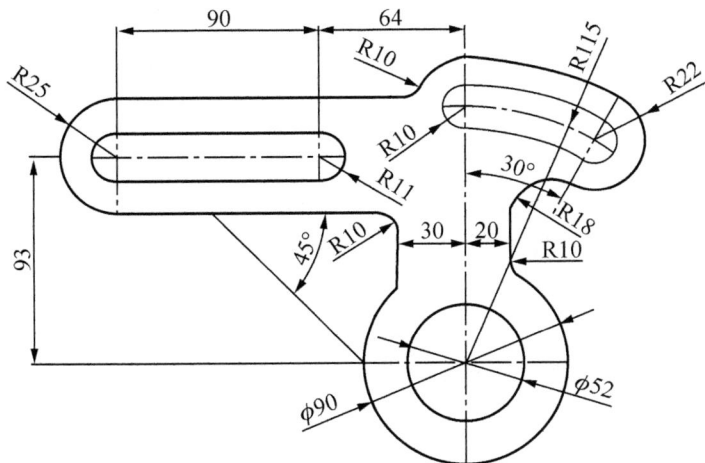

图 8.85 挂轮架

操作题(编程题或实训题等)

槽腔零件工程图如图 8.86 所示。要求学生按小组应用 MasterCAM 软件完成下列任务。

(1) 槽腔零件的二维图形绘制。

(2) 槽腔零件的铣削工艺与编程设计。

(3) 在数控铣床中输入上述程序完成零件加工。

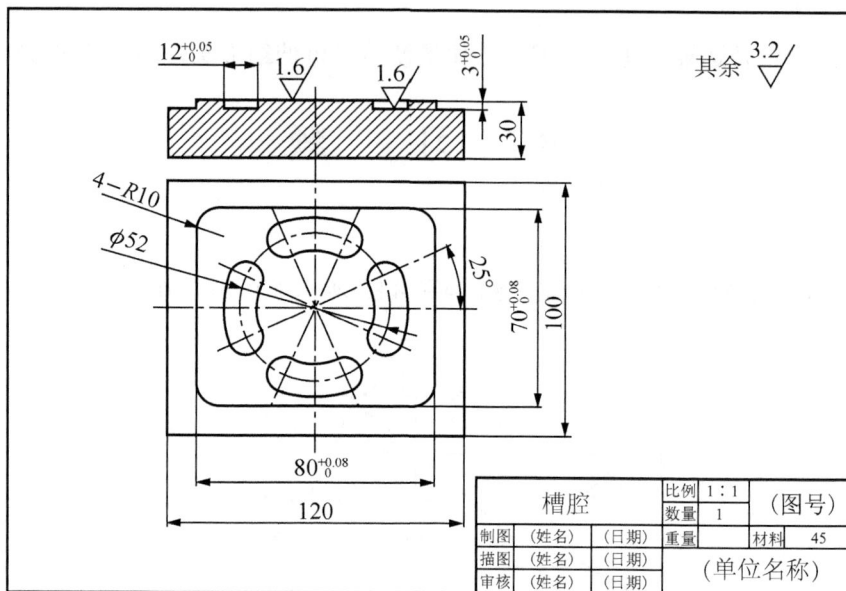

图 8.86　槽腔零件工程图

参 考 文 献

1. 韩鸿鸾主编. 数控铣削工艺与编程一体化教程. 北京：高等教育出版社，2009

2. 沈建峰，朱勤惠主编. 数控加工生产实例. 北京：化学工业出版社，2007

3. 余英良编著. 数控铣削加工实训及案例解析. 北京：化学工业出版社，2007

4. 徐建高编著. FANUC 系统数控铣床(加工中心)编程与操作实用教程. 北京：化学工业出版社，2007

5. 范真主编. 加工中心. 北京：化学工业出版社，2004

6. 陈子银主编. 加工中心操作技能实战演练. 北京：国防工业出版社，2007

7. 陈为，麻庆华，唐绍同主编. 数控铣床及加工中心编程与操作. 北京：化学工业出版社，2007

8. 朱明松，王翔编. 数控铣床编程与操作项目教程. 北京：机械工业出版社，2008

9. 沈建峰，朱勤惠主编. 数控车床技能鉴定考点分析和试题集萃. 北京：化学工业出版社，2007

10. 田春霞，参编. 徐雅玲，梅玉龙，张锁勤主编. 数控加工工艺. 北京：机械工业出版社，2006

11. 侯勇强，马雪峰主编. 数控编程与加工技术. 实训篇. 第 2 版. 大连：大连理工大学出版社，2007

12. 袁锋主编. 数控车床培训教程. 北京：机械工业出版社，2005

13. 徐建高主编. 数控车削编程与考级：Sinumerik 802S/802C 系统. 北京：化学工业出版社，2006

14. 汪平华主编. MasterCAM 实战全析：造型、分模、数控加工. 福州：福建科学技术出版社，2007

15. 顾雪艳编著. 数控加工编程操作技巧与禁忌. 北京：机械工业出版社，2007

16. 董建国，王凌云主编. 数控编程与加工技术. 长沙：中南大学出版社，2006

17. 孙中柏编著. MasterCAM 9.1 模具设计与加工范例. 北京：清华大学出版社，2006

18. 钱逸秋主编. 数控加工中心 Fanuc 系统编程与操作实训. 北京：中国劳动社会保障出版社，2006

19. 尹玉珍主编. 数控车削编程与考级：FANUC 0i-TB 系统. 北京：化学工业出版社，2005

20. 徐峰主编. 数控车工技能实训教程. 北京：国防工业出版社，2006

21. 龙光涛主编. 数控铣削(含加工中心)编程与考级(FANUC 系统). 北京：化学工业出版社，2006

22. 王栋臣主编. 数控机床操作技术要领图解. 济南：山东科学技术出版社，2006

23. 张导成主编. 数控中级工认证强化实训教程：数控车、数控铣. 长沙：中南大学出版社，2006

24. 关雄飞主编. 数控机床与编程技术. 北京：清华大学出版社，2006

25. 王道宏主编. 数控编程技术. 北京：人民邮电出版社，2005

26. 徐伟主编. 数控机床仿真实训. 北京：电子工业出版社，2004